贝氏体钢中残余奥氏体

张福成　杨志南　著

燕山大学出版社
·秦皇岛·

图书在版编目（CIP）数据

贝氏体钢中残余奥氏体 / 张福成，杨志南著. —2 版. —秦皇岛：燕山大学出版社，2022.1
ISBN 978-7-81142-965-7

Ⅰ. ①贝… Ⅱ. ①张…②杨… Ⅲ. ①贝氏体钢－残余奥氏体－研究 Ⅳ. ①TG142.2 ②TG113.1

中国版本图书馆 CIP 数据核字（2022）第 000899 号

贝氏体钢中残余奥氏体
张福成　杨志南　著

出 版 人：	陈　玉
责任编辑：	孙志强
封面设计：	朱玉慧
出版发行：	燕山大学出版社 YANSHAN UNIVERSITY PRESS
地　　址：	河北省秦皇岛市河北大街西段 438 号
邮政编码：	066004
电　　话：	0335-8387555
印　　刷：	英格拉姆印刷(固安)有限公司
经　　销：	全国新华书店

开　本：700mm×1000mm　1/16		印　张：17.5	字　数：240 千字
版　次：2022 年 1 月第 2 版		印　次：2022 年 1 月第 1 次印刷	
书　号：ISBN 978-7-81142-965-7			
定　价：58.00 元			

版权所有　侵权必究
如发生印刷、装订质量问题，读者可与出版社联系调换
联系电话：0335-8387718

前言

贝氏体源于奥氏体，残余奥氏体剩于贝氏体。贝氏体钢主要因残余奥氏体造成其成分—工艺—组织—性能关系复杂而导致性能不稳定，困扰着研究学者和工程技术人员，也吸引着广大研究者长期从事贝氏体钢方面的研究，因此才有了今天丰富多彩的贝氏体钢方面的研究成果。

作者从事贝氏体钢的研究已有多年，完成多项关于贝氏体钢方面的研究课题，主要包括：国家杰出青年科学基金项目"高速铁路辙叉制造技术基础研究"，国家863项目"高品质特殊钢——大功率风电机组用轴承钢关键技术开发"，国家自然科学基金面上项目"无碳化物贝氏体钢变形时微结构演变、成分和应变配分规律研究""厚板和锻件用纯净高强度准贝氏体钢中氢扩散与氢脆机理""辙叉钢在滚动/滑动接触应力下白亮蚀层的形成、本质及作用"；还有河北省"高端人才"项目，河北省"巨人计划创新创业团队领军人才团队"项目，河北省发改委重大项目"高端装备与先进制造关键共性技术研发项目——重载铁路轨道用高强度钢生产线"，河北省杰出青年基金项目"高速铁路贝氏体钢辙叉及其宏微观力学研究"，等等。目前正在进行国家自然科学基金重点项目"快速相变纳米贝氏体钢设计、制备及应用中的关键问题"，国家自然科学基金面上项目"多相复合协同提升纳米贝氏体轴承钢性能的路径及机理研究"。作者经过多年研究发现：贝氏体钢尤其是无碳化物贝氏体钢具有非常优异的综合力学性能，然而，贝氏体钢中的残余奥氏体对其力学性能及用其制造的零部件的服役性能具有非常复杂的影响。作者全面总结了贝氏体钢的力学性能与残余奥氏体的成分、数量、尺寸、形态和亚结构的关系，进而形成了贝氏体钢获得稳定力学性能的控制策略和方法。

作者以自己研究团队多年来关于贝氏体钢方面的研究成果为基础，部分引用了他人公开发表的论文和著作的成果，对贝氏体钢中残余奥氏体的亚结构、稳定性、相变及其对贝氏体钢力学性能和使用性能的影响进行了详细论述，为同领域的研究学者提供参考。

作者感谢国家和地方政府部门对有关课题研究的经费支持！感谢本书中引用的国内外学者及其研究成果！感谢本研究团队全体师生为贝氏体钢研究付出的劳动和智慧！感谢本团队赵佳莉博士、康杰博士和王艳辉博士对部分章节资料的整理与撰写工作！为本书提供文献服务和图片整理的本团队人员有：郑春雷副研究员、李艳国博士、龙晓燕博士、王明明博士、陈晨博士等。衷心地感谢你们！

由于作者水平有限，本书中内容难免存在不完善的地方，敬请广大读者提出批评意见，谢谢！

作者

2019 年 9 月 20 日

常用缩写注释

A	奥氏体
RA	残余奥氏体
RA-B	块状残余奥氏体
RA-F	薄膜状残余奥氏体
F	铁素体
BF	贝氏体铁素体
M	马氏体
MA	马氏体-奥氏体复合组织
Cem	渗碳体
NPLE	无再配分局部平衡
PLE	再配分局部平衡
IPS	不变平面应变
FCC	面心立方
BCC	体心立方
BCT	体心正方
ICT	不完全转变
TRIP	相变诱发塑性

常用专业术语

γ	奥氏体
α	铁素体
α'	马氏体
α_B	贝氏体
θ	渗碳体
M_s	试验钢的名义马氏体相变开始温度
M_s'	残余奥氏体的马氏体相变开始温度
M_s^{σ}	应力诱发马氏体相变的上限温度
M_d	应变诱发马氏体相变的上限温度
B_s	贝氏体相变开始温度
T_0	相同化学成分的奥氏体和铁素体具有相同吉布斯自由能时的温度
T_0'	在 T_0 的基础上,计入铁素体的存储能,400 J/mol
A_{e3}	合金中 $\alpha+\gamma$ 相区和 γ 相区间的临界温度
A_{e3}'	在 A_{e3} 的基础上,计入铁素体的存储能,50 J/mol
G_N^M	马氏体切变相变所需的临界驱动力
E_{str}	马氏体的存储能,600 J/mol
$\Delta G^{RA \to M}$	无成分变化时残余奥氏体向马氏体相变总的自由能差
ΔG^{chem}	化学驱动力,可由 MTDATA 热力学模型(带有 SGTE 数据库)计算得到,是残余奥氏体化学成分和温度的函数
G_M	马氏体的吉布斯自由能
G_{RA}	残余奥氏体的吉布斯自由能
ΔG^{mech}	机械驱动力
G_{max}	残余奥氏体向贝氏体铁素体相变的形核驱动力,可由 MUCG83 数学模型计算

w_i	合金元素 i 的质量分数
b	位错的柏氏矢量大小
ν	泊松比
G	切变模量
$\sigma_{0.2}$	屈服强度
σ_b	抗拉强度
σ_{th}	塑性应力门槛值
$\triangle K_{th}$	裂纹扩展门槛值
η_{HE}	脆化指数

目录

第1章 贝氏体相变理论 ... 1

1.1 贝氏体简介 ... 1
1.1.1 贝氏体的一般定义 ... 1
1.1.2 贝氏体相变的一般特征 ... 2

1.2 经典相变理论简介 ... 8
1.2.1 早期相变理论简介 ... 8
1.2.2 扩散控制台阶长大理论 ... 9
1.2.3 切变机制 ... 9

1.3 贝氏体相变热力学 ... 10
1.3.1 偏离平衡态 ... 10
1.3.2 相变能量分析 ... 10
1.3.3 形核热力学 ... 11
1.3.4 长大热力学 ... 13

1.4 贝氏体相变动力学 ... 15
1.4.1 贝氏体的形核速率 ... 16
1.4.2 贝氏体的长大速率 ... 19
1.4.3 贝氏体相变动力学模型 ... 21
1.4.4 贝氏体相变的相场模拟 ... 27

1.5 贝氏体相变晶体学 ... 28
1.5.1 贝氏体的晶体取向关系 ... 28
1.5.2 贝氏体晶体学的分子动力学模拟 ... 32

1.6 贝氏体相变理论新进展 ... 35
1.6.1 超精细结构 ... 35
1.6.2 碳的存在形式 ... 40

第2章　贝氏体钢中残余奥氏体形态 ·············· 54

2.1 残余奥氏体形态分类 ·············· 54
2.1.1 显微镜技术检测 ·············· 54
2.1.2 EBSD 技术检测 ·············· 59
2.1.3 衍射技术检测 ·············· 59

2.2 残余奥氏体形态调控 ·············· 64
2.2.1 调控原理 ·············· 64
2.2.2 调控路径 ·············· 67

第3章　贝氏体钢中残余奥氏体稳定性 ·············· 86

3.1 残余奥氏体稳定性概述 ·············· 86
3.1.1 化学稳定性 ·············· 86
3.1.2 机械稳定性 ·············· 89
3.1.3 热稳定性 ·············· 93

3.2 合金元素对残余奥氏体稳定性的影响 ·············· 94
3.2.1 碳的影响 ·············· 96
3.2.2 硅的影响 ·············· 100
3.2.3 锰、铬和镍的影响 ·············· 102
3.2.4 钴和铝的影响 ·············· 103
3.2.5 钼的影响 ·············· 106

3.3 淬火工艺对残余奥氏体稳定性的影响 ·············· 107
3.3.1 等温淬火温度的影响 ·············· 107
3.3.2 等温淬火时间的影响 ·············· 108

3.4 回火工艺对残余奥氏体稳定性的影响 ·············· 111
3.4.1 回火温度的影响 ·············· 113
3.4.2 回火时间的影响 ·············· 114

3.5 外场对残余奥氏体稳定性的影响 ·············· 116
3.5.1 温度场的影响 ·············· 116
3.5.2 应变场的影响 ·············· 117

3.5.3 磁场的影响 …………………………………………………… 120

第4章 贝氏体钢中残余奥氏体相变 …………………………… 125
4.1 贝氏体相变 ………………………………………………………… 125
4.2 马氏体相变 ………………………………………………………… 129
4.2.1 发生马氏体相变的影响因素 ……………………………… 129
4.2.2 应力/应变诱发马氏体相变 ……………………………… 131
4.2.3 回火处理马氏体相变 ……………………………………… 137
4.2.4 深冷处理马氏体相变 ……………………………………… 139
4.3 碳化物析出 ………………………………………………………… 140
4.3.1 碳化物析出动力学 ………………………………………… 142
4.3.2 回火过程碳化物的析出 …………………………………… 144

第5章 残余奥氏体对贝氏体钢力学性能的影响 ……………… 154
5.1 对常规力学性能的影响 …………………………………………… 154
5.1.1 对强度的影响 ……………………………………………… 154
5.1.2 对塑性的影响 ……………………………………………… 157
5.1.3 对韧性的影响 ……………………………………………… 168
5.1.4 对裂纹扩展的影响 ………………………………………… 177
5.1.5 残余奥氏体的设计 ………………………………………… 184
5.2 对耐磨性能的影响 ………………………………………………… 189
5.3 对疲劳性能的影响 ………………………………………………… 194
5.3.1 拉压疲劳 …………………………………………………… 195
5.3.2 超声疲劳 …………………………………………………… 204
5.3.3 接触疲劳 …………………………………………………… 205
5.3.4 弯曲疲劳 …………………………………………………… 210
5.4 对氢脆性能的影响 ………………………………………………… 218
5.4.1 对氢致塑性损失的影响 …………………………………… 218
5.4.2 对氢致滞后开裂的影响 …………………………………… 222

第6章 残余奥氏体对贝氏体钢使用性能的影响 …………………… 234
6.1 轴承 ………………………………………………………… 234
6.1.1 轴承服役过程中残余奥氏体行为 ………………… 235
6.1.2 残余奥氏体对贝氏体轴承尺寸稳定性的影响 …… 241
6.1.3 "第二代贝氏体轴承"的开发和应用 ……………… 242
6.2 铁路轨道 …………………………………………………… 245
6.3 耐磨衬板 …………………………………………………… 250
6.4 齿轮 ………………………………………………………… 252
6.5 汽车钢板 …………………………………………………… 255
6.6 铁路车轮 …………………………………………………… 258
6.7 其他方面 …………………………………………………… 260
6.8 贝氏体钢应用中存在的问题 ……………………………… 262

第1章 贝氏体相变理论

贝氏体钢由于具有良好的综合力学性能,一直是钢铁研究中的热点。早期虽然有研究者发现了贝氏体,但并未对其进行深入研究,直至1930年,才较为系统地观察了碳钢及一些合金钢的中温等温转变规律。贝氏体相变,是除马氏体相变以外,被研究最多的相变。这一相变产物和相变过程具有高度的复杂性和多变性,即使目前经过将近百年的试验研究,由于种种原因,要做到清楚认识并加以调控和应用绝非易事。为了统一贝氏体相变观点,早期学术界曾开展过两次较大的辩论,一次是在20世纪70年代,贝氏体相变观点初显分歧,一次则是在20世纪80年代。近年来,关于贝氏体理论的分歧和争论仍未有统一定论。

从不同的研究结果可得出不同的理论分析,几乎贝氏体相变的所有过程均存在一定程度的争论与分歧,其中包含:奥氏体向贝氏体铁素体转变的点阵结构的转变方式,贝氏体铁素体的固溶碳含量,碳在铁素体/奥氏体间的配分方式,相变应变场的形成及作用,相变的热力学、动力学和晶体学,贝氏体转变的不完全性。所有的争论和分歧最想要解决的是贝氏体相变机制的问题。

1.1 贝氏体简介

1.1.1 贝氏体的一般定义

自贝氏体被发现以来,由于相变学说的纷争,关于它的严格定义尚未有一明确的说法。针对贝氏体相变特征的描述角度不同,对贝氏体的定义也会随之发生变化。初期的贝氏体被定义为一种针状的、需要较深浸蚀的马氏体-屈氏体组织,它形成于珠光体转变温度之下、马氏体转变温度之上。此后,随着对贝氏体组织的日益关注与不断探索,研究者们也给出了各自认为准确的定义。根据描述角度的不同,可将贝氏体定义分为三种:广义显微组织定义、整体动力学定义和表面浮凸定义。

广义显微组织定义基于相变过程和相变机制考虑,认为贝氏体的形核长大方式是由扩散控制的,最终形成由铁素体和碳化物组成的非层片状共析分解产物。然而,这种说法不能涵盖对于含一定量的 Si、Al 等元素可以抑制碳化物形成的贝氏体钢,其组织由残余奥氏体和贝氏体铁素体两相组成。

整体动力学定义基于相变特征曲线,将贝氏体转变看作一种变温转变,具有独立的 C 曲线,具有贝氏体转变开始温度和贝氏体转变终止温度,同时存在转变不完全特性。但在有色合金中的贝氏体这种不完全特性没有出现,在一些合金钢例如 Fe-C-Mn、Fe-C-Cu 等中均存在贝氏体转变,但也没有转变不完全现象,不符合整体动力学定义的定义范围。因此该定义也是不准确的。

表面浮凸定义基于微观组织结构形貌,认为贝氏体是在马氏体转变温度附近形成的片状转变产物,存在表面浮凸,其长大速度受碳扩散控制。但该定义只反映了相变过程 α/γ 相界面的共格或半共格形态,实际观察到的现象要比这复杂得多。

三种定义之间相互包含,但又相互矛盾。随着对贝氏体研究的不断深入,对贝氏体的认识也更为客观全面。因此,在此基础上,方鸿生先生重新对贝氏体进行了更为准确、客观的定义:钢中贝氏体是指过冷奥氏体在中温区形成的片状或板条状产物。板条或片状形态均指铁素体,碳化物分布于铁素体条片间或其内部,碳化物也可能延迟析出。此时,贝氏体只由铁素体相组成,有色合金贝氏体则仅由单相组成。贝氏体转变至少伴随如下特征:呈板条状或片状;相变过程伴随形成规则的表面浮凸,但浮凸形态上不具有不变平面应变特征,常呈帐篷形。

1.1.2 贝氏体相变的一般特征

1.1.2.1 表面浮凸

贝氏体相变和马氏体相变之间具有高度的相似性,最重要的一点就是都具有表面浮凸效应。马氏体相变在实验中可以通过相变区域的形状改变而被识别。但表面浮凸并不一定是非扩散型相变的结果,当溶质原子比溶剂原子的扩散速度大得多时,也可能导致表面浮凸。因此,表面浮凸不能作为切变相变是否存在碳扩散的标志,但由于母相与新相间的晶格对应性使得表面浮凸确实是马氏体相变的一个必要特征。马氏体、贝氏体、魏氏铁素体均呈现表面浮凸,马氏体相变没有碳的扩散,而魏氏铁素体相变则由碳扩散控制。当表面浮凸由具有大的剪切组分的不变平面应变所表征时,意味着相变机制包含原子以切变相变的形式从母相协同转移到新相当中。马氏体中的不变平面应变由 0.22 的剪切应变和 0.03 的体积应变组成。刚发生相变的马氏体晶格会由于切变造成在部分母相奥氏体表面上下发生位移,如图 1-1 所示。原始的奥氏体水平面会由于切变相变倾斜进新的取向,从而形成表面浮凸。奥氏体表面之上的抓痕直线虽然发生了转折,但并未发生扭转和折断,因此马氏体相变伴随着形状变形。母相奥氏体的大塑性变形会伴随马氏体晶体的形成,同时塑性变形也会限制马氏体片条的宽度。而马氏体晶格的 OPTS 惯习面(图 1-1b)保持不变,也就是马氏体晶体与母相奥氏体间具有平面界面。

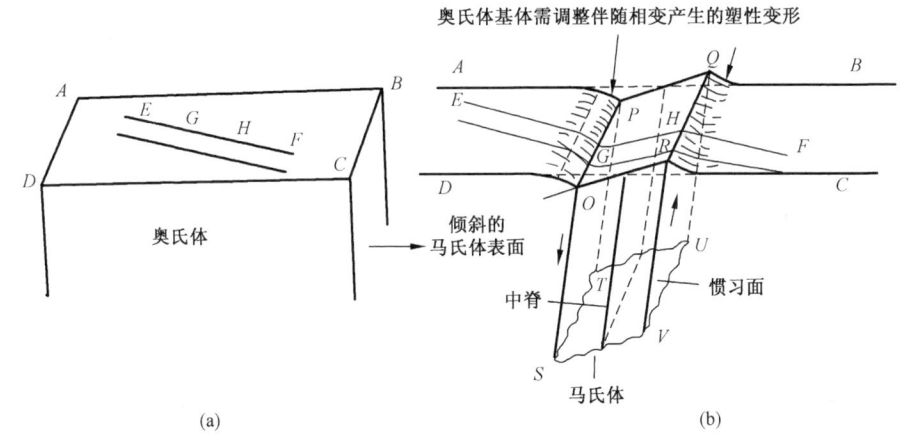

图 1-1 马氏体相变中表面浮凸调整切变位移的示意图:(a)马氏体相变前,在抛光的奥氏体表面 ABCD 有一道直线 EGHF,以及另外一条平行于它的直线;(b)伴随着马氏体形成的切变(表面浮凸)造成的表面倾斜。箭头指向在与相变开始的惯习面相反面上的切变方向

在相变过程中,晶体通过界面迁移以消耗另一晶体为代价进行长大。对于马氏体相变类型来说,相变区域的形状改变可被看作是母相和新相间的共格界面不会被扩散破坏掉。假设界面两边的晶体是相互关联的,当界面移动时,仍可保持共格性,则任一宏观上的形状改变必定在界面的平面上存在不变平面应变。

当形状变形仅仅是弹性调节时,计算得到的贝氏体的应变能大约为 400 J·mol^{-1},其中的一些应变可能会通过塑性变形得到释放。相变过程中或相变后的塑性变形会导致在表面上的奥氏体发生塑性屈服。相变应变是 Bain 应变和刚性转动的综合结果,是不变线应变。通过滑移或孪生可以使不变晶格变形变成宏观上的不变平面应变。不变平面即是惯习面。图 1-2 给出了不变平面应变的本质,表 1-1 给出了不同组织的实验结果。

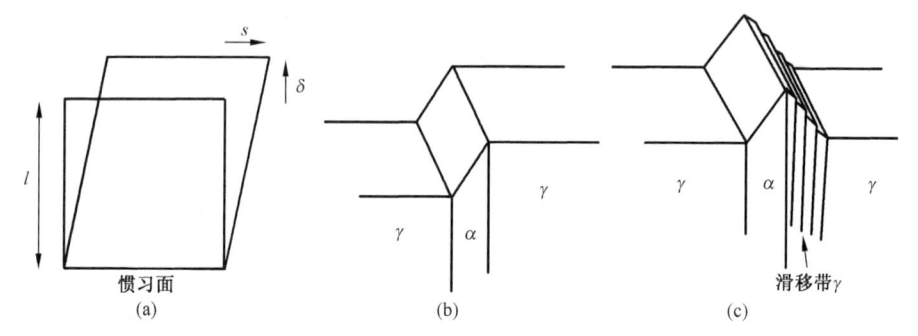

图 1-2 贝氏体相变造成的表面浮凸:(a) 不变平面应变(IPS)的不同组成组分的示意图;(b)完整的不变平面应变浮凸效应;(c)相邻基体间发生伴随着塑性弛豫的不变平面应变。图中的 s 代表剪切组分,δ 代表膨胀组分,γ 代表奥氏体,α 代表铁素体

表 1-1 不同相变的不变平面应变值

相变	剪切组分,s	膨胀组分,δ	形貌
魏氏铁素体	0.36	0.03	薄片条
贝氏体	0.22	0.03	薄片条
马氏体	0.24	0.03	薄片条

利用高温共聚焦显微镜对 Fe-0.34C-1.48Si-1.52Mn-1.15Cr-0.93Ni-0.40Mo-0.71Al wt% 低合金钢的贝氏体相变的表面浮凸现象进行了表征,如图 1-3 所示,整体的贝氏体浮凸由一系列小的浮凸所组成,这是由贝氏体转变过程中伴随的塑性变形所造成的。

表面浮凸经常被认为是切变相变的主要证据之一。尽管已证明铁素体或贝氏体的原子惯习面是不可动的,但不能由此断定其表观惯习面是否可动,若表观惯习面可动,则铁素体或贝氏体也可按切变机制转变。也有研究者认为扩散台阶机制也能产生表面浮凸,本质上表面浮凸与相界面的共格属性有关,随着相变温度升高,原子扩散距离增大,故共格相界面产生的表面浮凸可能消失。相反,还有研究者认为,判断某种相变是否伴随不变应变平面型浮凸的条件是:是否存在规则排列、等高度的原子尺度台阶。若满足这一条件,则无论是位移式切变过程,还是台阶阶面通过点阵重组式扩散过程完成迁移,都必然伴随有规则、IPS 型的表面浮凸。

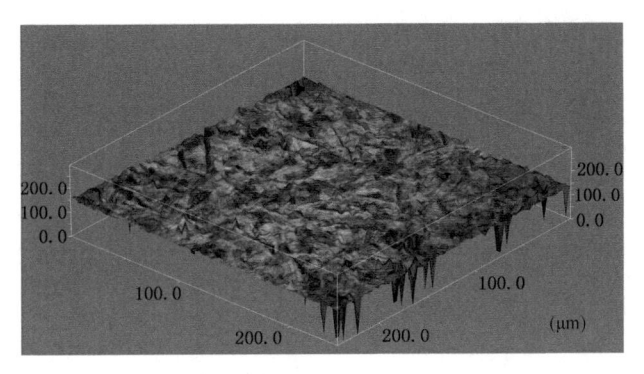

图 1-3　Fe-0.34C-1.48Si-1.52Mn-1.15Cr-0.93Ni-0.40Mo-0.71Al wt%合金中贝氏体表面浮凸观察:三维拓扑形貌

作为相变本质的判据,表面浮凸的探索不能仅局限于它的 IPS 性质、隆起方式,还应该追究其形成细节,特别是与其他晶体学变体的关系,例如倾动的应变量与方向,以及它与惯习面、晶体学取向关系,点阵对应性和相界结构的对应关系等。

1.1.2.2　转变不完全性

在合金钢的贝氏体转变过程中,相变会在达到平衡组分前停止,称为不完全相变(ICT)现象。ICT 现象决定了冷却过程中未转变的奥氏体的含量及其中的碳含量,从而最终影响残余奥氏体的稳定性。其产生的原因目前仍存在分歧,可被解释成两种长大机制:一种是切变长大机制,一种是碳扩散控制机制。根据切变学说,贝氏体铁素体在长大过程中继承了所有母相奥氏体的碳含量,随后碳从过饱和的铁素体中排斥进相邻奥氏体或以碳化物的形式析出。T_0 温度是成分相同的奥氏体和铁素体的吉布斯自由能相等时的贝氏体相变的上限温度,T_0' 温度则是进一步考虑了相变过程中累积应变能(400 J·mol^{-1})的贝氏体相变的上限温度。在不考虑其他反应(例如碳化物析出或珠光体形成)的前提下,贝氏体相变一般会存在ICT现象。另外一种碳扩散机制则坚持贝氏体铁素体的长大是由奥氏体中的碳扩散控制的,其长大机制与魏氏铁素体没有明显区别。ICT现象是由协同溶质拖曳效应造成的额外的能量耗散、吉布斯自由能平衡和针状铁素体长大的热动力学障碍造成的。

假设贝氏体的长大是一个无扩散过程,则在长大过程中铁素体中过饱和的碳随后配分进未转变的过冷奥氏体中。与马氏体相比,贝氏体可以不通过引入应变而长大,因此不需要额外的能量作为驱动力。因此贝氏体的长大是在具有相同组分的奥氏体和铁素体的自由能都相等的温度下长大的(T_0,见图1-4)。这解释了贝氏体形成的临界温度,但是由于在贝氏体长大前沿端面渗碳体的析出,并没有解释不完全转变现象。后续的研究者通过对铁素体/铁素体+奥氏体的相界面外延到更低的温度,从而解释了"不完全转变"。在等温过程中,奥氏体会富碳,当局部的T_0曲线达到时,就不再继续发生贝氏体转变。

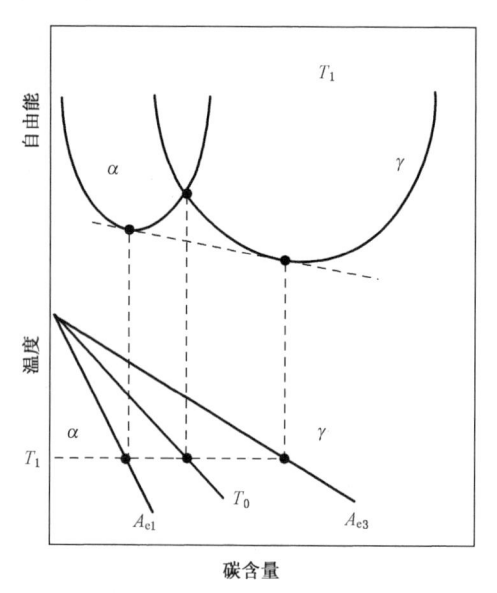

图1-4 Fe-C相图中T_0曲线示意图

在没有碳化物析出时,贝氏体的体积分数V_b可由下式给出:

$$x_\gamma = \bar{x} + V_b\left(\frac{\bar{x} - x_\alpha}{1 - V_b}\right) \tag{1-1}$$

式中$\bar{x}$代表合金中的平均碳含量,x_γ代表奥氏体中的碳含量,x_α代表铁素体中的碳含量,由于数值很小,通常可忽略。

贝氏体板条或亚单元中的过饱和碳随后配分进未转变的奥氏体中。下一个贝氏体板条则从富碳的奥氏体中长出。当奥氏体中的碳含量达到 T_0 曲线时,则这一过程停止,因为下一铁素体板条的形核在热力学上是不利的。如果反应伴随着扩散,则铁素体会一直形核长大直到达到类平衡的碳浓度,相变也会持续到奥氏体中的碳含量达到 A_{e3} 线。

T_0 曲线的结果就是在更低温度下可获得较多体积分数的贝氏体,奥氏体中的平衡碳含量也不可能达到 A_{e3} 曲线。在试样冷却过程中,剩余的奥氏体可能会继续发生相变,也可能一直保持到室温。残余奥氏体也有可能以块状形式存在于贝氏体束中或以薄膜状存在于贝氏体铁素体板条间。残余奥氏体的最终形式对钢的力学性能影响很大,其形貌和成分决定了变形过程中是否容易发生形变诱发马氏体相变。在本书后续章节中将有详细介绍。

结合 X 射线衍射(XRD)和三维原子探针层析技术(APT)对一高碳高硅贝氏体钢(Fe-0.70C-2.59Si-0.63Mn-0.59Cr wt%)相变终止后的残余奥氏体中的碳含量(C_γ)进行测量,结果如图 1-5 所示。

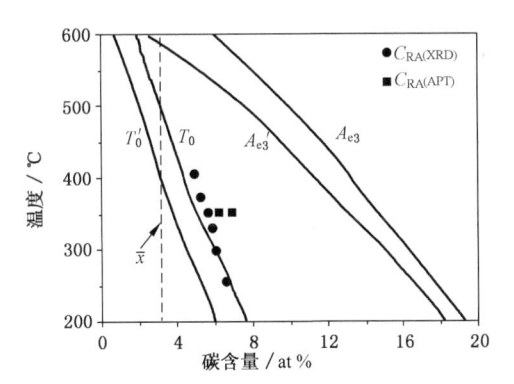

图 1-5　Fe-0.70C-2.59Si-0.63Mn-0.59Cr wt%贝氏体钢中的不完全转变反应现象:理论计算得到的相界和利用 APT 结合 XRD 实验测量得到的在贝氏体终止转变后未转变的残余奥氏体中的碳含量

A_{e3} 是类平衡的 $(\alpha+\gamma/\gamma)$ 相界;A_{e3}' 则对应着允许贝氏体储存能的相界面。残余奥氏体中碳含量均位于 T_0 曲线附近,远离类平衡相界(A_{e3}' 曲线)。T_0 的曲线斜率是负的,也表明了在更低温度下奥氏体中可调整更多的碳。这一结果与过量的碳在贝氏体铁素体形成后就配分进奥氏体中的机制是吻合的,相变在达到它们的平衡成分之前就会停止,显示了不完全反应的特征。

然而,贝氏体转变也并不总在奥氏体碳含量达到 T_0 曲线或 T_0' 曲线处停止。贝氏体转变的不完全程度随 Si 含量的增加和温度的降低而增大。当贝氏体转变停止时,奥氏体中的碳含量已经超过了 T_0 曲线和 T_0' 曲线,但在局部配分平衡相界线(PLE)和无置换合金元素配分的局部平衡相界线(NPLE)以下,如图 1-6 所示。这是由于溶质拖曳效应和能量耗散共同造成的结果。

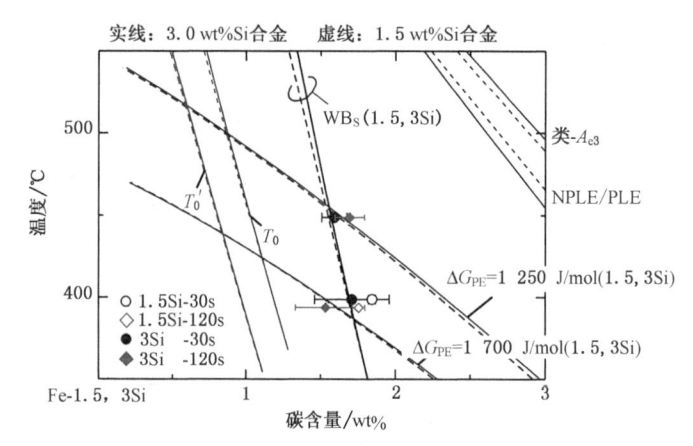

图 1-6 利用 APT 测量得到的 Fe-Si-C 相图中在不完全转变过程中未转变的奥氏体中平均碳含量。虚线代表含 1.5 wt% Si 合金的不同相界;实线代表含 3.0 wt% Si 合金的不同相界。误差棒代表标准偏差。WB_s 代表魏氏铁素体相界线

1.2 经典相变理论简介

1.2.1 早期相变理论简介

早期人们认为贝氏体相变在本质上相当于自回火的马氏体。贝氏体的形成过程分为两个阶段:第一阶段是含过饱和碳的贝氏体铁素体片以极快的速度形核,随后以切变形式长大呈薄片状;第二阶段是在等温或随后的冷却过程中,碳化物在铁素体内部析出。

另外一种观点认为,贝氏体的相变机制与马氏体类似,但又不同于马氏体的爆发式。在贝氏体转变过程中,铁素体和渗碳体同时析出,二者竞争长大。考虑到置换型原子在相变过程中的作用,高温上贝氏体形成时,铁素体首先在具有类

平衡碳浓度的奥氏体内某些区域形核,形核后在相邻残余奥氏体内形成富碳区。由于高温时合金元素扩散速率较高,在相变中可实现充分扩散与再分配,因而界面处合金元素几乎接近平衡状态;降低奥氏体分解温度后,置换型合金元素扩散速率下降,合金元素由相变前沿扩散到基体或由基体向界面的扩散速度跟不上新相长大速度,故界面附近置换型溶质原子处于局部平衡状态,只有间隙型合金元素,如碳等才能充分扩散,在新相、母相之间保持近于平衡状态。具体来说就是,与马氏体相变不同,贝氏体相变初期发生了碳元素重新分布(切变理论),而且在相变过程中,仍伴随着碳原子的长程扩散(扩散理论)。该贝氏体相变的不充分扩散模型,虽然可以解释贝氏体相变伴随的许多实验现象及表象规律,但随着贝氏体相变研究的深入,该模型对一些更微观的内部精细结构,如台阶、碳化物形态、分布及来源等无法进行圆满的解释。

1.2.2 扩散控制台阶长大理论

扩散控制理论认为,在等温反应时,贝氏体铁素体优先在晶界、晶内位错、堆垛层错、夹杂物等自由能较高的合适位置通过成分起伏、结构起伏和能量起伏发生不均匀形核。为降低临界形核功,析出的贝氏体铁素体与奥氏体基体之间至少在一个面上要有较好的匹配,形成部分共格界面。贝氏体相变的扩散控制台阶长大理论源于气/固、液/固相变的台阶机制。该理论认为在贝氏体长大过程中存在生长台阶,台阶的台面和阶面的属性分别是部分共格和非共格的。

1.2.3 切变机制

尽管在贝氏体相变温度下,准马氏体(即与马氏体相变机制相似的切变机制形成的贝氏体组织)的实际寿命只有百分之一秒,但贝氏体相变仍可能以与马氏体相变相同的机制进行。很多假设和贝氏体相变模型等关于贝氏体相变机制的解释,几乎都是以切变为出发点。早期研究者对贝氏体相变过程进行热力学计算时,也以贝氏体相变是一种无扩散相变为前提。较完善的贝氏体切变理论始于柯俊先生等人。随后一些国外的研究者进一步发展了该理论,我国学者康沫狂先生、俞德刚教授等也支持切变理论。

切变理论的主要观点是:相变初期,在过冷奥氏体的某些贫碳区,等温温度低于临界温度 T_0 时,奥氏体可通过置换型合金原子的队列式协调滑移,完成由面心立方到体心立方(或体心正方)点阵的切变式转变,即贝氏体铁素体首先切变形核。形核后将借助共格(或部分共格)界面上某些可滑移区的协调移动,继续进行切变长大。目前该学派内部在对待碳在贝氏体铁素体长大过程中的扩散行为这一问题上尚未达成统一。

1.3 贝氏体相变热力学

1.3.1 偏离平衡态

在一个具有多相多组分的系统中,当各相的温度和压力均相等,且任一组分在各相中的化学势都相等时,则称该系统达到了相平衡。此时对应的是局部的最小自由能,宏观上没有物质的净转移,但从微观上,不同相间分子转移并未停止,只是两个方向的迁移速率相同。纯铁中的奥氏体在 1 个大气压下在 910 ℃ 和 1 390 ℃ 是稳定的,当奥氏体转变成铁素体时,晶格结构从面心立方变成体心立方,必然会引起体积的增加。随温度的不同,奥氏体向铁素体转变引起的体积增加量在 1% ~3%,间隙原子在奥氏体和铁素体中的固溶度和迁移率也会发生明显变化。除此之外,碳和铁也可能生成碳化物,在平衡条件下称其为渗碳体。

贝氏体组织是远离平衡态的。钢中渗碳体析出被抑制时,贝氏体相变的临界吉布斯自由能中会包含一部分应变能。通过对这种应变作用进行估计,得到的界面能为 270 J·mol^{-1}。随后,进一步对数据进行整合,计算在 B_s 温度铁素体和奥氏体的自由能,得到应变能的数值应为 400 J·mol^{-1}。

1.3.2 相变能量分析

若贝氏体以切变形式长大,则需满足下面的能量公式:

$$\Delta G_m < G_N, \text{其中} \Delta G_m = G_m^\alpha - G_m^\gamma \tag{1-2}$$

$$\Delta G^{\gamma \to \alpha} < -G_{SB}, \text{其中} G^{\gamma \to \alpha} = G^\alpha - G^\gamma \tag{1-3}$$

式中 $\Delta G^{\gamma \to \alpha}$ 代表贝氏体形成过程的自由能差,G^α 和 G^γ 分别代表当铁素体和奥氏体具有相同的化学成分时铁素体自由能和奥氏体自由能。ΔG_m 代表形核的最大驱动力,也就是在保持周围奥氏体基体中的成分不受影响的前提下,铁素体形核所需的最小自由能改变,可以利用平行的公切线获得。G_m^α 和 G_m^γ 分别代表自由能的改变量最大时铁素体和奥氏体的自由能。G_N 是基于与马氏体有关的位错机制的通用形核函数。G_{SB}代表贝氏体的储存能为 400 J·mol^{-1}。公式(1-2)是形核条件,公式(1-3)是长大条件。公式(1-2)意味着贝氏体的形核只能在ΔG_{m}比G_N更低的温度下发生。当$\Delta G_m = G_N$时的温度称为T_h。同时,无扩散长大的贝氏体还必须满足公式(1-3)的条件。形核的最高温度($\Delta G^{\gamma \to \alpha} = -G_{SB}$)称为$T_0{'}$温度。因此,根据公式(1-2)和(1-3),只有当等温转变温度在T_h和$T_0{'}$之间时,贝氏体才能形成。利用这两个公式可以计算得到贝氏体转变开始温度B_s。图1-7a 给出了B_s的计算结果,由于贝氏体转变开始温度和马氏体转变开始温度一直是分离的,贝氏体可以一直在很低的温度下发生转变。图1-7b 给出了基于一个等温动力学模型计算得到的在B_s温度以下,贝氏体转变的孕育期随碳含量的变化情况。

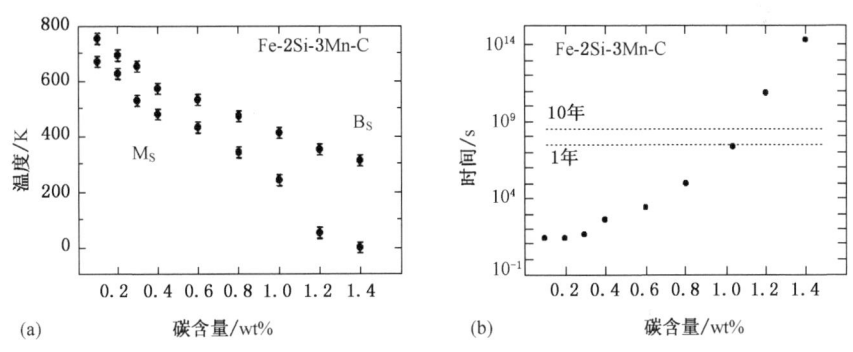

图 1-7 计算举例:(a)计算的马氏体开始温度M_S和贝氏体开始温度B_S;(b)相变开始需要的时间

1.3.3 形核热力学

在贝氏体铁素体上形核所需的激活能垒(G^*)要低于在奥氏体界面上的,根据经典的形核理论,该值可由以下公式计算得到:

$$G^* = \frac{16\pi\sigma_{\alpha/\gamma}^3}{3(\Delta G_{chem} + \Delta G_{strain})^2} \quad (1-4)$$

式中,$\Delta G_{chem} = G_V^\alpha - G_V^\gamma$,$\Delta G_{chem}$和$\Delta G_{strain}$分别是单位体积铁素体相的吉布斯自由能和应变能。$\sigma_{\alpha/\gamma}$是两相的界面能,对于$\Delta G_{chem}$和$\Delta G_{strain}$,在原奥氏体晶界上形核还是在奥氏体/铁素体界面上形核,其值都是一样的,所以造成激活能不同的最大因素是相界能的不同。

界面能是由相邻相的晶体结构所决定的,随相邻相错配度的降低而下降。

铁素体和铁素体是共格界面,其相界能只有 0.016 J·m^{-2},而奥氏体与铁素体是半共格界面,其相界能为 0.2 J·m^{-2},计算得到的贝氏体铁素体在奥氏体/马氏体相界上的形核激活能是在奥氏体晶界上的 0.000 512 倍,所以贝氏体铁素体在相界面上更容易形核。并且如果在贝氏体转变之前先形成马氏体,可以引入位错。在位错处的形核可以释放部分位错的弹性应变能,从而进一步降低界面能垒。因此,降低界面能可以促进贝氏体铁素体的形核,缩短孕育期。

通过改变等温工艺也可改变贝氏体铁素体的形核驱动力,加快贝氏体铁素体形核。针对成分为 Fe-0.83C-0.65Mn-1.40Si-1.62Cr-0.31Ni-0.17Mo wt% 的高碳贝氏体钢,在 M_s 点之上设计一种二阶贝氏体等温转变工艺,先在 175 ℃ 等温 60 s,然后升高温度到 200 ℃ 继续进行贝氏体等温转变。与传统的一阶等温工艺相比,这种工艺可以加速贝氏体相变,如图 1-8 所示,意味着 200 ℃ 的形核驱动力要高于正常的 -2 720 J·mol^{-1},这是由于第一步的处理可以额外获得能量。这种额外的能量很可能是由于试样在从 175 ℃ 升温到 200 ℃ 时,热滞后效应产生的滞后能 $\Delta G'$,如图 1-9 所示。滞后能受加热速率影响,加热速率越快,滞后能越高。增加的滞后能可以提供更大的相变驱动力,增加贝氏体铁素体的形核位置密度,从而加速贝氏体转变。

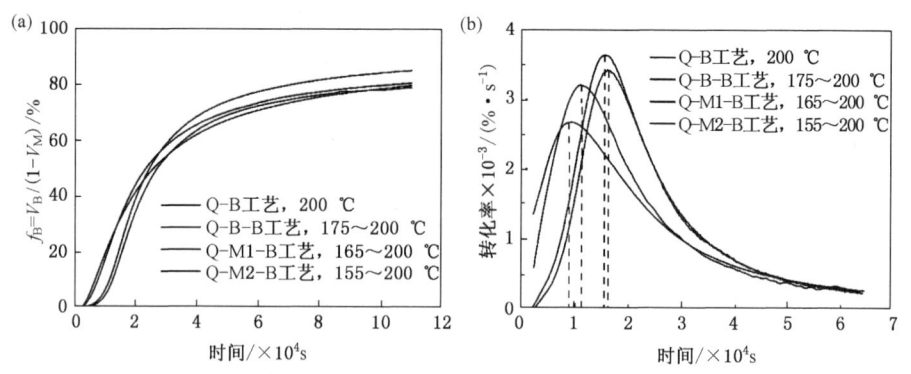

图 1-8 (a)贝氏体铁素体的体积分数随等温时间的演变关系;(b)相变速率随等温时间的变化关系。Q-B 工艺代表 870 ℃ 奥氏体化后直接在 200 ℃ 进行贝氏体等温转变;Q-B-B 工艺代表先在 175 ℃ 等温 60 s,然后在 200 ℃ 继续等温;Q-M1-B 工艺和 Q-M2-B 工艺分别代表先在 165 ℃ 或 155 ℃ 等温 60 s,然后在 200 ℃ 继续等温(钢的成分为 Fe-0.83C-0.65Mn-1.40Si-1.62Cr-0.31Ni-0.17Mo wt%)

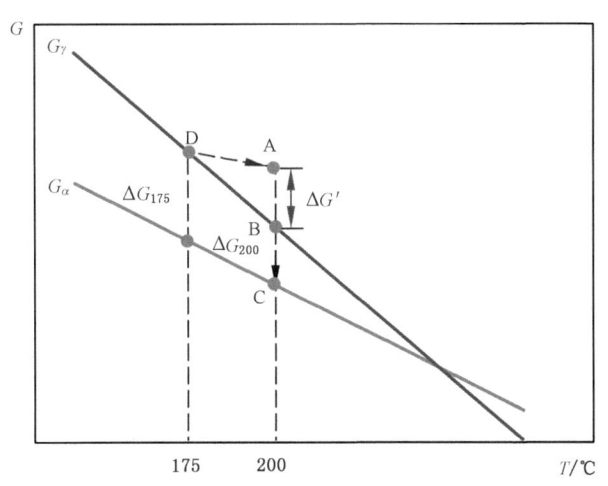

图1-9 奥氏体和铁素体吉布斯自由能随温度的演变曲线。G_γ代表奥氏体相的自由能,G_α代表铁素体相的自由能,$\Delta G'$代表热滞后效应产生的滞后能

1.3.4 长大热力学

很长时间以来,有研究者测量了贝氏体的长大速率,发现要远小于马氏体的长大速率,因此认为贝氏体相变过程中存在碳的扩散,从而认定贝氏体相变为扩散类型。而关于贝氏体相变是无扩散型的学说则先是由贝氏体具有不完全特性这一点支持,研究者们观察到的与马氏体相变类似的表面浮凸特征也支持无扩散相变,然而却忽略了贝氏体的长大速率不是很快的这一特征,但一系列的贝氏体的亚单元的快速长大可支持无扩散长大机制。其中一位无扩散相变机制的支持者提出在针状铁素体和母相奥氏体间的共格界面若要移动则需要额外的驱动力,这与马氏体相变需要额外的驱动力也是一样的。在接下来的许多年,都是围绕迁移界面的晶体学特征和台阶的可能作用而展开讨论,但却忽视了碳扩散在贝氏体相变中所起的作用。

直到1979年,这一争论进入了一个新的阶段。有研究者开始强烈支持无扩散理论。他们认为魏氏铁素体和贝氏体铁素体的晶体学机制从本质上来说都是一样的,只不过前者存在碳的扩散,而后者没有碳扩散。这样只需讨论碳的作用而不用理会晶体学特征。碳在贝氏体相变中的运动包含三种可能性:(1)碳在贝氏体铁素体长大过程中的配分使得贝氏体铁素体中不包含过量碳原子;(2)贝氏体铁素体长大是无扩散的,但碳被前沿界面所捕获;(3)一些碳会随贝氏体铁素体长大进行扩散,使得部分铁素体是过饱和的。假设贝氏体片条形成过程中没有碳扩散,多余的碳随后从贝氏体片条扩散到未转变的奥氏体,下一贝氏体片条就需从富碳的奥氏体中长出。当奥氏体中碳的浓度达到 T_0 曲线时,反应即停止。由于奥氏体并没有达到 A_{e3} 相界给出的平衡组分,因此反应是不完全的。从另一方面来说,如果铁素体以平衡碳浓度的方式长大,则当奥氏体中的碳浓度达到 A_{e3} 曲线时,相变才停止。

然而,也有研究者虽然是无扩散相变的支持者,但计算得到的额外的驱动力较前人计算的结果要小很多,认为更多的驱动力被用于碳扩散,同时获得的结果显示贝氏体相变并没有在 T_0 曲线或 T_0' 曲线处停止,在这之外,仍然有贝氏体相变的发生。因此通过金相学的分析方法可以得到针状铁素体的形成是在碳扩散的情形下发生的,随后是碳化物和铁素体的交替长大。

利用一个扩展的吉布斯能量平衡判据可对贝氏体板条增厚的整个过程中过饱和的碳从贝氏体铁素体中再配分的情形进行定量分析。该研究者利用有效的形核密度区分了上贝氏体和下贝氏体,并提出了一个数值判据以定义这种过渡。也有研究者利用吉布斯能量平衡判据模拟了相变的不完全现象,并且获得的理论预测结果比利用 T_0、T_0' 和平衡相界模型对 Fe-0.06C-2.4Mn wt% 钢和 Fe-0.3C-2.4Mn-1.8Si wt% 钢在贝氏体转变停止处的贝氏体铁素体分数的数据拟合程度更好。由于界面的迁移速率对相变不完全性没有任何影响,因此假设界面迁移速率为有限的本征值。在界面内的扩散,化学驱动力必须要等于吉布斯能量耗散: $\Delta G_m^{chem} = \Delta G_m^{diff}$。在贝氏体等温转变过程中,长大模型从快速的没有合金元素扩散的类型向缓慢的有合金元素扩散进界面的类型转变。而相变的不完全性则是由缓慢相变模型造成的,并且是温度和合金元素的函数。随着结合能和 Mn 元素的增加,不完全转变的程度会增加,而 Si 元素几乎没有作用。

目前存在一个经验模型,该模型当中总结了近一百组数据,可预测贝氏体铁素体板条厚度,被称作黑箱模型。有研究者利用 70 组数据建立这一黑箱模型,然后用 30 组数据去验证所建立模型的准确度,如图 1-10 所示,计算值与预测值之间的拟合程度很高。基于这个模型,可将等温温度 T、相变驱动力 ($\Delta G^{\gamma \to \alpha}$)、奥氏体的屈服强度 ($\sigma_y^\gamma$) 这三项影响贝氏体铁素体板条厚度 t 的因素表述成一个具体的公式: $t = f(T, \sigma_y^\gamma, \Delta G^{\gamma \rightarrow \alpha}) = 222 + 0.01242 \times T + 0.01785 \times \Delta G^{\gamma \rightarrow \alpha} - 0.5323 \times \sigma_y^\gamma$, 为贝氏体钢的设计提供了很好的理论基础。

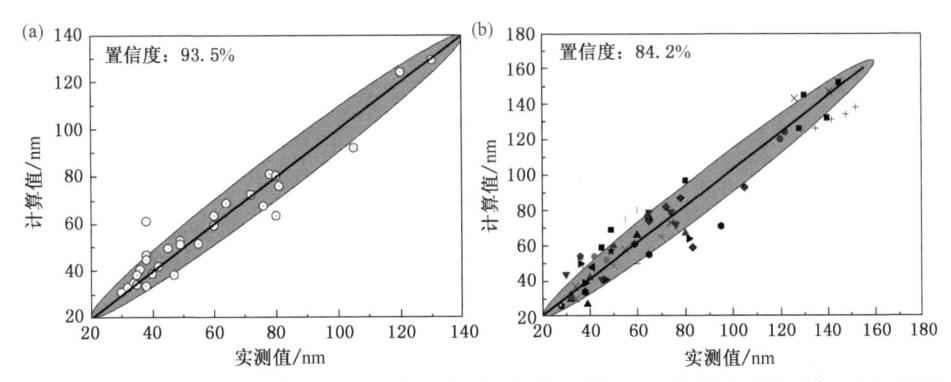

图 1-10 贝氏体铁素体片条厚度的测量值与基于黑箱子模型(a)和多项式模型(b)的计算值

此外,有研究者进行了原子探针试验,结果表明,在贝氏体相变过程中不存在置换溶质原子的再分布,这些试验涵盖了化学分析中所能达到的最小尺度。他们排除了需要置换溶质原子扩散的任一机制,其中就包括局部平衡的长大模式。但也有人认为置换溶质原子没有再分布是由于界面的移动性够高以至于不能够捕捉到这种溶质原子的扩散再分布。但这种奥氏体内界面的迁移累积溶质原子是作为单个溶质原子的应变场与界面内部缺陷附近的局部应变场发生交互作用的结果。添加合适的溶质原子可以调整应变,从而降低界面能,稳定随溶质原子迁移的界面。

1.4 贝氏体相变动力学

基于重构型相变和切变相变机制,贝氏体相变动力学的模型主要分为两种。前面的理论将贝氏体看作一种非层片状的铁素体和碳化物的两相混合物,二者是连续形成的,与协同形成的珠光体不同。根据这一定义,贝氏体形成的上限温度应是共析反应,与贝氏体开始温度没有明显区别。在贝氏体的河湾区存在"耦合溶质拖曳效应",使铁素体的长大足够慢,以使长大能够持续通过协同形核来完成。由于贝氏体长大造成的表面浮凸也不一定是由不变平面应变引起的,一些研究人员认为贝氏体的形貌是帐篷形的。不管是不变平面应变(IPS)浮凸或是帐篷形表面浮凸,都是基于贝氏体相变是重构型机制提出的。相反,根据切变理论,贝氏体形成所引起变形包含的 IPS 具有两个组分,一是大的剪切应变组分,二是垂直于惯习面的膨胀应变组分。贝氏体形核被认为是由在母相中已存在的某些位错缺陷的自发解理形成的,形核激活能与驱动力成正比,与经典理论预测的成平方反比关系相反。另一方面,在等温转变相图中的 C 曲线更低,在 T_h 温度会出现一个平台,该平台即铁素体能够以切变机制形成的最高温度。化学自由能会随着 T 数值变化呈线性变化,其函数 G_N 被称为"通用形核函数",为贝氏体形核建立一个准则。G_N 可表达成:

$$G_N = C_1 T_h - C_2 \tag{1-5}$$

式中 T_h 的单位是开尔文,C_1 和 C_2 分别为常数,数值为 3.546 3 J·(mol·K)$^{-1}$ 和 3 499.4 J·mol^{-1}。亚单元的长大过程是无扩散的,过量的碳会配分进周围的奥氏体中,使残余奥氏体的强度增加。渗碳体随后从铁素体板条间的残余奥氏体中析出。这一过程通过亚单元的连续形核持续进行,直到残余奥氏体中的碳含量达到贝氏体的自由能低于同组分的残余奥氏体的自由能,也就是 T_0 曲线(或者 T_0' 曲线,考虑了铁素体的自由能)。

1.4.1 贝氏体的形核速率

利用原位高温共聚焦显微镜可对贝氏体的转变过程进行有效、实时的观察。图 1-11 为 Fe-0.34C-1.61Mn-0.96Ni-1.24Cr-0.45Mo wt% 合金钢在 350 ℃ 等温的贝氏体转变过程的原位观察。以晶粒 G1、G2、G3、G4 为主要观察研究对象,以新形成一条贝氏体铁素体的时间为基准时间点 0 s,从图中看出,贝氏体铁素体优先在原奥氏体晶界处形核,已形成的贝氏体铁素体可作为次形成贝氏体铁素体的形核位置,包括在二维平面上显现出的贝氏体铁素体和在三维空间贝氏体铁素体在此平面的贝氏体显现结构,在图中虚线圈内的代表后一种情况,因为在原始晶粒中没有该界面,并且随着时间的延长,图中斜纵向线消失。

统计在单位时间内两种贝氏体形核位置的数量随时间的变化情况,如图 1-11f 所示,在最初的相变阶段(60 s),贝氏体铁素体在原始奥氏体晶界上随机位置形核,在 120 s 以后在已形成贝氏体铁素体上形核数量增加都高于原始奥氏体晶界,在 G2 晶粒内表现得更加明显。说明与在晶界形核相比,在已形成的贝氏体铁素体上形核更快。

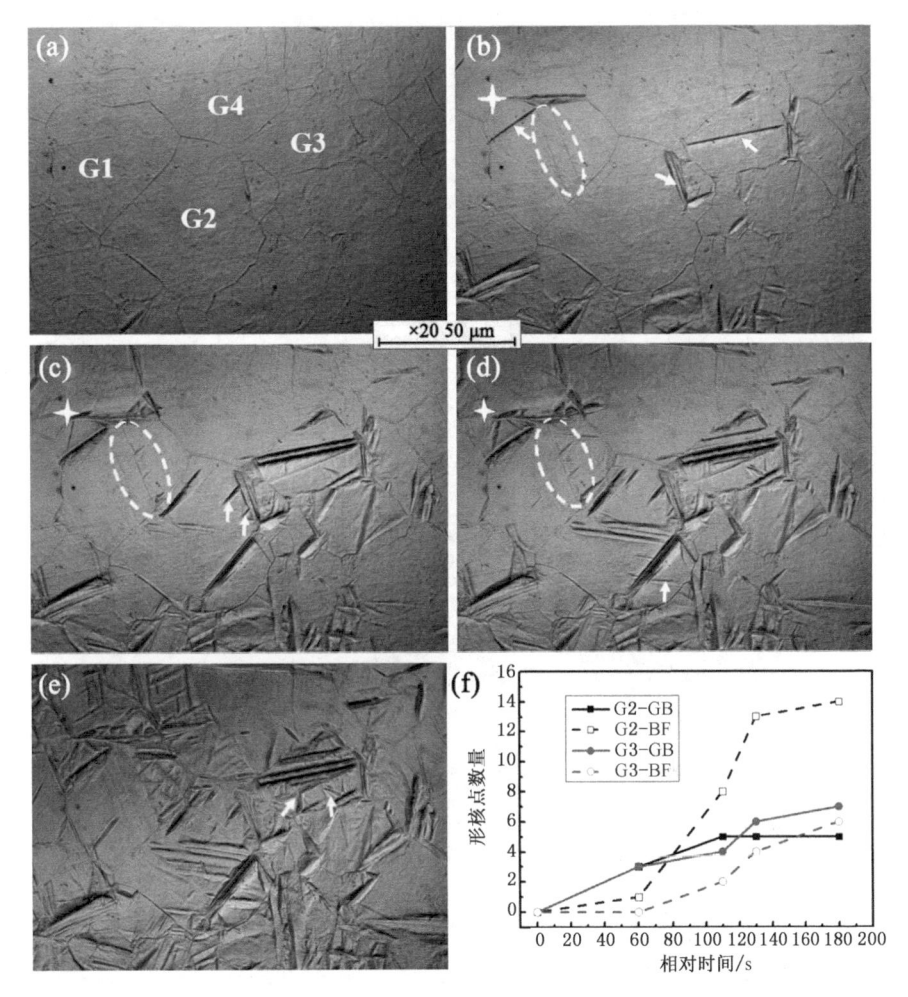

图 1-11 Fe-0.34C-1.61Mn-0.96Ni-1.24Cr-0.45Mo wt%钢在 350 ℃等温的贝氏体转变过程,对应的相对时间:(a)0 s;(b)60 s;(c)110 s;(d)130 s;(e)180 s;(f)相对时间与形核点数量关系。GB 代表在原奥氏体晶界上形核,BF 代表在贝氏体铁素体上形核

在贝氏体相变曲线上分析,贝氏体相变经过爆发式形核的阶段,与自催化成核有关系,认为相变速度超过预期的速度是由额外位错引起的,而这部分额外缺陷来源于自催化作用,即在形成马氏体板条时,它们诱导出可用于进一步转化的新胚胎。关于自催化形核目前有三种机理:一是应力辅助形核,即由相变而导致的形状变化所产生的内部弹性应力可以提高惰性缺陷的活性。二是在应变诱导的自催化中,新的和更具活性的形核缺陷是由母相中的塑性调节引起的。三是

界面自催化,它是指现有马氏体/奥氏体界面中新型马氏体单元的形核。类比在贝氏体相变中,初始的形核过程主要在奥氏体晶界,其主要原因是在晶界处含有最有形核潜力的缺陷。贝氏体片条的初始形成必定会导致明显的弹性和塑性应变,在已形成的贝氏体铁素体上形核的目的是帮助适应彼此间的形状变化。另外从另一个角度分析,在贝氏体铁素体界面上形核更容易。

图 1-12 是原位高温透射组织,在观察过程中发现,贝氏体铁素体在已形成的铁素体上形核,并且在形成贝氏体过程中位错在不断地移动,尤其是在出现贝氏体铁素体之前的短时间内其移动速度相当快,形核的过程意味着可滑动的不全位错从缓慢/热激活的状态向快速、独立的分解发展,并且在图 1-12b 中观察到贝氏体铁素体形成前有胚芽出现。

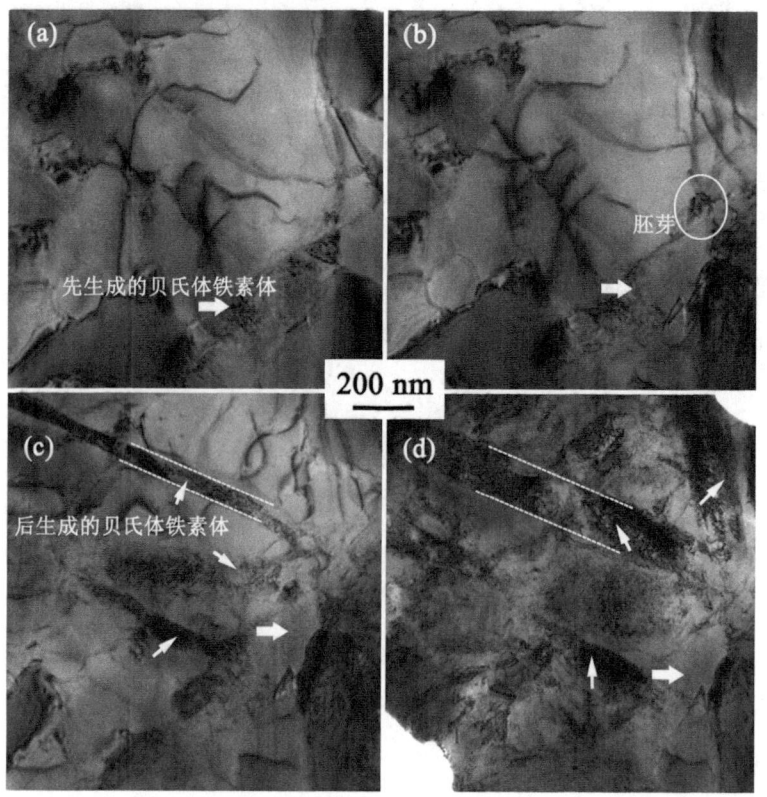

图 1-12 Fe-0.34C-1.61Mn-0.96Ni-1.24Cr-0.45Mo 合金钢在 350 ℃等温的原位透射照片,
(a) 等温 3 s;(b) 等温 130 s;(c) 等温 180 s;(d) 等温 310 s

向钢中加入 N 元素,可以与 Al 元素形成 AlN,从而也可促进形核,降低贝氏体转变的不完全性,加快贝氏体相变。向成分为 Fe-0.34C-1.52Mn-1.48Si-0.93Ni-1.15Cr-0.40Mo-0.71Al wt% 的低碳钢中加入 210 ppm 的氮含量后,对比二者在400 ℃进行的等温转变曲线测量可知,残余奥氏体的量降低(图 1-13a 和 b),意味着 N 降低了贝氏体的不完全转变程度。利用公式 $df/dt = (1-f)(1+\lambda f)k$(式中 λ 是自催化参数,k 是考虑贝氏体形核过程的热激活本质的速率参数)可计算得到贝氏体的转变速率随时间的变化关系(图 1-13c)。在相变伊始,添加 N 后的合金(210N)中贝氏体形成速率明显要高于未添加 N 的合金(20N)的转变速率,前者几乎是后者的 2 倍。而单位体积内贝氏体铁素体的相变速率可根据公式 $(df/dt)V = (df/dt)/(1-f)$ 计算得到。210N 钢的转变速率要远大于 20N 钢,证明 N 可以加速贝氏体转变。究其原因,主要是由于钢中的 N 与 Al 会形成 AlN 颗粒,该颗粒与贝氏体铁素体之间具有低的晶格错配度,从而可作为贝氏体铁素体的形核位置,激发形核。图 1-14 给出了利用原位高温金相观察到的在试样表面于 AlN 夹杂处形核的贝氏体铁素体。

1.4.2 贝氏体的长大速率

在奥氏体晶界上形核后,贝氏体束会通过亚单元的反复形成进行扩展,每一亚单元都能长大到极限尺寸。新的亚单元容易在已存在的片条薄片的尖端附近形成;在相邻位置的形核会以低得多的速率发生。因此,贝氏体束的整体形状总是与一个三维方向的片条相似,其长大只受奥氏体晶粒或孪晶界限制。

贝氏体铁素体片条的伸长速率也与形核位置有关。图 1-15 给出了对比统计的在原始奥氏体晶界形核和在贝氏体铁素体上形核的贝氏体铁素体条在长度方向随时间的变化情况。从贝氏体铁素体板条长度方向速率来看,在原始晶界形核的长度方向长大速率较快,并且长度较长。分析原因,一方面是由于在原奥氏体晶界优先发生相变在一个晶粒内其有足够大的空间使长度方向不受约束,对于在贝氏体铁素体上形成的板条则在一次分割或者多次分割后形成,空间上会受到约束;另一方面是,贝氏体铁素体长大的过程中是不断排碳的,优先在奥氏体晶界形成的贝氏体铁素体可将碳排到周围较大的面积内,而后形成的贝氏体铁素体在排碳过程中周围奥氏体的碳浓度是高于原始过冷奥氏体的,对贝氏体长度方向的长大有明显的约束。

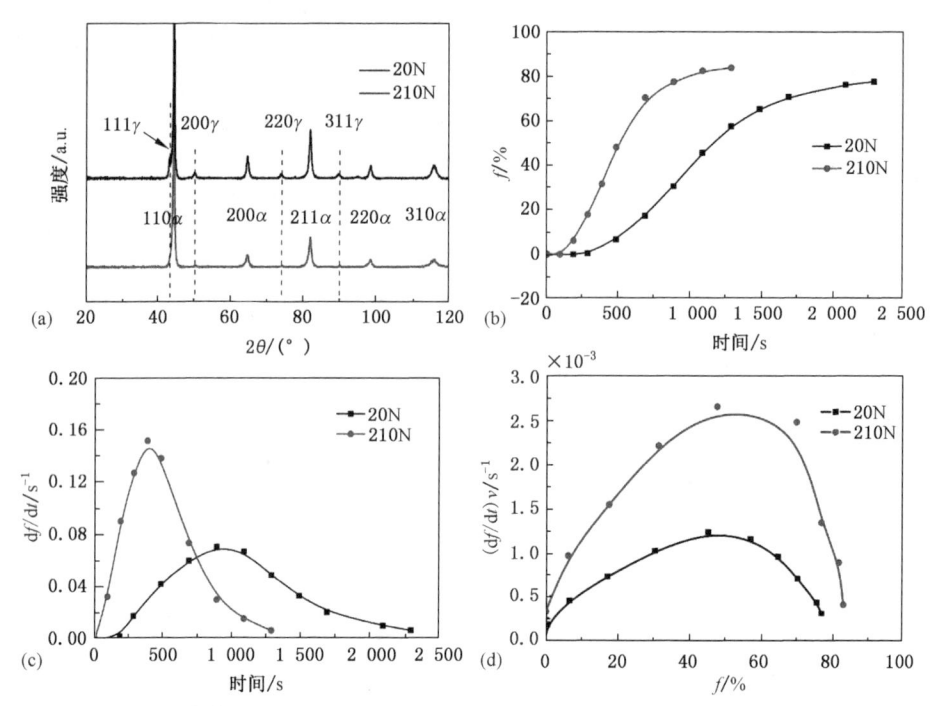

图1-13 20N(成分为0.34C-1.52Mn-1.48Si-0.93Ni-1.15Cr0.40Mo-0.71Al-0.002N,wt%)
和210N钢(成分为0.34C-1.60Mn1.32Si-0.80Ni-1.20Cr-0.55Mo-0.81Al-0.021N,wt%)在
400 ℃等温转变过程中的变化曲线:(a)X射线图;(b)贝氏体转变分数(f)随时间的变化关系;
(c)贝氏体转变速率(df/dt)随时间的变化关系;(d)单位体积内贝氏体的
相变速率((df/dt)V)随贝氏体转变量的变化关系曲线

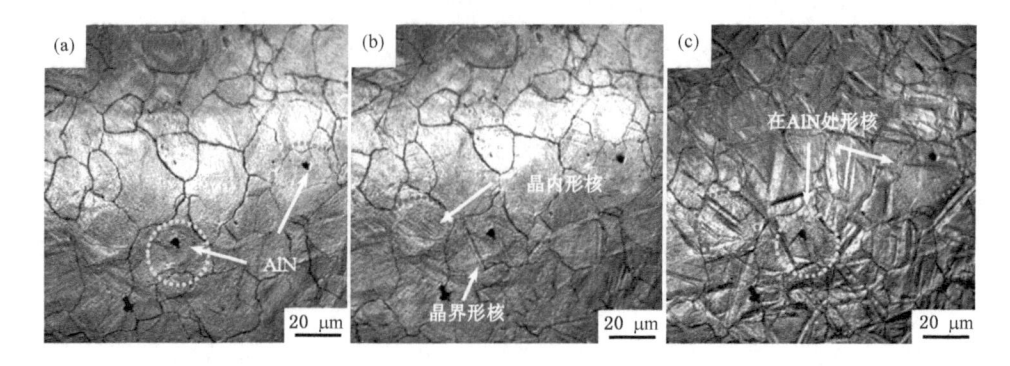

图1-14 210N钢(成分为0.34C-1.60Mn1.32Si-0.80Ni-1.20Cr-0.55Mo-0.81Al-0.021N,wt%)在奥
氏体化过程中(a)和之后在320 ℃等温过程中的贝氏体转变过程(b和c)的原位观察结果

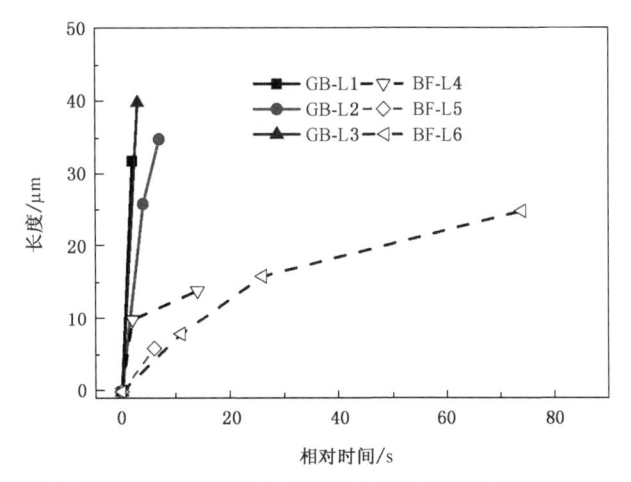

图 1-15 在原始奥氏体晶界形核和在贝氏体铁素体上形核的贝氏体铁素体在长度方向随时间的变化关系。**GB** 代表在原奥氏体晶界上形核，**BF** 代表在贝氏体铁素体上形核

有无碳化物的析出对贝氏体的转变速率也有一定影响，图 1-16 给出了含 Si + Al 和不含 Si + Al 的中碳贝氏体钢经 350 ℃ 等温转变的贝氏体体积分数和转变速率与时间的关系。由于合金元素的影响，有碳化物贝氏体在前期转变速率高于无碳化物贝氏体，在转变时间达到 331 s 时，无碳化物贝氏体的转变速率超过了有碳化物贝氏体转变速率，在转变达到 446 s 时，无碳化物贝氏体钢中的转变量超过了有碳化物贝氏体。

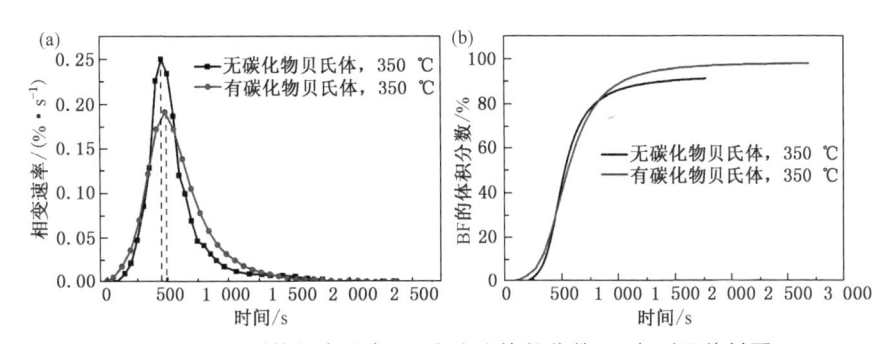

图 1-16 贝氏体相变速率（a）和生成体积分数（b）与时间的关系

1.4.3 贝氏体相变动力学模型

若贝氏体相变没有叠加其他反应，则贝氏体相变一直持续到残余奥氏体中的碳含量达到 T_0' 曲线，在一定温度下，贝氏体的最大体积分数可通过下式计算得到：

$$v_{\alpha B-\max} = \frac{x_{T_0'} - \bar{x}}{x_{T_0'} - x^{\alpha\gamma}} \tag{1-6}$$

式中 $x_{T_0'}$ 代表对应 T_0' 曲线上的碳浓度，$x^{\alpha\gamma}$ 代表铁素体中碳类的平衡浓度，$\bar{x}$ 代表合金的平均碳浓度。同时在计算 $v_{\alpha B-\max}$ 时也考虑了在残余奥氏体中或下贝氏体中的贝氏体铁素体中析出的渗碳体。但是，大部分的切变模型并没有考虑贝氏体转变过程中的渗碳体析出效应。因此，目前尚未建立完善的渗碳体析出对残余奥氏体或贝氏体铁素体中碳含量降低的影响模型。

大部分的切变模型都是基于 Johnson、Mehl、Avrami 和 Klomogorov 公式（JMAK）用以估计在时间间隔 dt 内形成的贝氏体的体积分数 $v_{\alpha B}$：

$$\mathrm{d}v_{\alpha B} = \left(1 - \frac{v_{\alpha B}}{v_{\alpha B-\max}}\right)\mathrm{d}v_{\alpha B-ext} \tag{1-7}$$

式中 $\mathrm{d}v_{\alpha B-ext}$ 和 $\mathrm{d}v_{\alpha B}$ 分别代表在时间 dt 时的外延体积和真实体积。一个铁素体亚单元的形核时间要远大于其长大的时间，所以贝氏体相变主要是由连续的亚单元形核控制。在一给定的时间间隔 dt 内形成的贝氏体的外延体积为：

$$\mathrm{d}v_{\alpha B-ext} = uI\mathrm{d}t \tag{1-8}$$

式中 u 代表亚单元的体积，I 代表单位体积的形核速率。将之代入 JMAK 公式中，则变成：

$$\mathrm{d}v_{\alpha B} = \left(1 - \frac{v_{\alpha B}}{v_{\alpha B-\max}}\right)uI\mathrm{d}t \tag{1-9}$$

定义贝氏体标准分数 $\xi_{\alpha B}$ 为贝氏体的体积分数除以贝氏体的最大体积分数：

$$\xi_{\alpha B} = \frac{v_{\alpha B}}{v_{\alpha B-\max}} \tag{1-10}$$

则可将整体的相变动力学表述为：

$$v_{\alpha B-\max}\mathrm{d}\xi_{\alpha B} = (1 - \xi_{\alpha B})uI\mathrm{d}t \tag{1-11}$$

1.4.3.1 Bhadeshia 模型和 Rees-Bhadeshia 模型

Bhadeshia 模型考虑了通过尺寸为 u 的亚单元的马氏体扩展方式发生的贝氏体束的长大。亚单元在奥氏体晶界形核，并伸长直到其长大被奥氏体内部的塑性应变捕获。新的亚单元会在其尖端形核，这一过程循环往复，从而形成贝氏体束状结构。

亚单元的形核速率 I 可表述成：

$$I = B_1 \exp\left(-\frac{G^*}{RT}\right) \tag{1-12}$$

式中 R 是气体常数，B_1 是经验常数，G^* 是包含了某些位错缺陷自发分解的形核激活能。激活能与驱动力是线性关系，可将之代入上面的形核速率公式中：

$$I = B_1 \exp\left(-\frac{B_2 + B_3 \Delta G_m}{RT}\right) \tag{1-13}$$

式中 ΔG_m 代表形核的最大驱动力，B_2 和 B_3 均为常数。

在铁素体通过切变机制形成的最高温度 T_h，形核的最大驱动力等于通用形核函数 G_N，在此温度下的形核速率为：

$$I = B_1 \exp\left(-\frac{B_2 + B_3 G_N}{RT_h}\right) \tag{1-14}$$

ΔG_m 随反应进行程度的变化关系为：

$$\Delta G_m = \Delta G_m^0 \left(1 - \frac{B_4}{B_3} \xi_{\alpha B} \cdot v_{\alpha B-\max}\right) \tag{1-15}$$

式中 B_4 是常数，ΔG_m^0 代表初始的形核驱动力。

在该模型中，考虑了与自催化效应有关的潜在形核位置，引入了与尺寸无关的系数 β，形核速率公式可表述为：

$$I_{T_h} = I_0 (1 + \beta \xi_{\alpha B} \cdot v_{\alpha B-\max}) \tag{1-16}$$

随相变的进行，每一个贝氏体片条都会随着形核位置的增加产生新的萌芽。

对前面的公式积分可得到四个经验常数，结合试验测量结果，得到这些常数的数值分别为：$B_2 = 2.9710 \times 10^4 \text{ J} \cdot \text{mol}^{-1}$，$B_3 = 3.769$，$B_4 = 11$，$\beta = 200$。由于试验用钢均含高硅，因此并没有考虑渗碳体析出对贝氏体相变动力学的影响。

该模型的计算结果虽然在一定程度上与试验数值相一致，但会高估高温下的反应速率，低估合金元素对相变结果的影响。同时，该模型也没有考虑奥氏体晶粒尺寸对相变动力学的影响和温度对贝氏体片条体积分数的影响，也没有办法给出形核最大驱动力与碳含量之间的定量关系。

为了弥补 Bhadeshia 模型的不足，Rees-Bhadeshia 模型设定贝氏体铁素体的形核速率在 T_h 温度时为一常数。激活能与形核的最大驱动力之间的关系为：

$$G^* = B_2 + \frac{B_2}{C_2} \Delta G_m \tag{1-17}$$

形核速率可表示成：

$$I = B_1 \exp\left(-\frac{B_2}{RT} - \frac{B_2 \Delta G_m}{C_2 RT}\right) \quad (1\text{-}18)$$

在 T_h 温度，形核的最大驱动力等于 G_N。因此，利用公式（1-17）和公式（1-18），可以得到 $I_{T_h} = B_1 \exp\left(-\frac{B_2 C_1}{C_2 R}\right)$，即在 T_h 温度的形核速率与材料的选择无关。该模型解决了 Bhadeshia 模型中存在的一个不确定点。

同时，二者也尝试着修正了形核的最大驱动力与碳含量之间的关系，对奥氏体晶粒尺寸对形核速率的影响和合金元素对相变形核速率的影响也做了估计，但在不同合金中，公式中的经验常数不是一定值，这与某些常数如 B_2 与化学成分无关的理论相悖。也有研究者尝试着利用经典组织演变模型，考虑奥氏体晶粒尺寸对贝氏体相变动力学的影响，确实提高了模拟的精确度。

1.4.3.2 Singh 模型和 Opdenacker 模型

若只考虑在奥氏体晶界上的形核，则单位体积内的初始形核速率可计算为：

$$I^0 = N_V^0 \exp\upsilon\left(-\frac{G^*}{RT}\right) \quad (1\text{-}19)$$

式中 υ 代表尝试频率，N_V^0 代表与奥氏体晶粒尺寸无关的初始形核位置密度，可通过平均线性截距计算：

$$N_V^0 = \frac{B_1''}{L\alpha_P} \quad (1\text{-}20)$$

B_1'' 为常数，α_P、体积 u 与亚单元宽度 u_w 之间的关系可表示为：

$$u = \alpha_P u_w^3 \quad (1\text{-}21)$$

另一方面，每一个形核的片条都会促进 β 新相的自发形核。因此经过时间 t 后，形核位置密度增加为：

$$N_V^T = N_V^0 + \beta I^0 t \quad (1\text{-}22)$$

所以，包含了自催化作用的形核速率可表示为：

$$I = N_V^T \upsilon \exp\left(-\frac{G^*}{RT}\right) \quad (1\text{-}23)$$

利用公式（1-23），可得：

$$I = I^0 \left(1 + \beta t v \exp\left(-\frac{G^*}{RT}\right)\right) \tag{1-24}$$

该模型考虑了形核激活能和 β 随碳含量的变化关系。但是,该模型假设形核驱动力不随形变的进行发生改变,因此没有考虑相变进度的影响。

Opdenacker 对 Singh 模型进行了一定的修正。公式(1-22)中的 $\beta I^0 t$ 代表了外延体积的改变量 N_V^{ext},因此需要对自催化形核随相变程度增加而降低的可用体积进行考虑。因此,在该模型中,对形核位置进行了估计:

$$dN_V^T = (1 - \xi)\beta I d\tau \tag{1-25}$$

对其进行积分,则可得到:

$$N_V^T = N_V^0 \exp\left[\beta v \exp\left(-\frac{G^*}{RT}\right) \int_{\tau=0}^{\tau=t} (1-\xi) d\tau\right] \tag{1-26}$$

这一基于 Singh 模型计算的自催化参数,比 Rees-Bhadeshia 模型中的数据要更为真实有效。虽然 Opdenacker 模型在一定程度上提高了对形核位置的估计,但这种调整并没有完全得到认可。

对低硅 0.25wt% 钢和高硅 1.48wt% 钢进行贝氏体转变动力学试验,来验证这些贝氏体形核动力学模型,如图 1-17 所示。研究者发现,由于低硅钢中有渗碳体析出,降低残余奥氏体中的碳含量,刺激更多的铁素体形成,因此通过所有的模型计算得到的动力学曲线要比实际试验得到的更慢,对获得的最大的贝氏体铁素体分数的预测也是失败的。而对于高硅钢,模型与试验结果的一致性较好,但模型的动力学曲线要更快一些,这是由于计算中对贝氏体形核速率的估计仍然不是很精确,对自催化形核的理解,是贝氏体相变动力学理论中亟须解决的问题。

1.4.3.3 Ravi 模型

Ravi 模型考虑了自催化形核对形核速率的影响,该模型同样以贝氏体的切变机制为基础。同时还考虑了在贝氏体相变过程中碳的再分布行为,因此预测的相变动力学包含无碳化物析出和有碳化物析出的贝氏体形成过程。

一个全奥氏体相转变为贝氏体的总的形核速率 dN/dt 可表示为:

$$\frac{dN}{dt} = \left(\frac{dN}{dt}\right)_G + \left(\frac{dN}{dt}\right)_A \tag{1-27}$$

其中奥氏体晶界上形核造成的单位体积的形核速率 $(dN/dt)_G$ 可表示为:

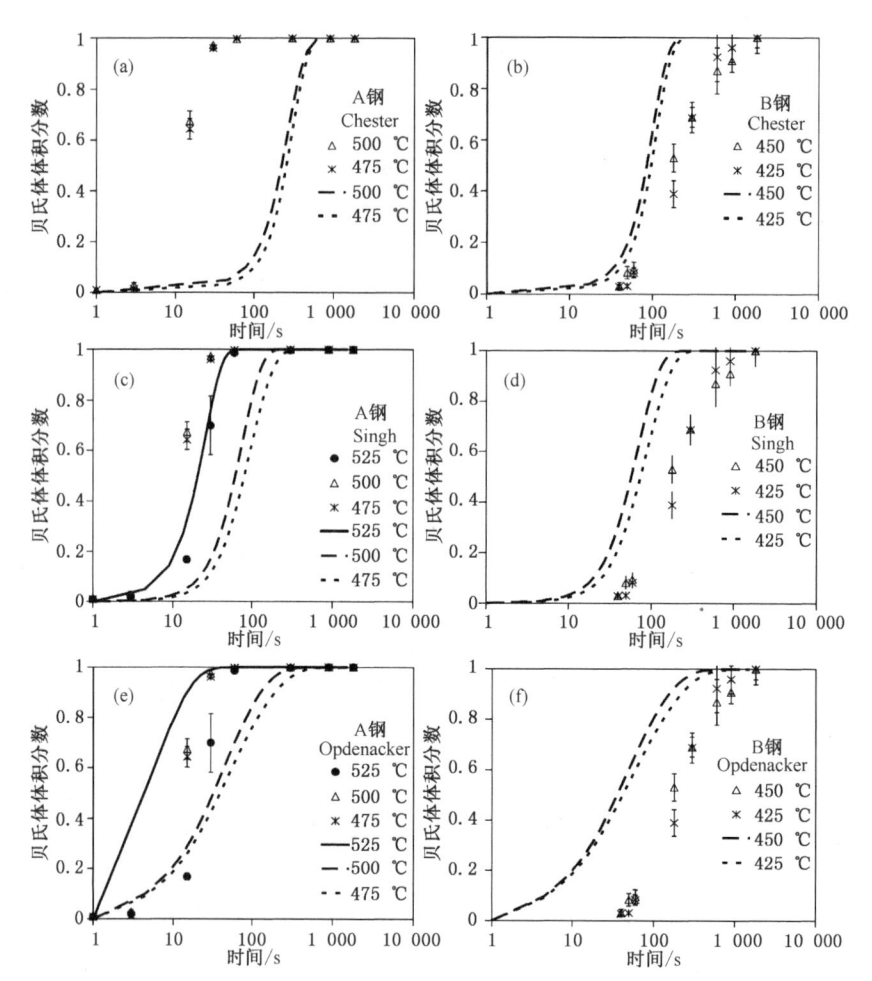

图 1-17 对低硅钢(A 钢:Fe-0.31C-0.25Si-1.22Mn-0.14Cr,wt%)和高硅钢(B 钢:
Fe-0.29C-1.48Si-2.06Mn-0.43Cr,wt%)的上贝氏体的整体相变动力学的
试验和计算结果。模型分别是:(a)和(b)Chester 和 Bhadeshia 模型;
(c)和(d)Singh 模型;(e)和(f)Opdenacker 模型

$$\left(\frac{\mathrm{d}N}{\mathrm{d}t}\right)_G = \frac{kT}{h} N_{tG} \exp\left(-\frac{Q_G^*}{kT}\right) \qquad (1-28)$$

式中 k 代表玻尔兹曼常数,h 代表普朗克常数,N_{tG} 代表在给定时间 t 潜在的晶界形核位置的密度,Q_G^* 代表晶界形核的激活能,T 为等温转变温度。

而自催化形核造成的单位体积内形核速率 $(\mathrm{d}N/\mathrm{d}t)_A$ 可表示为:

$$\left(\frac{\mathrm{d}N}{\mathrm{d}t}\right)_A = \frac{kT}{h} N_{tA} \exp\left(-\frac{Q_A^*}{kT}\right) \tag{1-29}$$

式中 N_{tA} 代表在给定时间 t 潜在的自催化形核位置的密度，Q_A^* 代表自催化形核的激活能。Q_A^* 与 Q_G^* 的数值不相等，二者之间的关系可表示成 $Q_A^* = Q_G^* - \Delta Q^*$。

在考虑了晶界形核位置和自催化形核位置、碳的富集、剩余奥氏体这三项因素之后，上面的式子可表达成：

$$\frac{\mathrm{d}N}{\mathrm{d}t} = (1-f)\left(\frac{T_0' - T}{T_{0x}' - T}\right)\left[1 + \exp\left(\frac{\Delta Q^*}{kT}\right)f\right]\kappa \tag{1-30}$$

式中 f 代表贝氏体体积分数，T_{0x}' 代表相变一开始的 T_0' 温度，T 是贝氏体转变温度，ΔQ^* 代表晶界形核和自催化形核的激活能的差值，k 是玻尔兹曼常数，κ 则是与 T_h 温度、转变温度、晶界形核激活能等有关的函数。

贝氏体的相变速率可表达成：

$$\frac{\mathrm{d}f}{\mathrm{d}t} = \frac{\mathrm{d}N}{\mathrm{d}t} V_b \tag{1-31}$$

式中 V_b 代表单个贝氏体铁素体亚单元的体积。公式(1-31)与之前报道的形核速率模型的形式都是类似的。但其中一条最主要的区别是，将几乎所有的经验常数换成了物理常数，特别是自催化参数，使贝氏体相变动力学公式更具有科学性。在该公式中，自催化参数 β 的表达式为 $\beta = \exp\left(\frac{\Delta Q^*}{kT}\right)$，由于自催化造成的贝氏体动力学的加速行为就可用晶界形核和自催化形核激活能之间存在差异来解释。利用该模型计算的有碳化物析出的低硅贝氏体钢和无碳化物析出的高硅贝氏体钢的动力学曲线，与试验测量的结果吻合程度很好。

1.4.4 贝氏体相变的相场模拟

基于 JMAK 模型，已经有很多的半经验公式应用于多相钢的相变过程，然而大部分模型只是单纯地模拟整体相变动力学，并不涉及复杂组织的形貌特征。为了将贝氏体的形貌特征也包含在相变模拟中，利用中尺度技术来模拟，这其中包括相场模拟、Monte Carlo 技术和元胞自动机。相场模拟技术是其中最强有力的模拟具有复杂形貌特征组织演变的工具。最开始，发展了一种物理有序参数相场模型用于模拟 Fe-C-Mn 系统中奥氏体等温分解成铁素体。随后,多相场模拟(MPFM)被广泛用于模拟奥氏体到铁素体的相变。利用具有合适的各向异性方法的耦合单相场公式,可对奥氏体分解成魏氏铁素体进行模拟。但是在关于奥氏体分解成贝氏体的相场模拟方面,由于贝氏体的长大机制仍存在很大争议,因此对于贝氏体的相场模拟并不常见。除此之外,贝氏体的组织与形成温度有很大关系,可分为上贝氏体和下贝氏体,很难在同一种相场模型中对其进行较为完善的模拟。

基于贝氏体是切变机制,对其进行的单相场可模拟两个亚单元间的自催化形核事件。有研究者率先提出了一个用于描述多变体多晶体的贝氏体转变的多尺度模型,后续有人提出了一种下贝氏体转变模型,考虑贝氏体铁素体是过饱和的,同时有碳化物析出。随后对转变模型进一步进行扩展,研究上贝氏体和下贝氏体的等温转变模型,模拟了从奥氏体到贝氏体转变的切变相变,随后碳进行扩散,最终形成碳化物的这一过程。

而利用 MPFM 方法基于扩散型机制,可对忽略碳化物析出的上贝氏体的形成进行描述。也有模型基于扩散型相变机制,利用具有各向异性准则的多相场模型分别对铁素体和贝氏体的形成进行了模拟。除了对铁素体和贝氏体的整体相变动力学曲线(CCT)进行了模拟,还考虑了组织特征参数,模拟的是没有碳化物的贝氏体束以面长大的方式形成,不包含贝氏体铁素体亚单元。考虑贝氏体束的形核位置为奥氏体晶界和奥氏体晶粒内部的自催化形核。相场模型能够很好地模拟铁素体和贝氏体的组织特征。此外,对最终获得的多相组织中各相的分数也给出了较为准确的预测。但是,该相场模型并没有考虑应变的影响,模拟的也只是在较高温度形成的上贝氏体,对下贝氏体没有涉及。

1.5 贝氏体相变晶体学

1.5.1 贝氏体的晶体取向关系

通过对奥氏体的晶体学取向的测量,发现贝氏体和马氏体的惯习面均是无理数,在同一种钢中,贝氏体与马氏体的惯习面也不一样。惯习面与碳含量和相变温度有关。高温下贝氏体的惯习面与魏氏铁素体的近似,低温下则与先共析渗碳体的近似。因此，最初研究者认为贝氏体是作为铁素体和渗碳体的聚合物长大的，长大过程中二者互相竞争控制惯习面的形成。

贝氏体铁素体和奥氏体之间的取向关系与碳含量或者相变温度的关系并不大，反而与马氏体和魏氏铁素体的较为相似，与珠光体铁素体/奥氏体的不相似。通过探针分析，发现贝氏体在转变温度 450 ℃ 和 350 ℃ 时具有 N-W 关系，但在 250 ℃ 转变时则与马氏体类似，具有 K-S 关系。一个贝氏体束具有几乎一样的晶体学取向，板条束内部的亚单元之间被小角晶界分割开。回火可使组织的储存能降低，有助于稳定结构。后续也有研究者报道了这种可以被描述为 K-S 类型的贝氏体取向。但后来的研究者的工作则表明，相变后 α 相和 γ 相之间的取向关系总是接近于但不是准确的 K-S 或 N-W 关系。

Kurdjumov-Sachs 取向关系

$$\{111\}_\gamma \parallel \{011\}_\alpha$$

$$\langle 10\bar{1} \rangle_\gamma \parallel \langle 1\bar{1}\bar{1} \rangle_\alpha$$

Nishiyama-Wasserman 取向关系

$$\{111\}_\gamma \parallel \{011\}_\alpha$$

沿公共轴 $\langle 011 \rangle_\alpha$，从 $\langle 1\bar{1}1 \rangle_\alpha$ 转向 $\langle \bar{1}\bar{1}1 \rangle_\alpha$ 旋转约 5.25°，可由 K-S 关系转换到 N-W 关系

Greninger-Troiano 取向关系

$$\{111\}_\gamma \parallel \{011\}_\alpha$$

$\langle \bar{1}12 \rangle_\alpha$ 与 $\langle 0\bar{1}1 \rangle_\gamma$ 之间偏差约 2.5°

虽然贝氏体铁素体与母相奥氏体之间的关系并不能很精确地与 K-S 或 N-W 关系相吻合，但总是与二者类似。这两种关系的区别在于垂直于平行密排面的方向上差 5.25° 的旋转。根据晶体学理论，马氏体中的这种相对取向是中间的和无理的。但是由于很难获得实时的残余奥氏体以及还存在高密度的位错，贝氏体和马氏体晶体学测量的实验精度很难达到一个很高的水平。即使如此，实验数据也总是落在"Bain 区域"内，既包含 K-S 也包含 N-W 关系。Bain 区域是晶格变形的结果，可被分成两部分：纯的晶格变形的 Bain 应变和不超过 11° 的扭转。由于垂直于平行密排面的方向上两种关系的相对扭转角在 5.25°，因此在 Bain

应变过程中,面或取向不可能扭转超过11°。但对于重构型相变来说,这一条并不总是成立。

具有面心立方结构的奥氏体也可以被描述成体心正方单胞,可以通过对晶胞参数进行压缩或膨胀,将其转换成体心正方或体心立方结构。Bain 第一次提出了这种变形,并被人们称为 Bain 应变。图1-18给出了体心正方(α')和面心立方结构(γ)的等效转换。

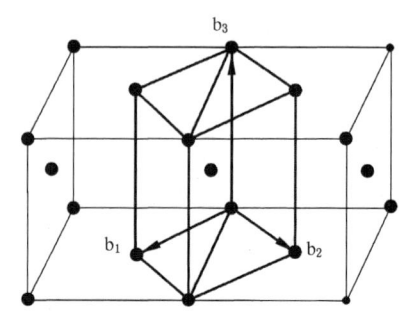

图1-18 面心立方和体心正方晶胞之间的等效转换。Bain 应变是将 γ 奥氏体转换成 α' 马氏体时的轴变形

虽然 Bain 应变会产生晶体结构的必要改变,但宏观形状改变并不总是一样的。对于切变相变来说,需要进一步设定条件,即在可滑动界面穿过母相的移动。基于可滑动界面在母相与新相之间的移动,发展了一种晶体学理论用以解释相变,并与观察到的形状变形相一致。

纯的变形结合刚性转动造成的净晶格变形,会留下一条单独未转动的线,如图1-19所示。留下两个互不平行的未转动的线是不可能的,因此不可能存在不变平面应变。这也就意味着奥氏体与铁素体间的界面是完全共格的,且没有应力,或者是伴随应变的相变是一个不变平面应变。为了补偿偏差,需要引入一个晶格不变变形,例如孪晶或滑移。这种孪晶或滑移台阶结构可在马氏体中观察到。

利用高分辨透射电镜(HRTEM)对成分为 Fe-1.0C-1.5Si-1.9Mn-1.3Cr-0.10V wt%的纳米贝氏体钢经200 ℃等温后得到的组织进行了观察(图1-20),发现贝氏体铁素体与残余奥氏体两相呈 N-W 取向关系,并且证明了低温纳米贝氏体中的铁素体为正方结构,而非体心立方结构。

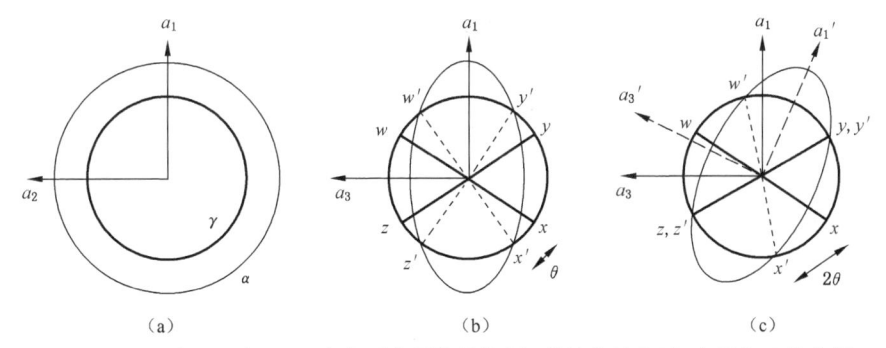

图 1-19 （a）和（b）为 Bain 应变对奥氏体的作用，当其未转变时，表现为三维直径 $wx=yz$ 的球体；（c）为 Bain 应变结合刚性转动得到的不变线应变

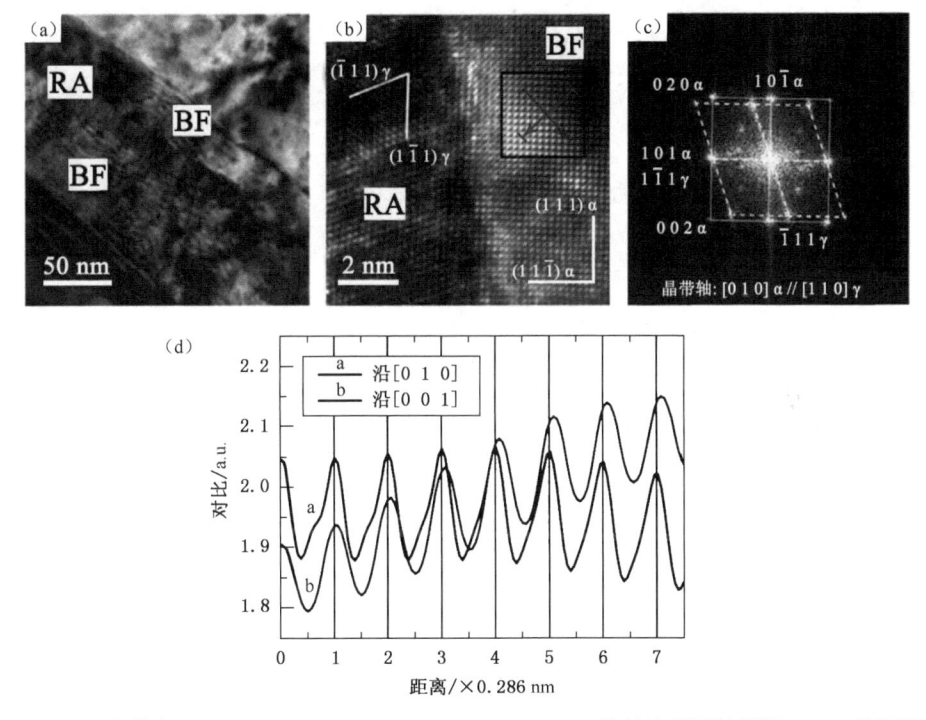

图 1-20 成分为 Fe-1.0C-1.5Si-1.9Mn-1.3Cr-0.10V wt% 的纳米贝氏体钢经 200 ℃等温后得到的组织：（a）薄膜状残余奥氏体（RA）和纳米贝氏体铁素体（BF）板条；（b）HRTEM 图显示贝氏体铁素体（a）和残余奥氏体间的界面；（c）对应的 FFT 图，显示了 N-W 取向关系；（d）图 b 中黑框区域内的沿[010]和[001]方向的强度谱

利用 EBSD 技术对成分为 Fe-0.83C-0.65Mn-1.40Si-1.62Cr-0.31Ni-0.17Mo wt% 的高碳钢经一阶等温淬火工艺 210 ℃×30 h，以及双阶等温淬火工艺 210 ℃×

18 h/320 ℃×3 h(等过冷奥氏体强度)和210 ℃×18 h/285 ℃×7 h(等贝氏体板条尺寸)处理后得到的组织进行了取向分布和错配角分布检测,如图1-21所示。发现贝氏体铁素体与残余奥氏体之间的错配角分布在40°~50°之间出现峰值,其中42.8°代表K-S关系,45.98°代表N-W关系。利用三种工艺的取向差分布图可以得出贝氏体铁素体与残余奥氏体之间K-S与N-W关系所占的比例,如表1-2所示。在一阶等温淬火工艺中,K-S与N-W关系所占比例基本相当。而双阶等温淬火工艺中的N-W关系所占比例明显高于K-S关系所占比例。由此可见,随着等温温度的升高,贝氏体与奥氏体由K-S关系逐渐转变为N-W关系。

表1-2 贝氏体铁素体和残余奥氏体错配角所占比例

工艺	42.8°(K-S)	45.98°(N-W)
一阶等温淬火	0.126	0.124
双阶等温淬火(等贝氏体板条尺寸)	0.178	0.226
双阶等温淬火(等过冷奥氏体强度)	0.167	0.241

1.5.2 贝氏体晶体学的分子动力学模拟

利用分子动力学软件可对纳米贝氏体中具有体心立方结构的贝氏体铁素体和具有面心立方结构的残余奥氏体进行建模,对在外力作用下的变形情况和原始微裂纹扩展情况进行模拟,揭示具有特定位向关系的界面对不同方向裂纹扩展的作用。

按照晶体学原理,体心立方晶体的密排面是$\{110\}_\alpha$,有6种不同的晶体学取向;面心立方晶体的密排面是$\{111\}_\gamma$,有4种不同的晶体学取向。在每个奥氏体$\{111\}_\gamma$面上,贝氏体$\{110\}_\alpha$有6种不同的晶体学取向,而$\{111\}_\gamma$有4个。按照K-S关系,贝氏体同马氏体一样,共有24种可能的晶体学取向。具有K-S关系的界面如图1-22所示。

在奥氏体的每个$\{111\}_\gamma$上,各有三个不同的$\langle 001\rangle_\alpha$方向。在每个方向上,马氏体只可能有一个取向,故每个$\{111\}_\gamma$面上只能有三个不同的贝氏体取向,四个$\{111\}_\gamma$面共有12个可能的贝氏体取向。具有N-W关系的界面如图1-23所示。

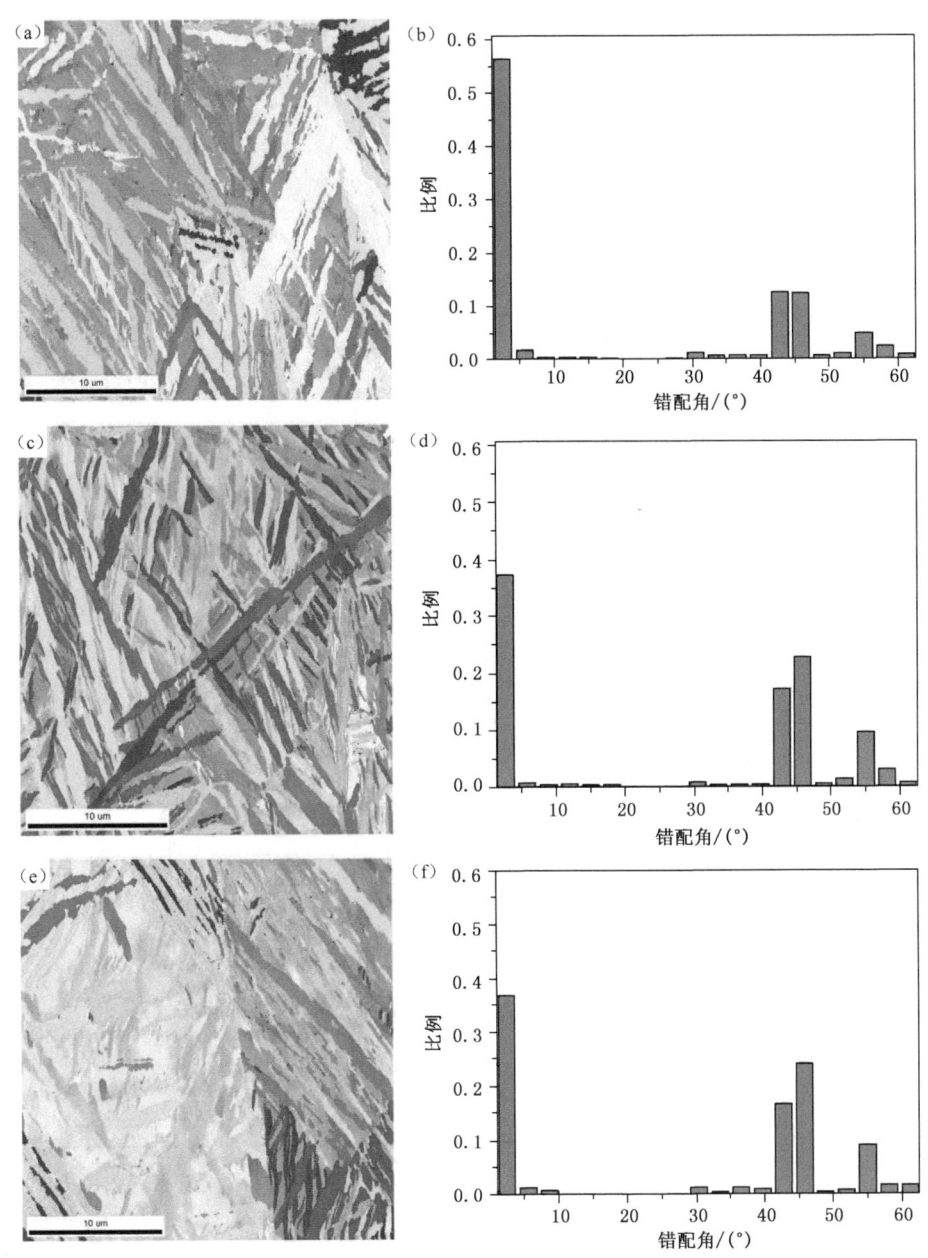

图1-21 成分为 Fe-0.83C-0.65Mn-1.40Si-1.62Cr-0.31Ni-0.17Mo wt%的高碳钢经一阶等温淬火工艺 210 ℃×30 h(a 和 b),以及双阶等温淬火工艺 210 ℃×18 h/320 ℃×3 h(等过冷奥氏体强度)(c 和 d)和 210 ℃×18 h/285 ℃×7 h(等贝氏体板条尺寸)(e 和 f)处理后得到的组织的取向分布图(a、c 和 e)和错配角分布图(b、d 和 f)

图 1-22　K-S 界面示意图

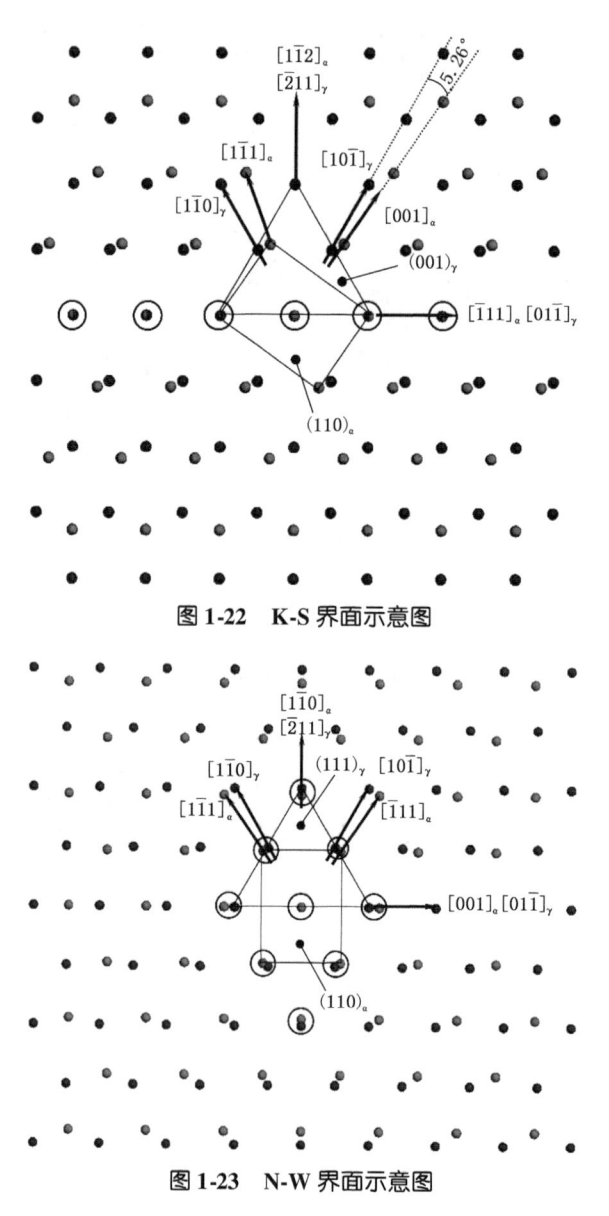

图 1-23　N-W 界面示意图

图 1-24 是 N-W 关系和 K-S 关系的比较。可以看出,晶面的平行关系相同,平行方向有 5°16′之差。

选取合适的势函数是进行分子动力学模拟的重要前提,在描述原子之间作用关系的势函数中,Finnis-Sinclair(F-S)势能够描述具有不同结构的金属原子之间的特性,因而之前多用于相变的分子动力学模拟。F-S 势是建立在紧缚能带理

论基础上的多体势,描述形式如下:

$$E = \frac{1}{2}\sum_{i}\sum_{j(i\neq j)}V_{ij} - \sum_{i}\rho_i^{\frac{1}{2}} \quad (1-32)$$

式中第一项是代表原子之间排斥作用的对势部分,第二项是代表原子之间排斥部分的态密度函数,具体形式如下

$$\rho_i = \sum_{j(i\neq j)}\Phi_{ij} \quad (1-33)$$

V 和 Φ 都是与原子之间距离相关的经验函数,选用 F-S 势能函数作为描述 Fe 原子之间作用关系的函数。在 0 K 下,α-Fe 和 γ-Fe 的晶格常数分别为 2.855 3Å 和 3.658 3Å。

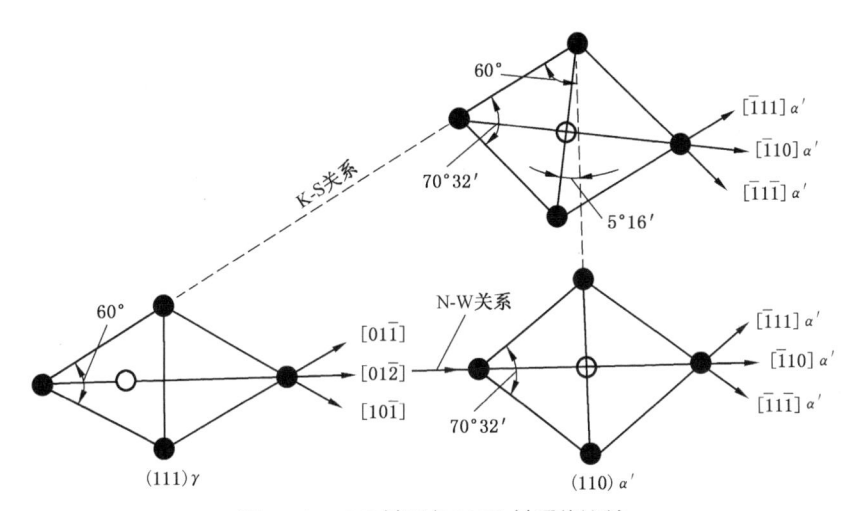

图 1-24　K-S 关系与 N-W 关系的比较

按照 α/γ 位向关系以及描述 Mendelev 势函数所提供的晶格常数,可分别建立含有体心立方结构的 α 相和面心立方结构的 γ 相的双相模拟单元。模拟单元是一个 200Å×200Å×240Å 的矩形盒子。按照 N-W 关系和 K-S 关系,在 200Å×200Å×240Å 的模拟盒子中分别生成了 816 354 个和 812 454 个 Fe 原子。具有 K-S 关系和 N-W 关系的双相模拟单元如图 1-25 所示。

1.6　贝氏体相变理论新进展

1.6.1　超精细结构

近年来,研究者们通过将高碳、高硅钢在 $T = 0.25T_m$(T_m 代表以绝对温度表

示的熔点)的低温进行长时间的等温转变,获得一种被称为低温贝氏体的组织,这种组织极为细小,组织中贝氏体铁素体片条极薄,厚度仅为 20~40 nm,同时板条间存在着富碳的残余奥氏体薄膜。这种贝氏体钢的抗拉强度可超过2.3 GPa,断裂韧度值为 30~40 MPa·m$^{-1/2}$。而在一辙叉用的中碳钢中通过低温等温也获得了这种具有纳米或者亚纳米尺寸贝氏体铁素体板条的低温贝氏体组织,并且其性能可媲美马氏体时效钢。该种钢具有极为精细的组织,由于相变的不完全性,组织中存在残余奥氏体,部分以块状存在,如图 1-26a 所示,利用 TEM 可以看出,大部分的残余奥氏体以薄膜状存在,且贝氏体铁素体片条又是由许多的亚单元构成,贝氏体铁素体内部存在高密度的位错,如图 1-26b 所示。

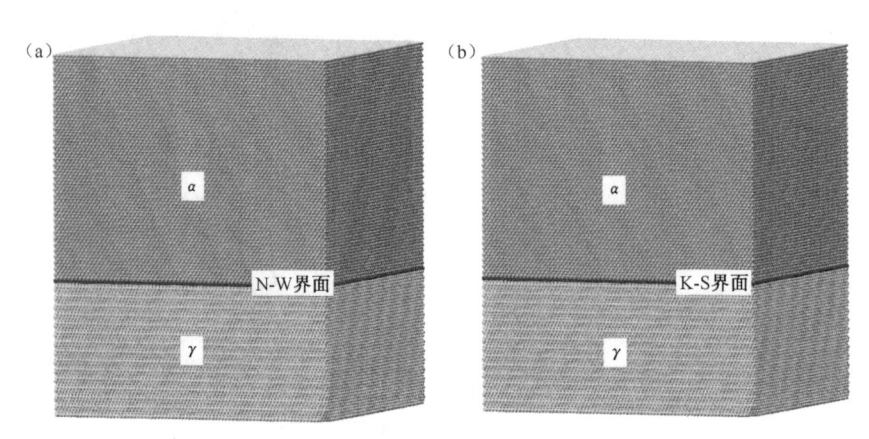

图 1-25 具有 N-W 关系(a)和 K-S 关系(b)的双相模拟单元

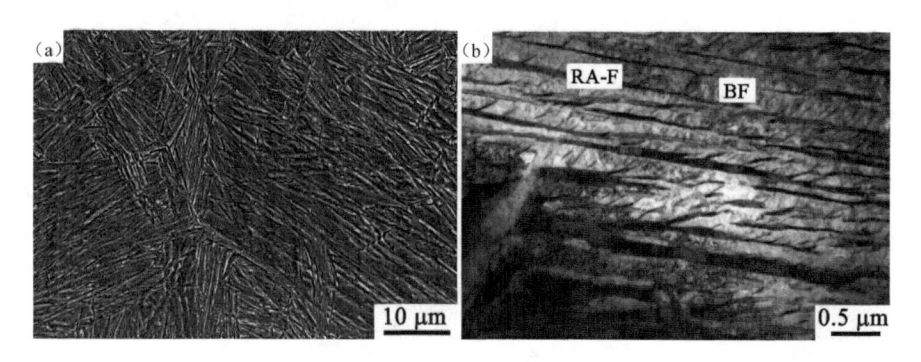

图 1-26 Fe-0.46C-1.55Si-1.61Mn-1.26Cr-0.58Al wt%钢经 270 ℃贝氏体等温转变 2 h 后的 SEM 组织照片(a)和 TEM 组织图像(b)

传统的贝氏体组织中存在碳化物,一般将在低温下获得的针状组织称为下

贝氏体,在较高温度下获得的羽毛状组织称为上贝氏体。由于上、下贝氏体的碳化物的存在位置不同,故也可借助其来区分贝氏体的种类。但在高硅或高硅加高铝贝氏体钢中,由于硅元素对碳化物析出具有抑制作用,获得的贝氏体组织只由贝氏体铁素体和残余奥氏体两相构成。在相分析时可采用彩色金相技术,比如利用Lepera腐蚀剂可以区分奥氏体和铁素体相,利用X射线和中子衍射可以计算残余奥氏体含量,但这些技术很难区分贝氏体形态。而利用EBSD技术则可根据贝氏体转变的晶体学关系进行区分。上贝氏体铁素体是自原奥氏体晶界向内生长的,贝氏体铁素体与奥氏体之间的取向大多遵循$\{011\}_\alpha \| \{111\}_\gamma$ 和 $\langle 111 \rangle_\alpha \| \langle 011 \rangle_\gamma$;而下贝氏体组织与母相奥氏体保持一定的晶体学取向关系,但其取向关系较为复杂,既存在与上贝氏体相同的晶体学关系又存在多种晶体学关系。一般认为在50°~60°处大角错配所占比例较多的为下贝氏体形貌,在<20°角小角错配所占比例较多的为上贝氏体形貌。图1-27给出了Fe-0.46C-1.55Si-1.61Mn-1.26Cr-0.58Al wt%钢经270 ℃(a和b)和350 ℃(c和d)贝氏体等温转变后试样的取向分布(a和c)和铁素体与铁素体间的错配角分布(b和d)。当等温温度为270 ℃时,铁素体与铁素体间的错配角分布以在50°~60°间的比例居多,符合下贝氏体的形貌特征。当等温温度为350 ℃时,<10°的错配角所占比例最大,组织呈现上贝氏体的特征。根据错配角的分布规律可以得出,270 ℃等温试样为无碳化物下贝氏体组织,350 ℃等温试样均为无碳化物上贝氏体组织。

图1-28给出了Fe-0.34C-1.5Si-1.5Mn-0.8Al wt%贝氏体钢在320 ℃等温1 h进行贝氏体转变后造成的表面浮凸。沿横轴和竖轴分别进行深度测量,可以很明显看到数值在深度上的起伏变化。贝氏体束可通过金相或三维形貌仪观察得到,但贝氏体亚单元则受限于分辨率不能观察到。贝氏体束间当相互碰到或者碰到晶界后就会停止长大,贝氏体束不能穿过晶界长大,是切变相变的结果。

图1-29给出了利用TEM观察到Fe-0.70C-2.59Si-0.63Mn-0.59Cr wt%贝氏体钢经260 ℃低温等温2 h后的组织。可以明显看到,在与贝氏体铁素体接触的奥氏体中,除了位错以外,还存在大量的孪晶。孪晶的存在主要是由于相变过程中的塑性弛豫造成的。这些调整孪晶呈透镜状,厚度在2~10 nm。这些预先存

在的孪晶是由于贝氏体相变的形状应变被另一个贝氏体铁素体的形状应变所替代造成的。

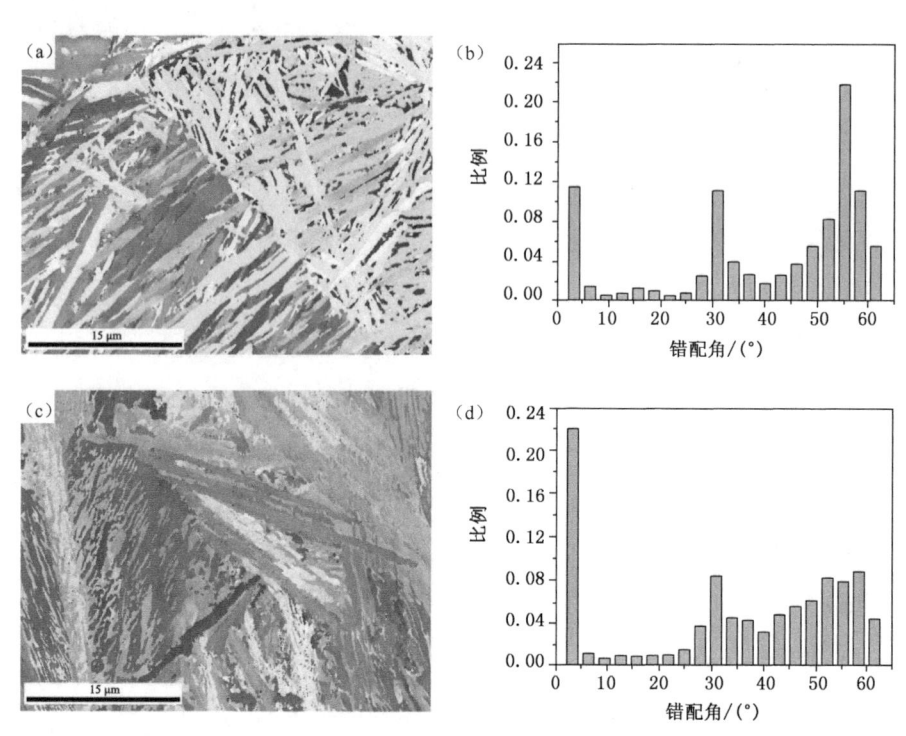

图 1-27　成分为 Fe-0.46C-1.55Si-1.61Mn-1.26Cr-0.58Al wt% 的钢经 270 ℃（a 和 b）、350 ℃（c 和 d）贝氏体等温转变后试样的取向成像图（a 和 c）和铁素体与铁素体间的错配角分布图（b 和 d）

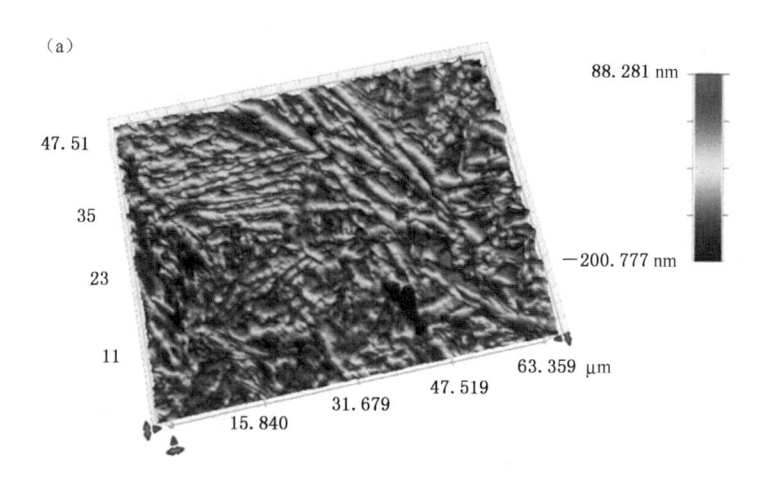

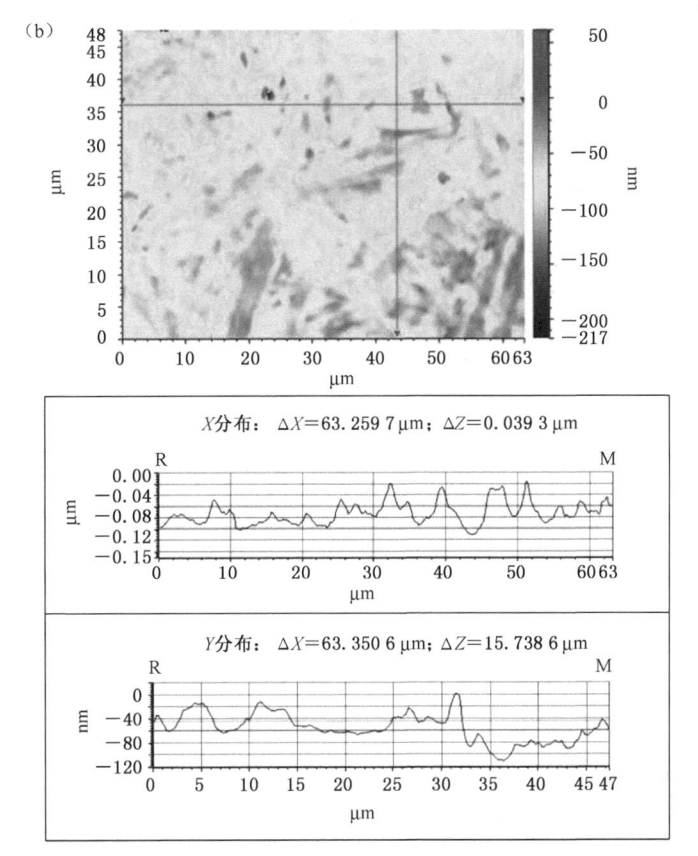

图 1-28 利用三维形貌仪观察的贝氏体的表面浮凸对应图中:(a)三维形貌,
(b)二维形貌及所画实线 X 轴和 Y 轴的表面深度分布图

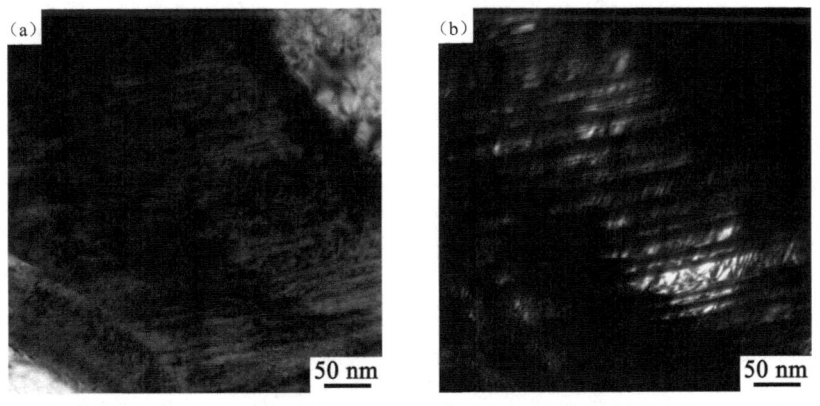

图 1-29 成分为 Fe-0.70C-2.59Si-0.63Mn-0.59Cr wt%的贝氏体钢经 260 ℃低温
等温 2 h 后在残余奥氏体中观察到的纳米孪晶,(a)明场相,(b)暗场相

1.6.2 碳的存在形式

1.6.2.1 位错中

XRD 和 APT 的结果都表明,贝氏体铁素体中的碳是过饱和的,同时碳会随相变的进行配分进剩余的奥氏体中,如图 1-30 所示。这表明在贝氏体相变过程中伴随着碳的扩散。

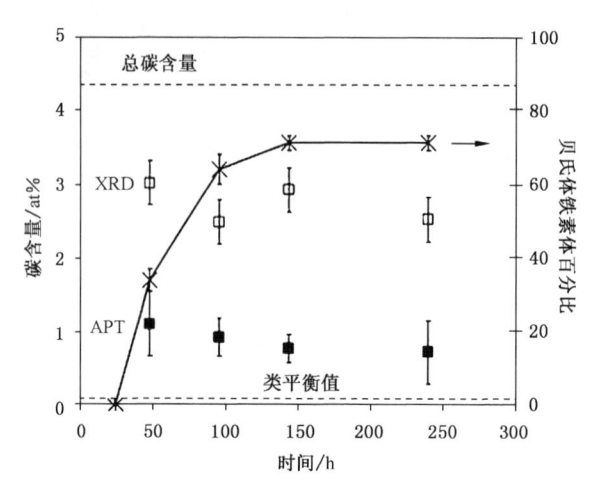

图 1-30 高碳高硅贝氏体钢中铁素体中的碳含量在 200 ℃下随等温时间的变化关系

目前研究最多的是碳在无碳化物贝氏体中的存在位置。对于无碳化物析出,更多的研究者认为其相变机制为无扩散的切变机制。通过三维原子探针手段结合 X 射线手段更为精确地确定了碳在贝氏体各相中的配分。利用三维原子探针手段对有碳化物和无碳化物贝氏体这两种组织中各溶质原子的分布进行了三维重构。从图 1-31 中可以看出,碳在铁素体与残余奥氏体、铁素体与碳化物中有一个宽的浓度分布,表 1-3 反映了其对应的定量原子分布。置换溶质原子均不存在再分布现象。

在图 1-31 中观察发现有碳化物下贝氏体中碳原子存在明显的不均匀分布现象,在碳化物和铁素体之间也存在一个宽的浓度梯度,碳原子浓度低于平均浓度的贫碳区(图中区域 R2)为贝氏体铁素体,形成的碳化物(图中区域 R1)中碳浓度为 20.39 ± 0.228 at%(在 Fe_3C 中碳原子浓度在 24 at%),其浓度远远高于贝氏体铁素体。同时在远离碳化物/铁素体过渡区的区域存在碳浓度低于碳在铁素体的平衡浓度,即图中区域 R3,在此区域各原子均匀分布。此外在有碳化物下贝氏体中团簇较多,在比邻碳化物的贝氏体铁素体中碳原子浓度为0.43 at%,低于平均碳浓度,属于贫碳区,但是高于贝氏体铁素体中碳的平衡浓度,按照扩散-偏聚机制进行的调幅分解的结果,碳原子从低浓度区域向高浓度区域扩散,形成富碳区,这些富碳区逐渐演变成碳化物析出。

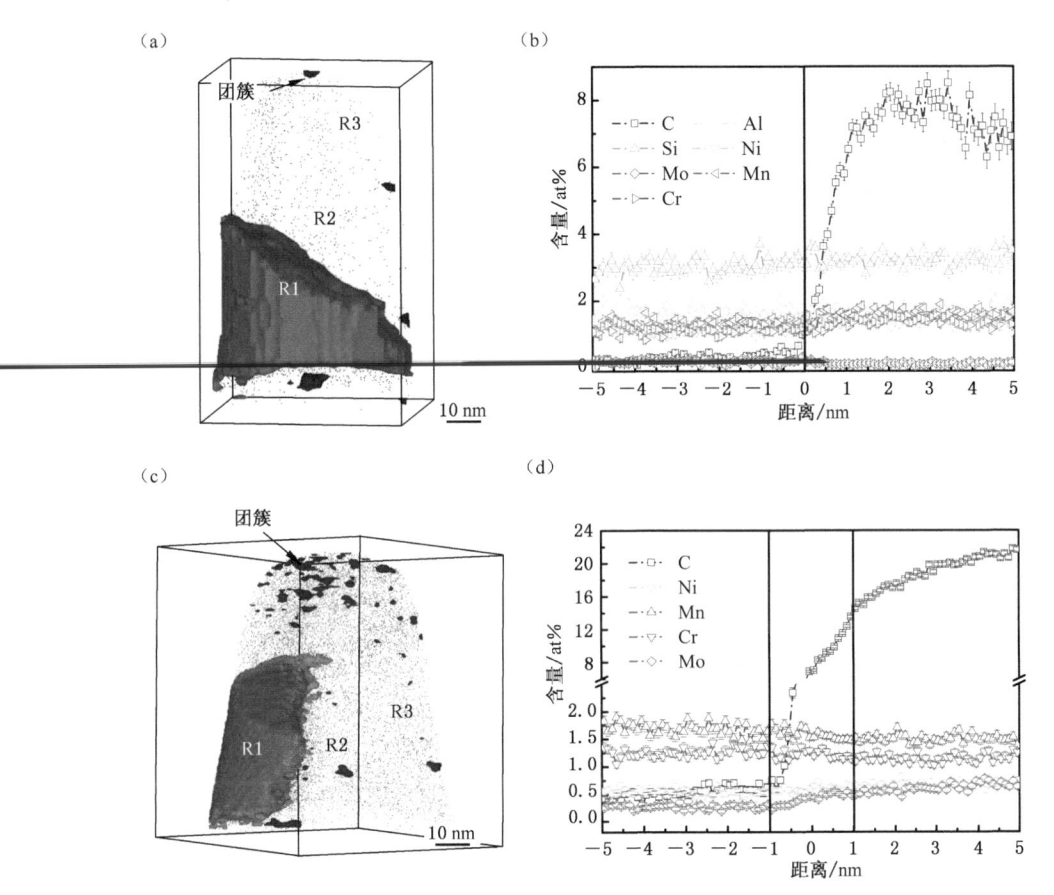

图1-31　2 at%C等浓度面下无碳化物贝氏体
(Fe-0.34C-1.48Si-1.52Mn-1.15Cr-0.93Ni-0.40Mo-0.71Al,wt%)组织和有碳化物贝氏体
(Fe-0.34C-1.61Mn-1.32Cr-0.96Ni-0.45Mo,wt%)组织中各溶质原子的分布图谱:
(a,b)无碳化物下贝氏体;(c,d)有碳化物下贝氏体

利用X射线和三维原子探针等技术手段对一高碳高硅纳米贝氏体钢在200 ℃进行长时间等温后的残余奥氏体和贝氏体铁素体中的碳含量进行了观察,观察到贝氏体铁素体中过量的碳存在于位错中,如图1-32所示。

表 1-3 铁素体、残余奥氏体和碳化物中原子浓度/at%

	区域	C	Mn	Si	Cr	Al	Ni	Mo
无碳化物下贝氏体	α-Fe(R3)	0.03±0.003	1.48±0.051	3.03±0.069	1.22±0.037	1.57±0.048	0.90±0.053	0.33±0.021
无碳化物下贝氏体	α-Fe(R2)	0.35±0.071	1.30±0.144	3.03±0.211	1.17±0.136	1.62±0.168	0.93±0.137	0.19±0.055
无碳化物下贝氏体	γ-Fe(R1)	6.69±0.283	1.62±0.145	3.22±0.201	1.40±0.132	1.68±0.149	0.80±0.128	0.12±0.046
有碳化物下贝氏体	α-Fe(R3)	0.05±0.001	1.78±0.056	—	1.24±0.047	—	0.91±0.033	0.17±0.024
有碳化物下贝氏体	γ-Fe(R2)	0.43±0.051	1.69±0.091	—	1.26±0.079	—	0.80±0.052	0.28±0.037
有碳化物下贝氏体	碳化物(R1)	15.39±0.228	1.50±0.077	—	1.15±0.067	—	0.86±0.052	0.53±0.050

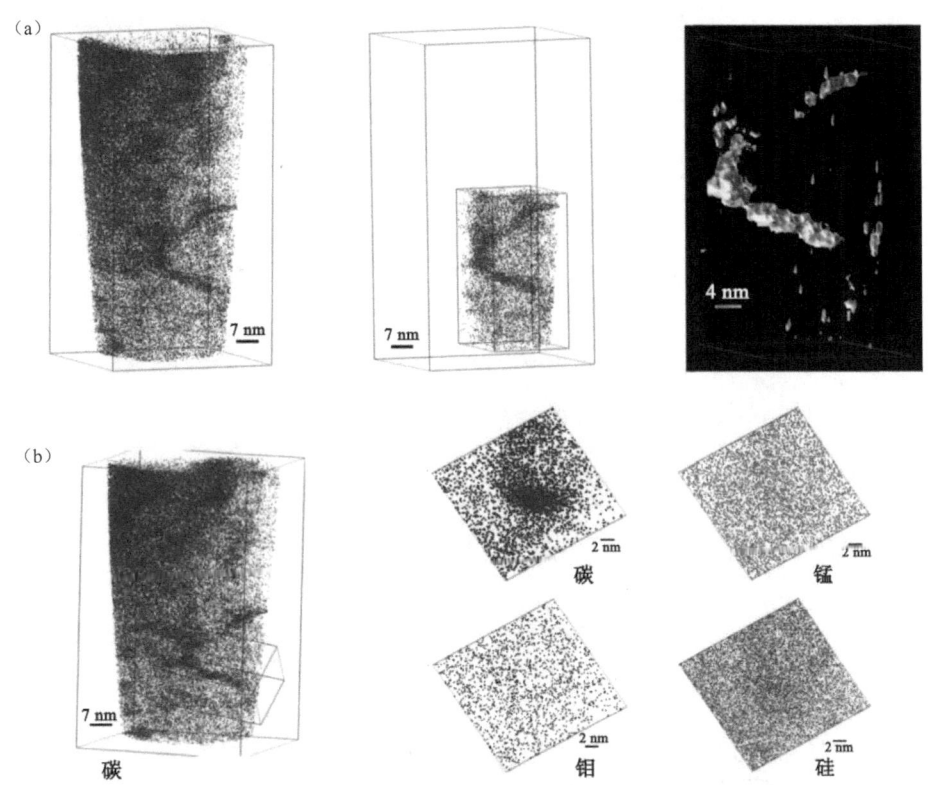

图 1-32 (a)碳原子的分布图和等 5 at%碳原子面,在铁素体/奥氏体界面存在位错;
(b)在 200 ℃等温 48 h 的试样中原子在位错上的偏聚情形
(合金钢成分为 Fe-0.98C-1.46Si-1.89Mn-0.26Mo-1.26Cr-0.09V,wt%)

图 1-33 和图 1-34 给出了成分为 Fe-0.34C-1.5Si-1.5Mn-0.8Al wt% 贝氏体钢经 320 ℃等温和 395 ℃等温转变得到的贝氏体组织中碳原子团簇的表征。根据图中贫碳区的原子浓度,可断定这些碳原子的团簇均位于贝氏体铁素体中,说明贝氏体铁素体中一部分过饱和的碳位于空位中。经 395 ℃等温转变得到的上贝氏体铁素体中的团簇数量较少,长轴方向尺寸为 1~5 nm,厚度仅为 ~1 nm,团簇中的最高碳浓度为 10 at%~20 at%;经 320 ℃等温转变得到的下贝氏体铁素体中团簇数量明显增多,既有弥散分布的长度在 1~5 nm 的小块团簇,又有长度为 5~15 nm 厚度为 ~3 nm 的大块团簇,团簇中最高碳浓度则可达 10 at%~25 at%。两种等温温度下不同尺寸及分布的团簇,跟碳与空位之间的交互作用有关。

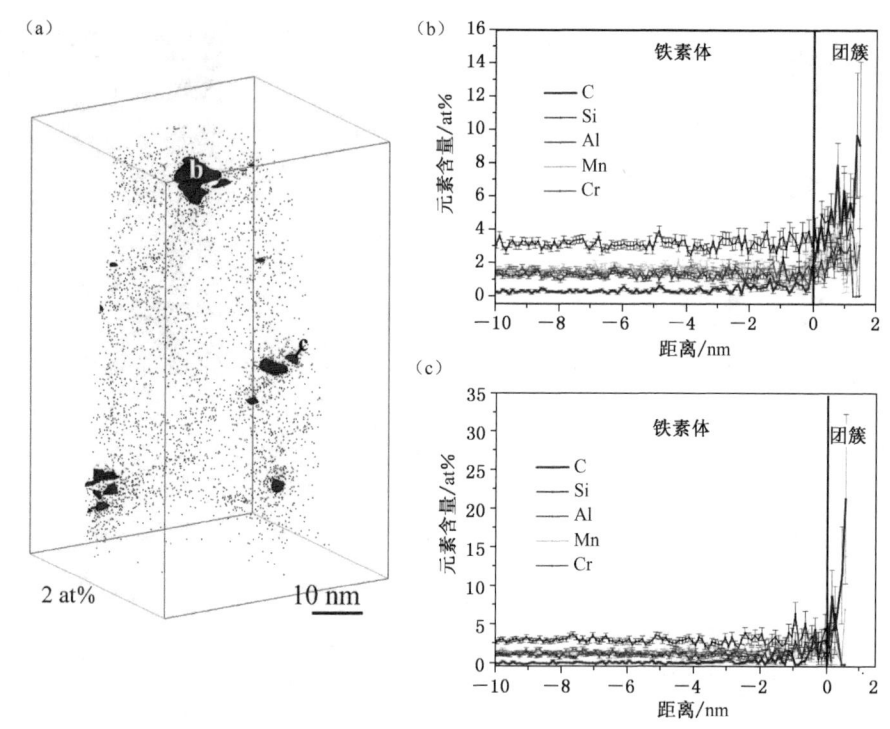

图 1-33 Fe-0.34C-1.5Si-1.5Mn-0.8Al wt%钢经 320 ℃ ×60 min 贝氏体等温转变后试样的团簇观察:(a)碳原子的三维空间分布;(b,c)碳原子和其他置换原子沿碳的团簇的浓度分布图

1.6.2.2 空位中

利用正电子湮没技术(PAT)可对空位浓度进行测量。图 1-35 给出了利用正电子湮没测量的 Fe-0.34C-1.5Si-1.5Mn-0.8Al wt% 钢中正电子湮没寿命及其强度随等温转变时间的变化曲线。τ_1 代表自由正电子湮没的寿命贡献,即完整晶格的寿命;τ_2 代表正电子在空位处湮没的寿命贡献;I_2 则为对应的 τ_2 的湮没强度。试验钢经贝氏体转变温度保温不同时间继而油淬后获得的组织为贝氏体/马氏体和残余奥氏体的混合组织,其中残余奥氏体的含量很少,可忽略不计,故这里的 τ_2 和 I_2 只考虑为正电子在贝氏体和马氏体组织中空位处的湮没寿命和强度。Fe-0.34C-1.5Si-1.5Mn-0.8Al wt% 钢经油淬后得到的马氏体组织对应的 τ_2^M 为 145 ± 2。从图中可看出,Fe-0.34C-1.5Si-1.5Mn-0.8Al wt% 钢在 395 ℃ 等温和 320 ℃ 等温转变下,τ_1、τ_2 和 I_2 随等温时间变化的趋势相似。

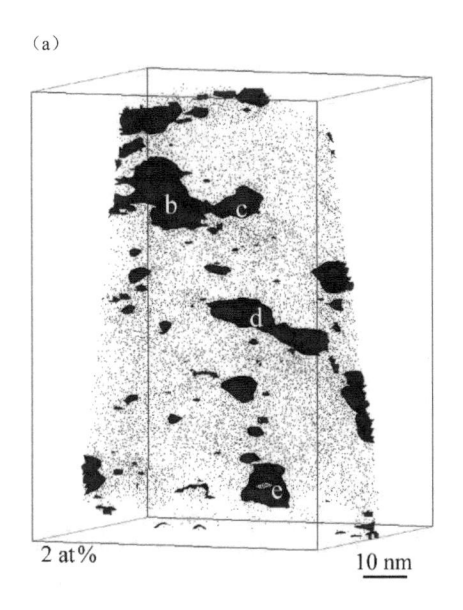

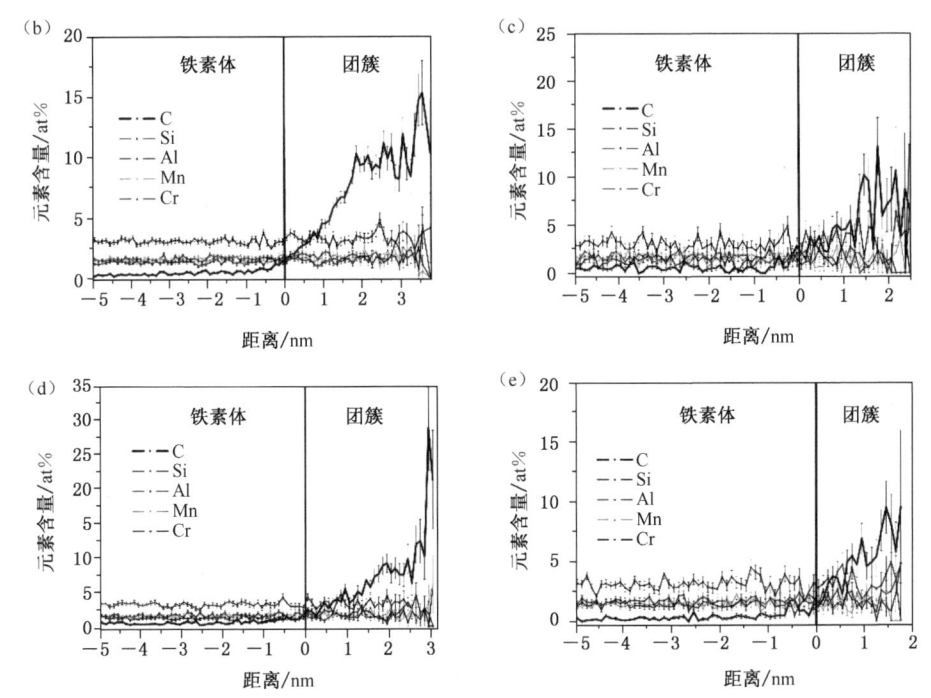

图1-34 Fe-0.34C-1.5Si-1.5Mn-0.8Al wt%钢经395 ℃×60 min 贝氏体等温转变后试样的团簇观察:(a)碳原子的三维空间分布;(b)、(c)、(d)和(e)分别为 a 图中对应团簇内的碳原子和其他置换原子沿碳的团簇的浓度分布

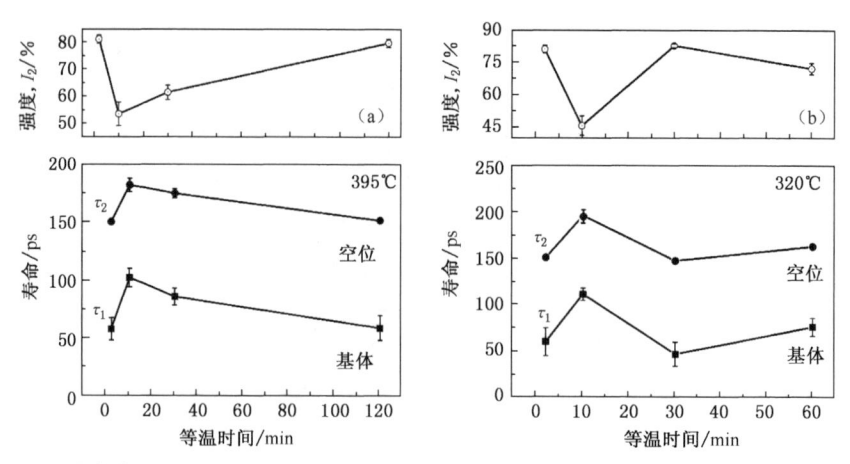

图1-35 成分为Fe-0.34C-1.5Si-1.5Mn-0.8Al wt%的钢在395℃(a)和320℃(b)贝氏体等温转变过程中正电子湮没参数(τ_1、τ_2和I_2)随等温转变时间的变化曲线。τ_1代表自由正电子湮没的寿命贡献,即完整晶格的寿命;τ_2代表正电子在空位处湮没的寿命贡献;I_2则为对应的τ_2的湮没强度

τ_1初始值均为55 ps左右,较纯铁(面心立方结构或体心立方结构)的值(99 ps或106 ps)要小很多。τ_2的初始值为151 ps左右,比碳-空位(V-C)复合体的正电子湮没寿命165 ps要低15 ps左右。随着等温时间的延长,τ_2在150~200 ps之间变化,根据前人的计算可知,此寿命区间对应的为单空位或双空位的正电子湮没寿命。在395℃和320℃等温转变条件下,当贝氏体转变时间为600 s时,τ_1和τ_2达到峰值,随后随时间的继续增加又逐渐下降至各自初始转变120 s下的寿命值;对应的湮没强度I_2则先是达到一个低谷值,然后逐渐恢复到初始值。

根据PAT给出的结果,空位浓度(c_v,摩尔分数)可依据一个双组分模型计算得出:

$$c_v = \frac{\bar{\tau} - \tau_1}{v_v \cdot \tau_1 \cdot (\tau_2 - \bar{\tau})} \quad (1\text{-}34)$$

式中v_v代表单空位的正电子捕获速率,根据前人的研究其值为$(1.1 \pm 0.2) \times 10^{15} \text{ s}^{-1}$。$\bar{\tau} = I_1\tau_1 + I_2\tau_2$代表平均寿命和各个结构对寿命的加权累加。图1-36给出了0.34C贝氏体钢在不同等温时间下获得的贝氏体和马氏体相的相对分数以及对应的空位浓度。经 395 ℃ 和 320 ℃ 等温后油淬处理最终得到的两种组织中残余奥氏体的含量<5%,故用于 PAT 试验的试样只考虑为贝氏体和马氏体两种组织的混合。在碳的扩散过程中,间隙碳原子与空位之间的键合作用很强,极易形成空位-碳(V-C)的复合体。空位浓度的变化是以下两方面的复合作用:一是马氏体和贝氏体相变伴随着的塑性应变造成的空位增加;二是碳的扩散造成的 V-C 复合体解体和新的 V-C 复合体的形成之间的相互作用。

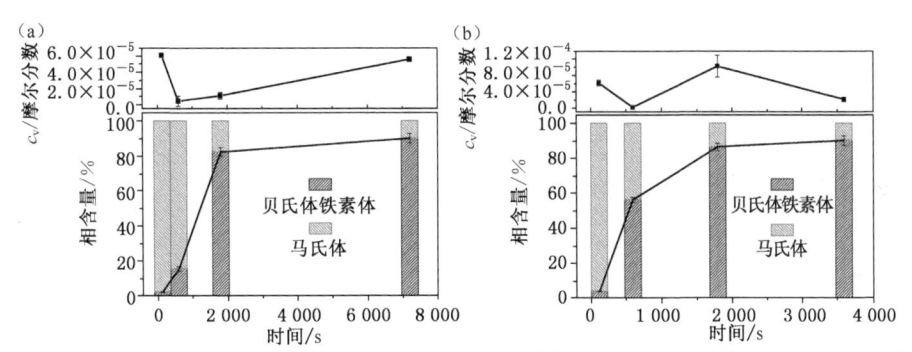

图 1-36 成分为 Fe-0.34C-1.5Si-1.5Mn-0.8Al wt% 的钢在 395 ℃(a)和 320 ℃(b)贝氏体等温转变温度下经不同等温时间获得的贝氏体和马氏体分数以及对应的空位浓度 c_v

在 120 s 时,在 395 ℃ 和 320 ℃ 等温下均只有很少量的贝氏体铁素体产生。在贝氏体相变之前奥氏体可以被分成晶格参数明显不同的区域,这很可能是由于奥氏体中形成了富碳区和贫碳区,贝氏体铁素体会优先在贫碳区形核。在 120 s 内主要还是贝氏体铁素体的孕育形核期,贫碳区和富碳区的形成很可能是由于碳向空位偏聚引起的。二者的初始空位浓度均在 ~6.5×10^{-5},表明在初始形核阶段,395 ℃ 和 320 ℃ 等温试样的碳扩散对空位的影响较小。

当等温时间为 600 s 时,空位浓度降低。395 ℃ 等温试样的贝氏体转变量只有 16%,而 320 ℃ 等温试样中的贝氏体转变量已达到了 55%。空位浓度的降低一是由于相比马氏体相变,贝氏体相变引起的塑性应变较小,二则可能是由于碳的迁移使形核阶段中的 V-C 复合体分解,造成空位回复消失。

当等温时间延长至 1 800 s 时,空位浓度均增加。此时 395 ℃ 和 320 ℃ 等温转变得到的贝氏体铁素体量均达到了 80% 左右,所含组织的比例是一样的。当碳从贝氏体铁素体中迅速向残余奥氏体扩散时,以 V-C 复合体形式存在的空位浓度增加的效应变强。从膨胀仪和高温金相的分析可知,320 ℃ 得到的下贝氏体的相变引起的塑性应变要大于395 ℃得到的上贝氏体。因此395 ℃等温下由于相变引起的空位浓度增加要小于320 ℃等温,且395 ℃等温温度较高,碳和空位的扩散较320 ℃等温下的更快,这种复合作用下空位消失的平衡占的比重更大。

当等温时间延长至3 600 s和7 200 s时,贝氏体铁素体在形成后缓慢长大,上贝氏体和下贝氏体的转变量都达到90%。320 ℃等温时,碳扩散又较慢,使得空位发生回复消失的速度较V-C复合体生成的速度要小,从而造成空位浓度略有下降。395 ℃等温达到90%贝氏体铁素体量所需等温时间较长,有可能在长时间的等温过程中碳重新捕获空位,形成V-C复合体,稳定空位,从而使得其空位浓度最终增加。

图1-37给出了一个无碳化物贝氏体形核和长大过程中空位与碳的相互作用模型。Ⅰ阶段为贝氏体的孕育期:奥氏体中碳进行调幅分解形成贫碳区和富碳区,空位浓度由于碳的扩散有所增加;Ⅱ阶段为贝氏体的爆发式形核阶段,碳与空位形成V-C复合体,随着碳的扩散,这种复合体又会解体,二者反复作用;Ⅲ阶段为贝氏体铁素体的缓慢长大阶段,V-C复合体的存在使得碳的扩散速度更加缓慢,阻碍了贝氏体铁素体中的脱碳进程,碳可借助空位发生上坡扩散,并将空位作为最终的存在位置在贝氏体铁素体内形成碳的团簇。模型表明空位不仅可以作为贝氏体相变过程中碳的扩散通道,又可作为碳的存在位置,对贝氏体相变动力学和碳在贝氏体铁素体中的最终存在形式产生重要影响。

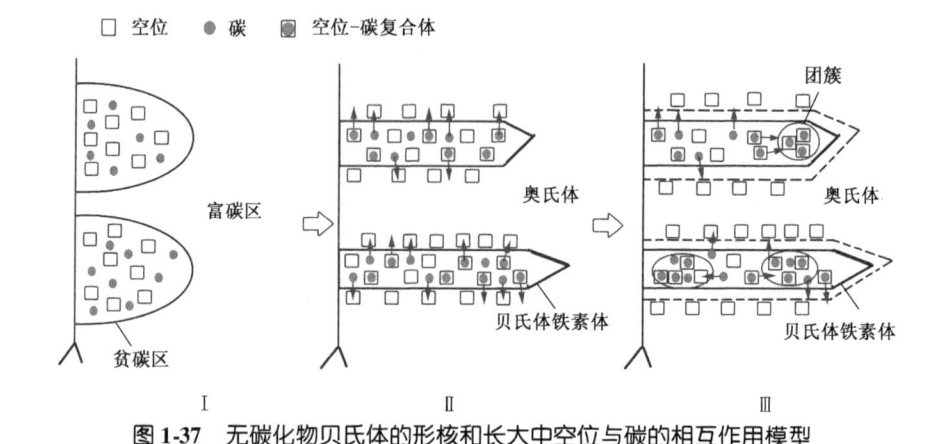

图1-37 无碳化物贝氏体的形核和长大中空位与碳的相互作用模型

然而利用同步辐射X射线观察发现,高碳贝氏体钢中铁素体晶格是非立方性的,证明贝氏体铁素体中过饱和的碳能固溶于晶格中,且大部分是以固溶于晶格中的形式存在的。尽管长时间的等温处理或者后续的回火热处理碳会被分配到残余奥氏体中,但其仍存在于固溶体中。由于无扩散转变,被迫进入贝氏体铁素体的碳能够长时间保持在原位置,从而保证了这种四方性。利用同步辐射 X 射线试验对高碳高硅贝氏体钢在 300 ℃进行的回火处理过程进行观察,发现贝氏体铁素体晶胞缺少立方体对称性,随着回火的进行,四方性降低,如图 1-38 所示。进一步的研究已经证实了上述的结果,此外,测量已经表明,贝氏体铁素体的热膨胀系数是各向异性的,与对非立方晶格的预期一致。

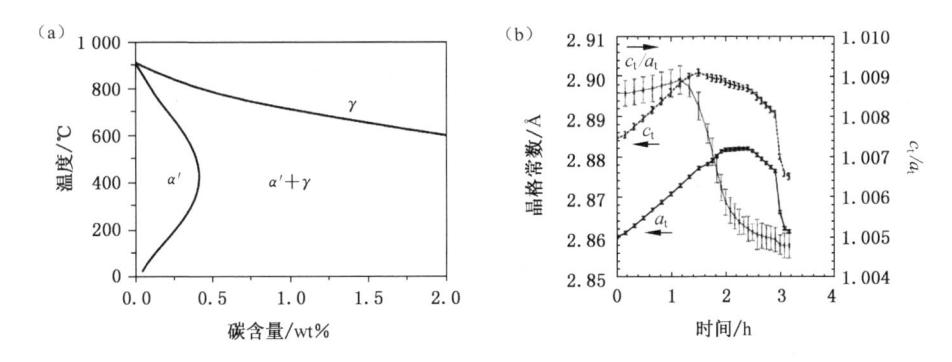

图 1-38　(a)体心立方铁素体与奥氏体之间的 Fe-C 二元平衡相图;(b)贝氏体铁素体的晶格参数随时间变化的函数,当温度达到 600 ℃左右约 2 h 后奥氏体开始分解(贝氏钢成分为:Fe-0.84C-2.26Mn-1.78Si-1.55Co-1.47Cr-0.25Mo-0.11V-0.11Cu-0.021Nb,wt%)

参考文献

[1] 方鸿生,王家军,杨志刚,等. 贝氏体相变[M]. 北京:科学出版社,1999.

[2] Bhadeshia H K D H. Bainite in steels:theory and practice[M]. 3rd ed. Leeds, UK:Maney Publishing,2015.

[3] Long X Y, Zhang F C, Yang Z N, et al. Study on bainitic transformation by dilatometer and in situ LSCM[J]. Materials,2019,12(9):1534.

[4] Borgenstam A, Hillert M, Ågren J. Metallographic evidence of carbon diffusion in the growth of bainite[J]. Acta Materialia,2009,57(11):3242-3252.

[5] Yang Z G, Fang H S, Wang J J, et al. STM study on the surface relief and mecha-

nism of bainite transformation[J]. Journal of Materials Science and Technology, 1996,12(4):249-254.

[6] Aaronson H I, Reynolds W T, Purdy G R. The incomplete transformation phenomenon in steel[J]. Metallurgical and Materials Transactions A,2006,37(6):1731-1745.

[7] Chen H, Zhu K Y, Zhao L, et al. Analysis of transformation stasis during the isothermal bainitic ferrite formation in Fe-C-Mn and Fe-C-Mn-Si alloys[J]. Acta Materialia,2013,61(14):5458-5468.

[8] Hillert M, Hoglund L, Ågren J. Role of carbon and alloying elements in the formation of bainitic ferrite[J]. Metallurgical and Materials Transactions A,2004,35(12):3693-3700.

[9] Zener C. Kinetics of the decomposition of austenite[J]. Trans AIME,1946,167:550-583.

[10] Caballero F G, Miller M K, Garcia-Mateo C, et al. New experimental evidence of the diffusionless transformation nature of bainite[J]. Journal of Alloys and Compounds,2013,577S:S626-S630.

[11] Wu H D, Miyamoto G, Yang Z G, et al. Incomplete bainite transformation in Fe-Si-C alloys[J]. Acta Materialia,2017,133:1-9.

[12] 康沫狂. 钢中贝氏体[M]. 上海:上海科学技术出版社,1989.

[13] Peet M J. Transformation and tempering of low-temperature bainite[D]. Cambridge:University of Cambridge,2010.

[14] Singh S B. Phase transformations from deformed austenite[D]. Cambridge:University of Cambridge,1998.

[15] Caballero F G, Bhadeshia H K D H. Very strong bainite[J]. Current Opinion in Solid State and Materials Science,2004,8(3):251-257.

[16] Zhao X J, Yang Z N, Zhang F C, et al. Acceleration of bainitic transformation by introducing AlN in medium carbon steel[J]. Materials Science and Technology, 2019,35:147-154.

[17] Chu C H, Qin Y M, Li X M, et al. Effect of two-step austempering process on transformation kinetics of nanostructured bainitic steel[J]. Materials, 2019, 12:166.

[18] Yang Z N, Xu W, Yang Z G, et al. Predicting the transition between upper and lower bainite via a Gibbs energy balance approach[J]. Journal of Materials Science and Technology, 2017, 33:1513-1521.

[19] Yang Z N, Chu C H, Jiang F, et al. Accelerating nano-bainite transformation based on a new constructed microstructural predicting model[J]. Materials Science and Engineering A, 2019, 748:16-20.

[20] Santofimia M J, Caballero F G, Capdevila C, et al. Evaluation of displacive models for bainite transformation kinetics in Steels [J]. Materials Transactions, 2006, 47 (6):1492-1500.

[21] Gouné M, Bouaziz O, Allain S, et al. Kinetics of bainite transformation in heterogeneous microstructures[J]. Materials Letters, 2012, 67(1):187-189.

[22] Ravi A M, Sietsma J, Santofimia M J. Exploring bainite formation kinetics distinguishing grain-boundary and autocatalytic nucleation in high and low-Si steels [J]. Acta Materialia, 2016, 105(6):155-164.

[23] Bohemen van S M C, Hanlon D N. A physically based approach to model the incomplete bainitic transformation in high-Si steels[J]. International Journal of Materials Research, 2012, 103:987-991.

[24] Toloui M, Militzer M. Phase field modeling of the simultaneous formation of bainite and ferrite in TRIP steel[J]. Acta Materialia, 2017, 144:786-800.

[25] Mecozzi M G, Sietsma J, Zwaag S V D. Analysis of $\gamma \rightarrow \alpha$ transformation in a Nb micro-alloyed C-Mn steel by phase field modelling[J]. Acta Materialia, 2006, 54(5):1431-1440.

[26] Lan Y J, Li D Z, Huang C J, et al. A cellular automaton model for austenite to ferrite transformation in carbon steel under non-equilibrium interface conditions [J]. Modelling and Simulation in Materials Science and Engineering, 2004, 12

(4):719-729.

[27] Düsing M, Mahnken R. A coupled phase field/diffusion model for upper and lower bainitic transformation[J]. International Journal of Solids and Structure, 2018,135:172-183.

[28] Arif T T, Qin R S. A phase-field model for bainitic transformation[J]. Computational Materials Science,2013,77(3):230-235.

[29] Mahnken R, Schneidt A, Antretter T, et al. Multi-scale modeling of bainitic phase transformation in multi-variant polycrystalline low alloy steels[J]. International Journal of Solids and Structures,2015,54:156-171.

[30] Düsing M, Mahnken R. Simulation of lower bainitic transformation with the phase-field method considering carbide formation[J]. Computational Materials Science,2016,111:91-100.

[31] Weikamp M, Hüter C, Lin M, et al. Scale bridging simulations of large elastic deformations and bainitic transformations[C]//JHPCS. 2016. High-porformance scientific computing: JHPCS 2016. Berlin/Heiddberg: Springer Internaitonal Publishing,2017:125-138.

[32] Ramazani A, Li Y, Mukherjee K, et al. Microstructure evolution simulation in hot rolled DP600 steel during gas metal arc welding[J]. Computational Materials Science,2013,68(2):107-116.

[33] 楚春贺.双阶等温对纳米贝氏体轴承钢相变速率、组织及性能的影响[D]. 秦皇岛:燕山大学,2019.

[34] Caballero F G, Yen H W, Miller M K, et al. Complementary use of transmission electron microscopy and atom probe tomography for the examination of plastic accommodation in nanocrystalline bainitic steels[J]. Acta Materialia,2011,59(15):6117-6123.

[35] 龙晓燕.中碳无碳化物贝氏体钢组织和性能研究[D].秦皇岛:燕山大学,2018.

[36] Hulme-Smith C N, Lonardelli I, Dippel A C, et al. Experimental evidence for

non-cubic bainitic ferrite[J]. Scripta Materialia,2013,69(5):409-412.

[37] Zhang Y,Zhang F C,Qian L H,et al. Atomic-scale simulation of α/γ-iron phase boundary affecting crack propagation using molecular dynamics method[J]. Computational Materials Science,2011,50(5):1754-1762.

[38] Zhang Y,Zhao Y,Zhang F C. Effect of orientation relationships on the stiffness and the strength of the dual-phase metals:molecular dynamics simulation[J]. Advanced Materials Research,2012,479-481:601-604.

[39] Kang M K,Zhu M J,Zhang M X. Mechanism of bainite nucleation in steel,iron and copper alloys[J]. Journal of Materials Science and Technology,2005,21(4):437-444.

[40] Babu S S,Specht E D,David S A,et al. In-situ observations of lattice parameter fluctuations in austenite and transformation to bainite[J]. Metallurgical and Materials Transactions A,2005,36(12):3281-3289.

[41] Stone H J,Peet M J,Bhadeshia H K D H,et al. Synchrotron X-ray studies of austenite and bainitic ferrite[J]. Proceedings Mathematical Physical and Engineering Sciences,2008,464(2092):1009-1027.

[42] Long X Y,Zhang F C,Yang Z N,et al. Study on microstructures and properties of carbide-free and carbide-bearing bainitic steels[J]. Materials Science and Engineering A,2018,715:10-18.

[43] Kang J,Zhang F C,Long X Y,et al. Low cycle fatigue behavior in a medium-carbon carbide-free bainitic steel[J]. Materials Science and Engineering A,2016,666:88-93.

第2章 贝氏体钢中残余奥氏体形态

贝氏体形态丰富多彩,有羽毛状、针状、粒状、柱状等,其中的残余奥氏体大致分为两类:块状和薄膜状。这两种形态残余奥氏体的存在位置、尺度和碳含量不同。残余奥氏体形态受合金元素、淬火工艺和外加载荷的影响很大。本章将对贝氏体钢中残余奥氏体的形态以及残余奥氏体形态的调控展开介绍。

2.1 残余奥氏体形态分类

贝氏体钢中残余奥氏体的形态主要有块状和薄膜状,可利用显微镜和背散射电子衍射(EBSD)技术直观地对它们的尺寸和体积分数等进行检测,利用X射线衍射技术对它们的碳含量和体积分数等进行检测。

2.1.1 显微镜技术检测

利用金相(OM)、扫描电子显微镜(SEM)和透射电子显微镜(TEM)技术可以很直观地对它们进行观测,如图2-1所示。块状残余奥氏体由贝氏体束几何分割原始奥氏体晶粒得到,或位于不同取向贝氏体束包围的位置,或位于贝氏体束与原始奥氏体晶界相交的位置。其形状较为复杂,为不规则的多面体并带有突出尖角。在二维剖面上,块状残余奥氏体大多近似地呈现出三角形的形状,可以大概推测,它在三维上应该近似为八面体。块状残余奥氏体的尺寸通常由按若干方向测得的 Feret 直径平均值表示,多为亚微米(100~1 000 nm)/微米(>1 000 nm)级别。Feret 直径为在显微组织图片上沿一定方向测得的块状残余奥氏体轮廓两边界平行线之间的距离。薄膜状残余奥氏体位于贝氏体束中,或平行或呈一定角度与贝氏体板条相间分布。薄膜状残余奥氏体的尺寸通常由真实厚度表示,多为纳米(<100 nm)级别。薄膜状残余奥氏体的真实厚度测量方法为:首先,在 TEM 组织图片上,利用直线截取法测量残余奥氏体薄膜的线截距厚度 L,直线方向垂直于残余奥氏体薄膜的长度方向。进而,统计得到残余奥氏体薄膜的线截距厚度平均值 $\bar{L}$。由于 TEM 组织图片中的残余奥氏体薄膜并不都垂直于观察面,因此要得到残余奥氏体薄膜的真实厚度 t,需要对残余奥氏体薄膜的线截距厚度平均值 $\bar{L}$ 进行体视学修正,如公式(2-1)所示:

$$t = \frac{2\bar{L}}{\pi} \tag{2-1}$$

式中 t 为残余奥氏体薄膜的真实厚度,$\bar{L}$ 为残余奥氏体薄膜的线截距厚度测量平均值。

图 2-1　成分为 Fe-0.70C-0.63Mn-0.59Cr-2.59Si wt% 的钢通过 350 ℃等温淬火得到的含块状残余奥氏体和薄膜状残余奥氏体的贝氏体组织图:OM 组织图(a);SEM 组织图(b);块状残余奥氏体的 TEM 组织图(c);薄膜状残余奥氏体的 TEM 组织图(d)

图 2-2 为成分为 Fe-0.22C-0.97Si-1.53Mn-0.18Ni-0.14Mo-1.54Cr wt% 的低碳钢通过 250 ℃等温淬火 48 h 得到的金相组织图片,以及利用阈值法和手工绘图法选取的块状残余奥氏体图片。利用阈值法和手工绘图法测量块状残余奥氏体尺寸的区别在于,阈值法检测到的块状残余奥氏体尺寸下限低于手工绘图法。

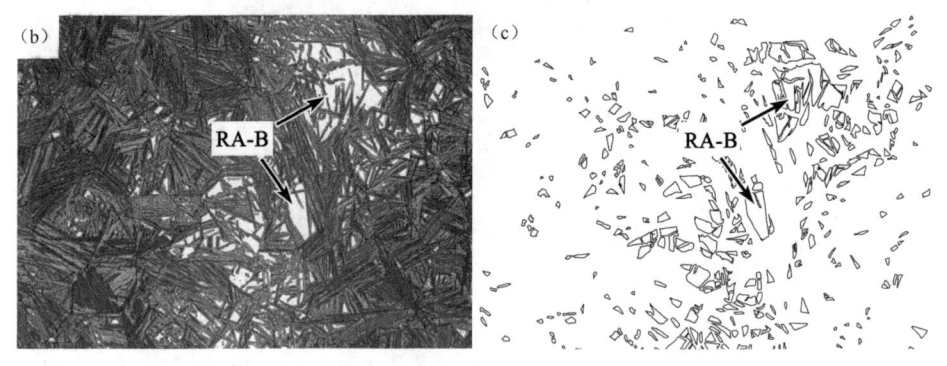

图 2-2 成分为 Fe-0.22C-0.97Si-1.53Mn-0.18Ni-0.14Mo-1.54Cr wt%的低碳钢通过 250 ℃等温淬火 48 h 得到的 OM 组织图(a),以及通过阈值法(b)和手工绘图法(c)选取的块状残余奥氏体

可见,通过试验逐个测量块状残余奥氏体的尺寸,进而得到块状残余奥氏体的尺寸分布十分烦琐。有研究指出,可基于贝氏体束对原始奥氏体晶粒的随机几何分割,利用随机几何分割数学模型对块状残余奥氏体的尺寸分布进行计算。每一个贝氏体束的生成都会分割它所在的过冷奥氏体。假设最开始过冷奥氏体的体积为 1,生成一个体积分数为 m 的贝氏体束,可将它所在的过冷奥氏体区域分割为总体积分数为 $1-m$ 的两个区域。如果假设其中一个分割区域的体积分数为 $a(1-m)$,那么另一个分割区域的体积分数为 $(1-a)(1-m)$,如图 2-3 所

示,式中 $a(0<a<1)$ 是由 Fortran 内部函数生成的一个随机数。然后,通过生成另外一个随机数 $b(0<b<1)$,去随机选取接下来要分割的区域。假设分割区域的数量为 N,必有 $i \leqslant bN < i+1$,那么第 i 个区域就被选择去进行下一步分割。利用计算机程序对分割区域的数量 N 和体积 V_i 进行追踪。体积为 V_i 的过冷奥氏体区域将被分割为体积分数分别为 $a(1-m)V_i$ 和 $(1-a)(1-m)V_i$ 的两个更小的过冷奥氏体区域。因此,在已知原始奥氏体晶粒平均尺寸和贝氏体铁素体体积分数的条件下,该随机几何分割数学模型可以预测块状残余奥氏体的尺寸分布。鉴于试验上测量的块状残余奥氏体尺寸由一维的 Feret 直径表示,因此有必要将数学模型计算得到的块状残余奥氏体的体积转化为 Feret 直径。鉴于块状残余奥氏体在二维剖面上多呈三角形,如图 2-2b、c 所示,所以转化时可近似将每一个块状残余奥氏体等效为一个体积相同的正八面体,得出块状残余奥氏体的 Feret 直径 $\bar{L}$ 和体积 V 之间的关系,如公式(2-2)所示:

$$\bar{L} = (0.4266V)^{1/3} \tag{2-2}$$

式中 $\bar{L}$ 为块状残余奥氏体的 Feret 直径, V 为块状残余奥氏体的体积。

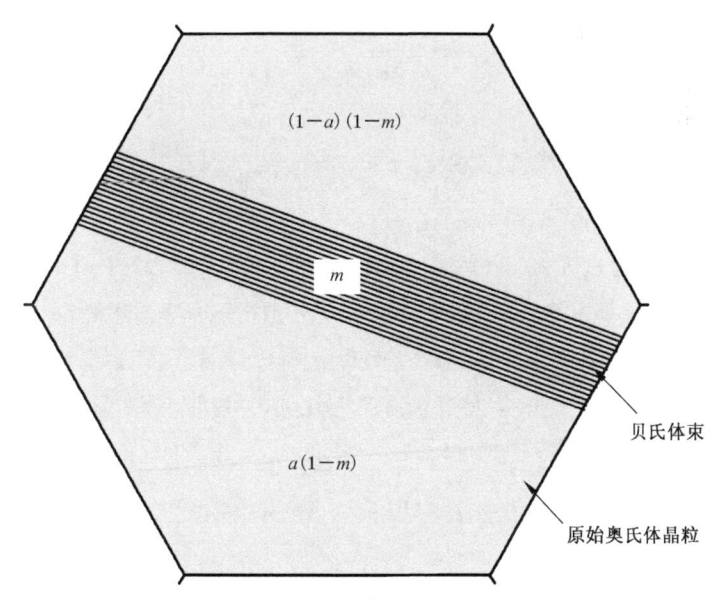

图 2-3 贝氏体束随机几何分割原始奥氏体晶粒的数学模型原理示意图。假设最开始过冷奥氏体的体积为 1,生成的贝氏体束的体积分数为 m, a 是由 Fortran 内部函数生成的一个随机数$(0<a<1)$

图 2-4 为利用阈值法和手工绘图法得到的成分为 Fe-0.8C-1.51Si-2.03Mn-1.05Ni-0.377Mo-0.22Cr wt% 的高碳钢中块状残余奥氏体尺寸测量值分布柱状图,以及它们对应的利用随机几何分割数学模型得到的尺寸计算值分布柱状图。可见,模型预测与试验结果吻合得很好。

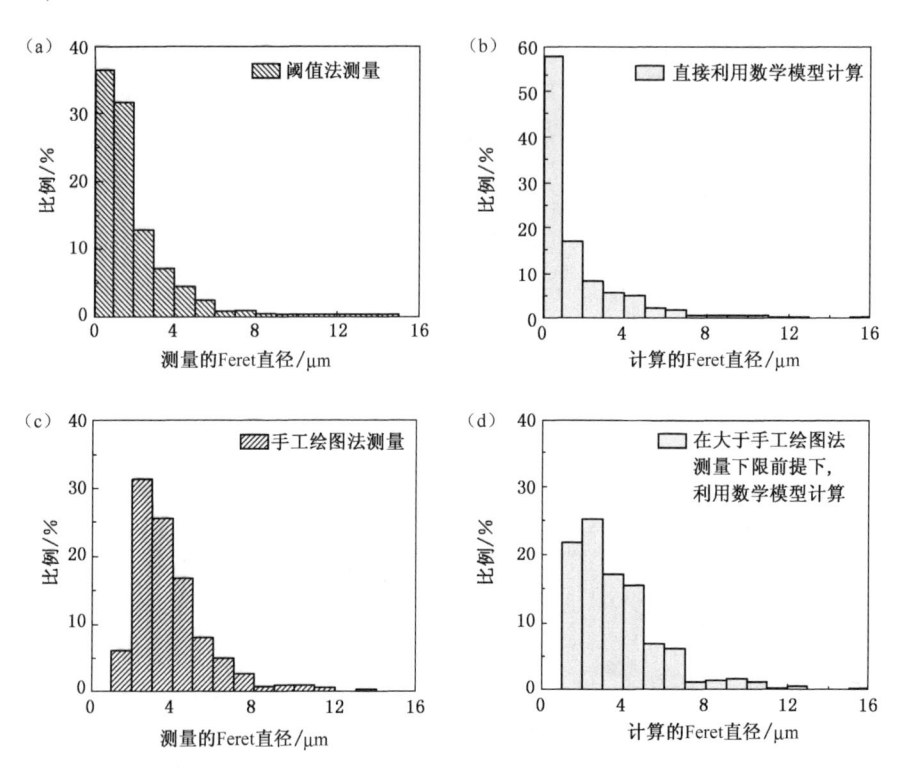

图 2-4 成分为 Fe-0.8C-1.51Si-2.03Mn-1.05Ni-0.377Mo-0.22Cr wt% 的高碳钢通过 **250 ℃等温淬火 48 h** 得到的块状残余奥氏体尺寸分布图:阈值法测量结果(a);随机几何分割数学模型计算结果(b);手工绘图法测量结果(c);将小于手工绘图法测量下限的块状残余奥氏体排除后,随机几何分割数学模型计算结果(d)

注:该贝氏体组织的原始奥氏体晶粒平均尺寸为 24 μm,贝氏体铁素体体积分数为 66%。

从贝氏体的 TEM 组织图片可以看到,薄膜状残余奥氏体和贝氏体板条相间分布,这说明它们的体积分数有一定的比例关系,该比值可由 TEM 组织图片中薄膜状残余奥氏体和贝氏体板条之间的线截距厚度平均值的比值估计得到。所以钢中如果只有贝氏体铁素体和残余奥氏体两相,可利用公式(2-3)和(2-4)对薄膜状残余奥氏体和块状残余奥氏体的体积分数进行估计。公式(2-3)和(2-4)

可以被进一步简化,得到薄膜状残余奥氏体和块状残余奥氏体的体积分数之比与贝氏体铁素体体积分数之间的关系,如公式(2-5)所示:

$$V_{BF} + V_{RA} = 1 \tag{2-3}$$

$$\frac{V_{RA\text{-}F}}{V_{RA\text{-}B}} = \frac{\phi V_{BF}}{V_{RA} - \phi V_{BF}} \tag{2-4}$$

$$\frac{V_{RA\text{-}F}}{V_{RA\text{-}B}} = \frac{\phi V_{BF}}{1-(1+\phi)V_{BF}} \tag{2-5}$$

式中 $V_{RA\text{-}F}$ 和 $V_{RA\text{-}B}$ 分别为薄膜状残余奥氏体和块状残余奥氏体的体积分数。V_{RA} 为总的残余奥氏体体积分数,由常规 XRD 技术可以很方便地检测得到。V_{BF} 为贝氏体铁素体的体积分数。ϕ 为由贝氏体的 TEM 图片估计得到的薄膜状残余奥氏体和贝氏体铁素体的体积分数之比。

2.1.2 EBSD 技术检测

另外,EBSD 技术也可以对贝氏体组织中的块状残余奥氏体和薄膜状残余奥氏体进行观察。但 EBSD 技术的分辨率低于 SEM 技术,使其不能如 SEM 技术一样对纳米贝氏体组织中纳米厚度的薄膜状残余奥氏体进行精确显示。图 2-5 给出了一组 0.7C 高碳钢在 350 ℃ 等温淬火得到的贝氏体组织的 EBSD 结果、IQ 图像质量图和相图。EBSD 技术得到的 IQ 图中贝氏体束内部的暗色像素点似乎呈现出了薄膜状残余奥氏体的形态,但那是由贝氏体束中薄膜状残余奥氏体/贝氏体板条相界面的菊池线强度低造成的假象,其实贝氏体束中厚度为 40 ± 2 nm 的薄膜状残余奥氏体并未识别出来。因为实验用 EBSD 扫描步长的下限约为 30 nm,它与上述残余奥氏体薄膜的厚度 40 ± 2 nm 几乎相等,导致 EBSD 技术没有检测出薄膜状残余奥氏体。当贝氏体组织非常粗大时,薄膜状残余奥氏体的厚度也随之增加,EBSD 技术可以识别出这些粗大的薄膜状残余奥氏体。如这种钢在 400 ℃ 等温淬火得到贝氏体组织中的薄膜状残余奥氏体厚度为 120 ± 3 nm,即可在 EBSD 技术得到的相图中被观察到,如图 2-6 所示。

2.1.3 衍射技术检测

块状残余奥氏体和薄膜状残余奥氏体的碳含量和体积分数等还可以利用高分辨率的衍射技术进行检测,如同步辐射 X 射线衍射技术和中子衍射技术。理论依据为,贝氏体相变得到的块状残余奥氏体和薄膜状残余奥氏体的碳含量是不相等的,通常块状残余奥氏体的碳含量低于薄膜状残余奥氏体的碳含量。这是因为在贝氏体相变温度范围内,贝氏体铁素体很快地将碳原子排出到相邻的残余奥氏体中后,碳原子再进一步从残余奥氏体的相界面附近区域向心部区域扩散,速率非常小。对于薄膜状残余奥氏体,由于其真实厚度很小且夹在平行的贝氏体板条之间,碳原子能很快扩散至它的心部,使薄膜状残余奥氏体整体碳含量都达到甚至超过 T_0 曲线估算的碳含量。但块状残余奥氏体的 Feret 直径很大,一旦块状残余奥氏体和贝氏体板条界面处的碳含量达到 T_0 曲线的碳含量时,贝氏体相变发生停滞。而此时块状残余奥氏体心部的碳含量还远低于 T_0 曲线的碳含量。因此,贝氏体相变结束时,块状残余奥氏体中的碳原子分布不均匀,从相界面区域到心部存在很大的碳浓度梯度,且其平均碳含量低于薄膜状残余奥氏体的平均碳含量。

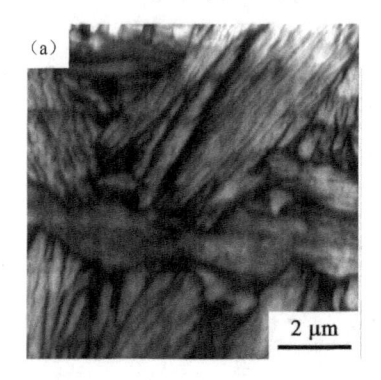

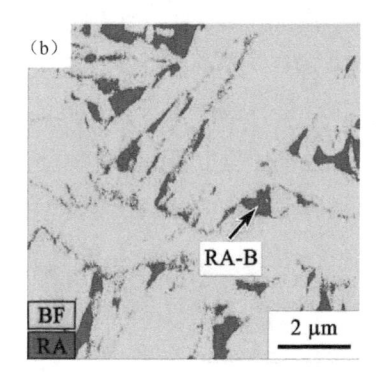

图 2-5   70Si3MnCr 钢(成分为 Fe-0.70C-0.63Mn-0.59Cr-2.59Si wt%)在 350 ℃等温淬火得到贝氏体组织中的块状残余奥氏体和薄膜状残余奥氏体 EBSD 结果:

IQ 图像质量图(a);相图(b)

注:薄膜状残余奥氏体的厚度为 40±2 nm,EBSD 扫描步长为 30 nm。

图 2-7 为利用同步辐射 X 射线衍射技术对成分为 Fe-0.79C-1.56Si-1.98Mn-0.24Mo-1.01Cr-1.51Co-1.01Al wt%的高碳钢在 300 ℃等温淬火过程中奥氏体 $\{111\}$ 晶面族衍射峰和贝氏体铁素体 $\{110\}$ 晶面族衍射峰的原位检测结果。可见,孕育期内的衍射谱线中只有奥氏体的 $\{111\}$ 晶面族衍射峰,标记为 $\{111\}_\gamma$。孕育期过后,贝氏体铁素体的 $\{110\}$ 晶面族衍射峰出现,且其衍射强度不断提高,标记为 $\{110\}_\alpha$。在此过程中,$\{111\}_\gamma$ 衍射峰的衍射强度不断降低。同时,值得注意的是,在稍低于原先 $\{111\}_\gamma$ 衍射峰峰位的位置出现了另外一个奥氏体的

{111}晶面族衍射峰。为了与原先的{111}$_\gamma$衍射峰进行区分,将其标记为{111}$_{\gamma'}$。由 Bragg 方程,如公式(2-6)所示,可知,在衍射束波长恒定时,晶面族的峰位越低,其晶面间距越大,晶格常数越大。对于本次同步加速 X 射线衍射原位检测来说,{111}$_{\gamma'}$衍射峰的出现,代表着在贝氏体相变过程中生成了晶格常数更大,即碳含量更高的残余奥氏体。结合上述贝氏体相变过程中的碳原子配分理论可知,这些碳含量更高的残余奥氏体为与贝氏体板条相间分布的薄膜状残余奥氏体。{111}$_{\gamma'}$衍射峰和{110}$_\alpha$衍射峰的同时出现和它们衍射峰强度的同步提高也说明了这一点。{111}$_\gamma$衍射峰为未转变的块状过冷奥氏体。

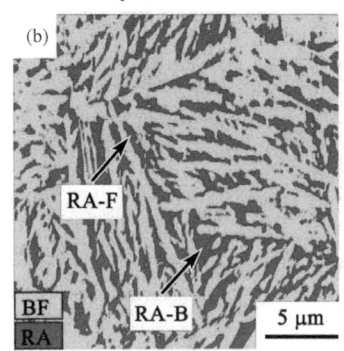

图 2-6 70Si3MnCr 钢(成分为 Fe-0.70C-0.63Mn-0.59Cr-2.59Si wt%)在 400 ℃等温淬火得到贝氏体组织中的块状残余奥氏体和薄膜状残余奥氏体观察结果:

IQ 图像质量图(a);相图(b)

注:薄膜状残余奥氏体的厚度为 120 ± 3 nm,EBSD 扫描步长为 30 nm。

$$2d\sin\theta = n\lambda \tag{2-6}$$

式中 d 为晶体的晶面间距,θ 为入射束与相应晶面的夹角($0° < \theta < 90°$),λ 为入射束波长,n 为反射级数。

将图 2-7 中四个不同时刻的衍射谱线分别列于图 2-8。对于由{111}$_{\gamma'}$衍射峰和{111}$_\gamma$衍射峰组成的混合衍射峰,可利用 Gaussian 多峰拟合法去卷积,将这两个亚峰分离开来。正是由于这两个亚峰组成了混合衍射峰,所以混合衍射峰表现出了不对称性。不仅如此,{111}$_{\gamma'}$衍射峰也表现出了不对称,表现为向低的衍射角延伸。{111}$_{\gamma'}$衍射峰的不对称是由不同区域薄膜状残余奥氏体的平均碳含量不同导致的。对于对称的衍射峰,如{111}$_\gamma$和{110}$_\alpha$,可通过 Voigt 函数与轴向发散函数的卷积拟合得到。对于不对称的衍射峰,如{111}$_{\gamma'}$,还需要进一步通过与从 0°到衍射峰峰位衍射角的指数函数的卷积进行拟合,拟合结果如图 2-8 中的虚线所示。此外还可以看出,在向贝氏体铁素体转变之前,过冷奥氏体的衍射峰十分尖锐。但发生贝氏体相变之后,$\{110\}_\alpha$ 衍射峰和 $\{111\}_\gamma$ 衍射峰发生宽化,这由贝氏体铁素体切变相变带来的微观应变导致。利用衍射峰的拟合结果可以计算出块状残余奥氏体和薄膜状残余奥氏体的体积分数、平均晶格常数和平均碳含量,以及贝氏体铁素体的体积分数和平均晶格常数。各相组分的体积分数通过对应衍射峰的积分强度和全部衍射峰的积分强度之间的比值确定,利用 Jade 软件的全谱拟合 Rietveld 分析方法定量得到平均晶格常数。残余奥氏体中碳元素对晶格常数的影响要显著高于其他合金元素(如 Si、Mn 等),因此可以利用残余奥氏体中的平均晶格常数来计算它们的平均碳含量,常用的经验计算公式如(2-7)所示,当然还有其他的经验计算公式可用。

$$C_{RA} = \frac{a_{RA} - 0.3578}{0.0033} \tag{2-7}$$

式中 C_{RA} 为残余奥氏体中的平均碳含量(单位为 wt%),a_{RA} 为残余奥氏体的平均晶格常数(单位为 nm)。

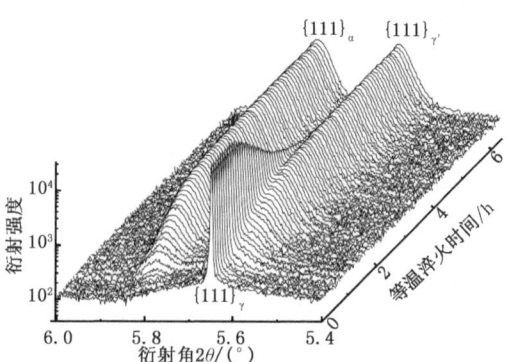

图 2-7 利用同步辐射 X 射线衍射技术对成分为 Fe-0.79C-1.56Si-1.98Mn-0.24Mo-1.01Cr-1.51Co-1.01Al wt%的高碳钢在 300 ℃等温淬火过程中奥氏体$\{111\}$晶面族衍射峰($\{111\}_\gamma$ 或$\{111\}_{\gamma'}$)和贝氏体铁素体$\{110\}$晶面族衍射峰($\{110\}_\alpha$)的原位检测结果

注:为了方便观察,衍射强度坐标轴为对数坐标,衍射角坐标轴上的坐标为由大到小排列。

图 2-9 为利用中子衍射技术对成分为 Fe-0.79C-1.98Mn-1.51Si-0.98Cr-0.24Mo-1.06Al-1.58Co wt%的高碳钢,在 250 ℃贝氏体转变孕育期内的过冷奥氏体和等温淬火后期贝氏体组织的原位检测结果。可见,与同步加速 X 射线衍射原

位观察结果相同,孕育期时过冷奥氏体的衍射峰十分尖锐且对称,但贝氏组织中残余奥氏体的衍射峰发生宽化且不对称。这说明在孕育期内,过冷奥氏体内 C 分布均匀。中子衍射技术也能证明贝氏体组织中的残余奥氏体由碳含量较低的块状残余奥氏体和碳含量较高的薄膜状残余奥氏体组成。图 2-9b 中的放大图清晰展示了块状残余奥氏体亚峰和薄膜状残余奥氏体亚峰的拟合结果。通过该拟合结果,利用 Rietveld 分析方法也可以计算出这两种残余奥氏体的体积分数。该结果比通过 TEM 图片利用公式(2-3)和(2-4)估算得出的体积分数更加准确。

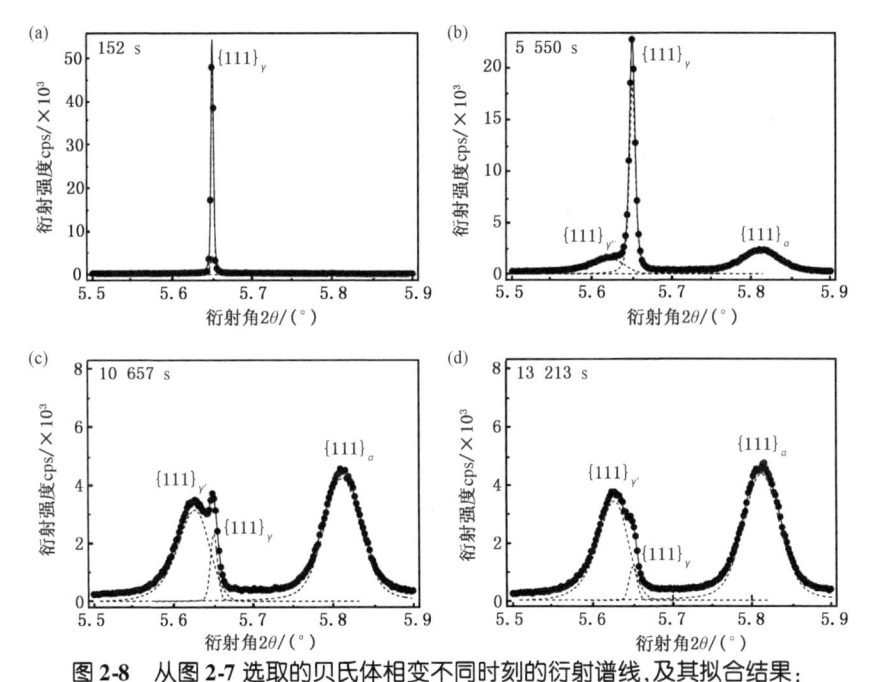

图 2-8 从图 2-7 选取的贝氏体相变不同时刻的衍射谱线,及其拟合结果:
152 s(a);5 550 s(b);10 657 s(c);13 213 s(d)。$\{111\}_\gamma$ 或 $\{111\}_{\gamma'}$ 为奥氏体$\{111\}$晶面族衍射峰,$\{110\}_\alpha$ 为贝氏体铁素体$\{110\}$晶面族衍射峰

同步辐射 X 射线的能量可以达到 60 keV(波长达到 0.020 666 ± 0.000 01 Å),它对贝氏体钢的穿透深度是毫米级别的,对试样表面质量不是很敏感。当圆柱形试样直径为 1.5 mm,并在试验过程中旋转时,同步辐射 X 射线技术可以检测到试样整个厚度内的组织信息,而不仅仅是试样表面的组织信息。而普通 X 射线的能量仅为 8 keV 左右(Cu 靶,波长为 0.154 06 nm 左右),它们对贝氏体钢的穿透深度不超过 10 μm。因此,它们只能探测到试样表面的组织信

息,对试样的表面质量十分敏感。在制样过程中,若试样表面发生局部变形,很可能使残余奥氏体,尤其是块状残余奥氏体,发生应变诱发马氏体相变,这将改变残余奥氏体的含量和衍射信息的分辨率等。

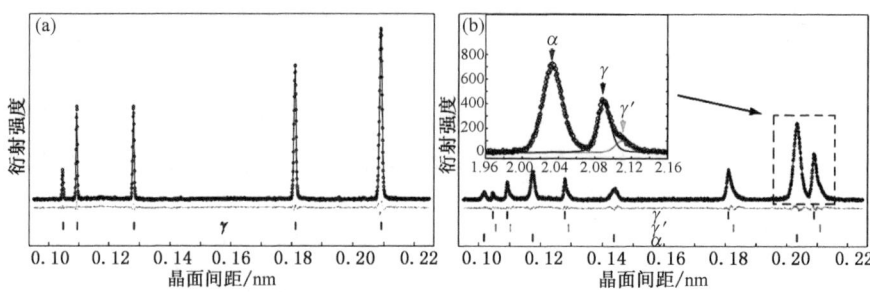

图 2-9 利用中子衍射技术对成分为 Fe-0.79C-1.98Mn-1.51Si-0.98Cr-0.24Mo-1.06Al-1.58Co wt%的高碳钢在 250℃等温淬火时,贝氏体转变孕育期内过冷奥氏体(a)和转变后期贝氏体组织(b)的原位检测结果

注:横坐标为晶面间距,且从小到大排列。

2.2 残余奥氏体形态调控

与薄膜状残余奥氏体相比,块状残余奥氏体的化学稳定性和机械稳定性较低,见本书第3章。块状残余奥氏体在外力的作用下很容易发生应变诱发马氏体相变,生成大块的硬脆高碳马氏体,不利于贝氏体钢力学性能的提高。而薄膜状残余奥氏体的机械稳定性相对较高,对材料的强韧性和和滚动接触疲劳性能等有积极作用。因此,有必要对残余奥氏体的形态进行调控,来获得优异的力学性能。

2.2.1 调控原理

一般希望减少或消除块状残余奥氏体,但贝氏体组织中出现块状残余奥氏体是不可避免的,只能减小它的体积分数或细化它的尺寸。有研究指出,薄膜状残余奥氏体和块状残余奥氏体体积分数之间的比值大于0.9时,贝氏体钢可以获得较好的强韧性结合。根据贝氏体束对原始奥氏体晶粒的几何分割原理可知,生成更多的贝氏体板条能够增大薄膜状残余奥氏体和块状残余奥氏体的体积分数之比。这一点在公式(2-5)也有所体现。因此提高贝氏体铁素体的最大转变量是调控残余奥氏体形态的一个重要手段。

根据贝氏体相变的不完全相变现象,在忽略贝氏体铁素体和残余奥氏体密

度的微小差别的情况下,可由公式(2-3)和公式(2-8)推导出贝氏体铁素体最大转变量的计算公式,如公式(2-9)所示:

$$V_{BF}x_{BF} + V_{RA}x_{T_0} = \bar{x} \tag{2-8}$$

$$V_{BF} = \frac{x_{T_0} - \bar{x}}{x_{T_0}} = 1 - \frac{\bar{x} - x_{BF}}{x_{T_0} - x_{BF}} \tag{2-9}$$

式中 V_{BF} 和 V_{RA} 为贝氏体相变停滞时贝氏体铁素体的最大转变量和残余奥氏体含量,x_{BF} 为贝氏体铁素体的碳含量,x_{T_0} 为 T_0 曲线估算的残余奥氏体的碳含量,$\bar{x}$ 为贝氏体钢的平均碳含量。

根据公式(2-9)得到通过提高贝氏体最大转变量,进而调控残余奥氏体形态的方法主要有以下4种:

(1) 通过调整贝氏体钢置换溶质元素的含量和类型,使 T_0 曲线向碳含量更高的方向移动,提高特定贝氏体相变温度时残余奥氏体的碳含量 x_{T_0},进而提高该温度下贝氏体铁素体的最大转变量,减小块状残余奥氏体的尺寸,降低块状残余奥氏体的含量。

(2) 通过降低贝氏体钢的名义碳含量 $\bar{x}$,来增加提高贝氏体铁素体的最大转变量,减小块状残余奥氏体的尺寸,降低块状残余奥氏体的含量。

(3) 根据 T_0 曲线,残余奥氏体的碳含量 x_{T_0} 随等温淬火温度的降低而提高。因此可以通过降低等温淬火温度来提高残余奥氏体的碳含量 x_{T_0},进而提高贝氏体铁素体的最大转变量,减小块状残余奥氏体的尺寸,降低块状残余奥氏体的含量。等温淬火温度一般高于试验钢的马氏体相变开始温度,但也发现在试验钢的马氏体相变开始温度以下等温可以得到贝氏体的现象。此外,因为等温温度越低,相变时间越长,所以在满足热力学上可能发生贝氏体相变的前提下,也需要考虑动力学问题,即贝氏体相变时间不应过长。该方法不仅可以通过形成更多的贝氏体束减小块状残余奥氏体的尺寸和体积分数,而且降低等温淬火温度后,薄膜状残余奥氏体的尺寸也变得更加细小。图2-10中不同等温淬火温度下贝氏体转变的模型说明了这一点。在低温等温淬火条件下(图2-10a),由于较大的贝氏体形核驱动力,在相变开始时会有大量贝氏体板条通过在晶界形核生成。之后会有更多的贝氏体板条通过自催化形核生成。它们在伸长过程中相互碰撞,导致长度变短。这使低温形成的贝氏体束在径向方向尺寸十分短小,它们可以最大限度地分割每一个原始奥氏体晶粒。因此,分割得到的块状残余奥氏体尺寸小、含量低且在原始奥氏体晶粒中呈均匀弥散分布。由于温度较低,过冷奥氏体的屈服强度较高,这使贝氏体板条的厚度很小,与它相间分布的残余奥氏体薄膜厚度也很小。在高温等温淬火条件下(图2-10c),贝氏体形核驱动力降低,使贝氏体铁素体的形核数量大大降低。相变开始时只有很少的贝氏体板条在晶界上形核。如此少的贝氏体束不会相互阻挡,几乎每根在晶界形核的贝氏体板条都能贯穿原始奥氏体晶粒。相变前期,它们分割得到的块状过冷奥氏体尺寸非常大。由于贝氏体铁素体形核驱动力过低,后期在已存在的贝氏体板条和过冷奥氏体界面自催化形核的贝氏体板条也很少,它们不能有效分割前期形成的大块状过冷奥氏体。由于碳分布不均匀,部分碳含量较高的大块状过冷奥氏体能直接保留到室温,部分碳含量较低的大块状过冷奥氏体在降温过程中发生了马氏体相变形成马奥岛。高温时的过冷奥氏体屈服强度较低,因此生成的贝氏体板条厚度很大,导致其间分布的薄膜状残余奥氏体厚度也很大。而在中温等温淬火条件下(图2-10b),前期晶界形核的部分贝氏体板条也能贯穿整个原始奥氏体晶粒,它们分割原始奥氏体晶粒得到的块状过冷奥氏体尺寸也较大。但由于温度不是很高,贝氏体形核驱动力比较大,部分碳含量较低的块状过冷奥氏体可以被后期自催化形核的贝氏体束分割成更小的块状残余奥氏体,部分碳含量相对较高的块状过冷奥氏体则不能被分割,最终形成大块状的残余奥氏体。因此中温贝氏体相变得到的块状残余奥氏体呈多尺度分布。由于中温等温淬火条件下,过冷奥氏体的屈服强度仍然较高,生成贝氏体板条的厚度仍然较小,所以其间分布的薄膜状残余奥氏体的厚度也很小。但值得注意的是,相变初期晶界形核会得到一些较长的贝氏体束,而相变后期自催化形核得到的贝氏体束由于已存在贝氏体束的阻挡长度较短,因此中温贝氏体相变得到的薄膜状残余奥氏体的长度也呈多尺度分布。

(4) 上述方法(3)是针对一阶等温淬火热处理工艺设计的。在方法(3)的基础上还可以设计双阶甚至多阶等温淬火热处理工艺。双阶和多阶等温淬火热处理工艺是指先在较高的温度进行贝氏体相变,之后降到较低的温度继续进行贝氏体相变。第一阶段等温淬火的等温温度较高,生成的块状残余奥氏体尺寸较大。等温淬火每增加一阶,贝氏体形核驱动力就会增大一些。前一阶段得到的大块状残余奥氏体会被后一阶段等温淬火生成的贝氏体束进一步分割,变成更小的块状残余奥氏体。同时,更低温度等温淬火生成的贝氏体束中的薄膜状残余奥氏体尺寸也更加细小。因为前一阶段较高温度等温淬火过程中,贝氏体铁素体形成后会向周围的残余奥氏体中排碳,所以前一阶段较高温度等温淬火得到的残余奥氏体的碳含量会升高,导致其马氏体相变开始温度降低。因此为了得到更加细小的残余奥氏体,后一阶段的等温温度可以选择得低一些,只要高于前一阶段得到的块状残余奥氏体的马氏体相变开始温度即可,即保证它们在后一阶段等温淬火时不会发生马氏体相变。不过等温温度越低,相变时间越长。在选择等温温度的时候,也应该考虑该温度下的贝氏体相变等温时间不能过长。

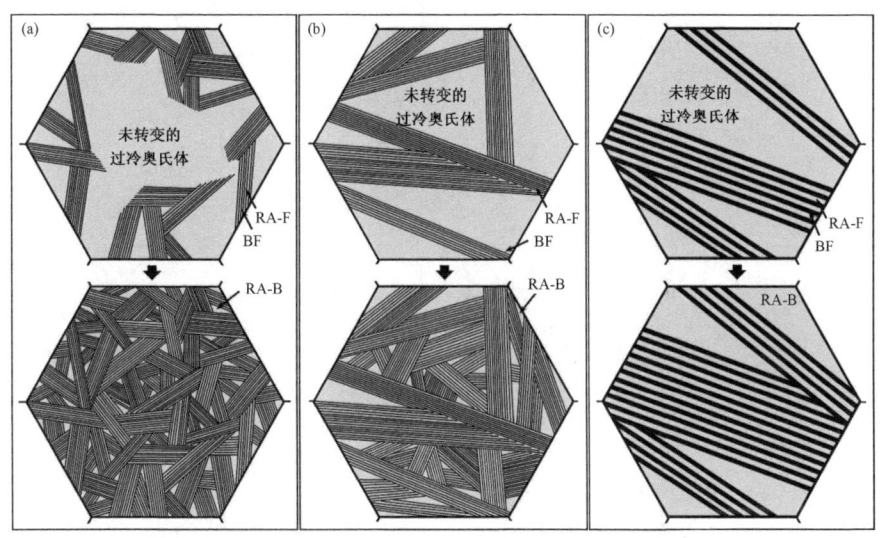

图 2-10 在低温(a)、中温(b)和高温(c)等温淬火条件下,
贝氏体转变前期的晶界形核(上)和转变后期的自催化形核(下)模型图

2.2.2 调控路径

2.2.2.1 合金化调控

由 MUCG83 热力学模型计算发现,随着 Al 元素含量的提高,钢的 T_0 曲线将向右上方移动,这说明 Al 元素能够增加贝氏体相变的形核驱动力,进而使贝氏体铁素体的形核率增加和最终生成的贝氏体铁素体厚度减小。薄膜状残余奥氏体与贝氏体板条相间分布,那么薄膜状残余奥氏体厚度也会相应减小。同时,这些细小的贝氏体板条可最大限度地分割块状残余奥氏体,减小块状残余奥氏体的尺寸。通过 Al 合金化来

调控残余奥氏体形态的研究结果如图 2-11 所示。可见,1.2Al 钢中的块状残余奥氏体数量和尺寸比不含 Al 元素的钢中的块状残余奥氏体数量和尺寸明显减小。1.2Al 钢中的残余奥氏体主要以细小的薄膜状形态存在。进一步通过金相组织图片定量统计三种试验钢中块状残余奥氏体的 Feret 直径和面积,得到了 Feret 直径在 0.4~5 μm 范围内和 5 μm 以上的块状残余奥氏体的体积分数之比,如图 2-12 所示。可见,随 Al 含量的提高,钢中块状残余奥氏体的体积分数减小,尤其是 Feret 直径大于 5 μm 的块状残余奥氏体的体积分数急剧下降。

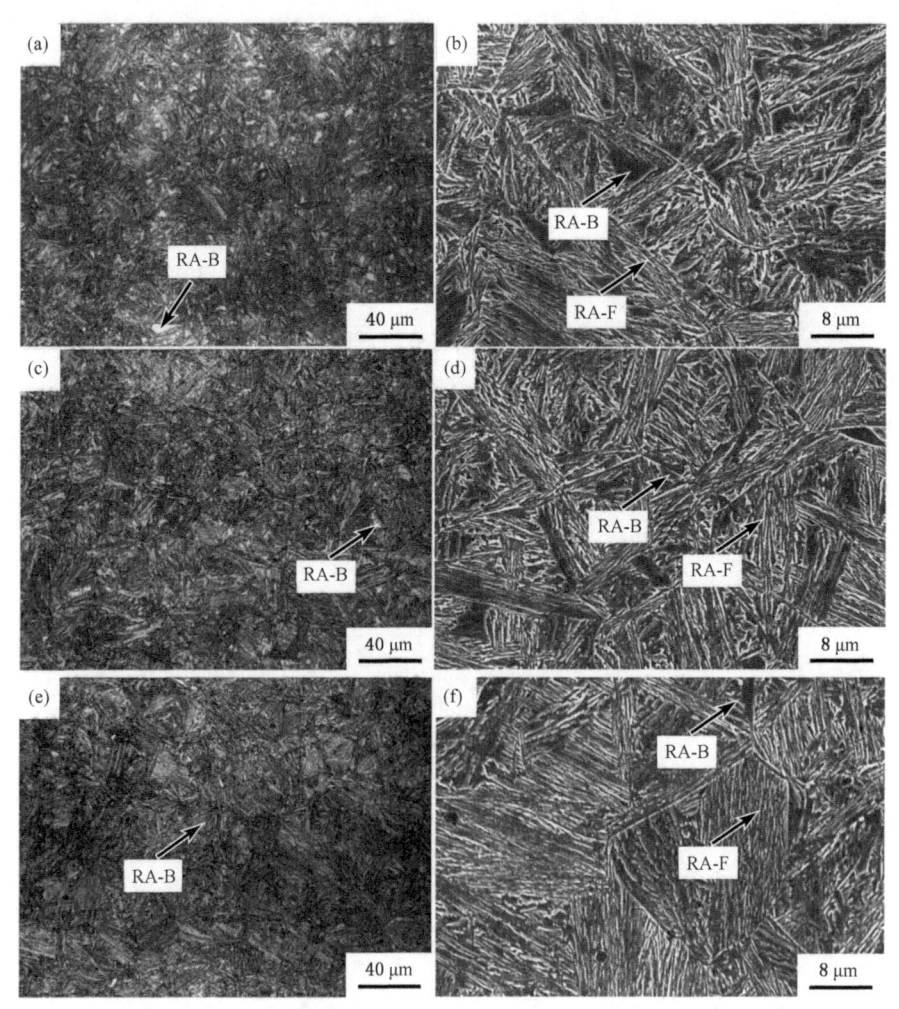

图 2-11 不同 Al 含量的低碳钢经 320 ℃保温 420 min 等温淬火处理后的 OM(左)和 SEM(右)组织图,0Al(a,b)、0.6Al(c,d)和 1.2Al(e,f)

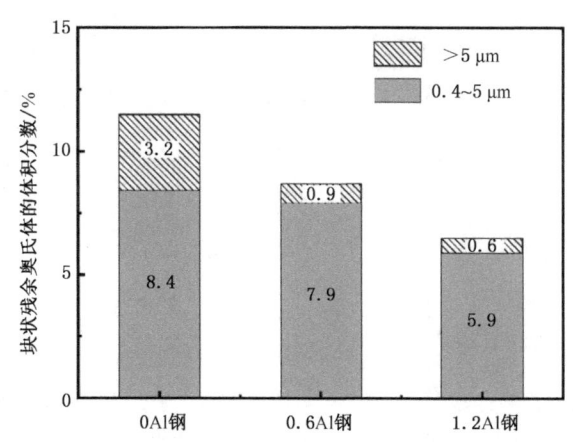

图 2-12 利用金相组织图片统计得到的不同 Al 含量系列钢中，Feret 直径在 0.4~5 μm 范围内和 5 μm 以上的块状残余奥氏体的体积分数

图 2-13 给出了通过 Mn 合金化来调控残余奥氏体形态的研究结果。可见，0Mn 钢等温淬火后得到的组织不仅包括无碳化物贝氏体组织，还包括块状的铁素体，而 1.8Mn、2.3Mn 和 3.2Mn 钢中只包含无碳化物贝氏体组织。该结果说明 Mn 元素是得到全贝氏体组织所必需的元素。此外，随着 Mn 元素含量的提高，残余奥氏体薄膜变得更加细小，这是由于 Mn 元素是奥氏体稳定化元素，可降低钢的 M_s 相变点，使 0Mn、1.8Mn、2.3Mn 和 3.2Mn 钢的 M_s 相变点分别为 390 ℃、350 ℃、315 ℃ 和 290 ℃。那么它们的等温淬火温度 (M_s+10) ℃相应下降，从而使过冷奥氏体强度提高，贝氏体板条厚度减小，与之相间分布的残余奥氏体薄膜厚度也减小。

图 2-14 给出了通过 Si 合金化来调控残余奥氏体形态的研究结果。Si 缩小奥氏体相区，提高 A_{c3} 温度。经膨胀仪测定 2.6Si 钢和 3.8Si 钢的 A_{c3} 温度分别为 831 ℃、855 ℃，所以 950 ℃等温时 2.6Si 钢和 3.8Si 钢能完全奥氏体化，最终组织由贝氏体铁素体和残余奥氏体组成。由于 3.8Si 钢的 A_{c3} 温度比 2.6Si 钢高，所以 3.8Si 钢的原始奥氏体尺寸较小。由于 3.8Si 钢的 Si 含量较高，所以固溶强化增加，过冷奥氏体强度提高。这两个因素共同作用，使 3.8Si 钢贝氏体组织中的块状残余奥氏体和薄膜状残余奥氏体较细小。而 4.8Si 钢的 A_{c3} 温度大于 950 ℃，所以 950 ℃奥氏体化时 4.8Si 钢不能完全奥氏体化，同时较高的 Si 含量使试验钢发生石墨化，最终组织中除了贝氏体铁素体和残余奥氏体外，还有块状的铁素体和石墨。

图 2-13 不同 Mn 含量系列钢在 (M_s+10) ℃等温淬火处理后的 SEM（左列）和 TEM（右列）组织图，0Mn(a,b)、1.8Mn(c,d)、2.3Mn(e,f)和 3.2Mn(g,h)

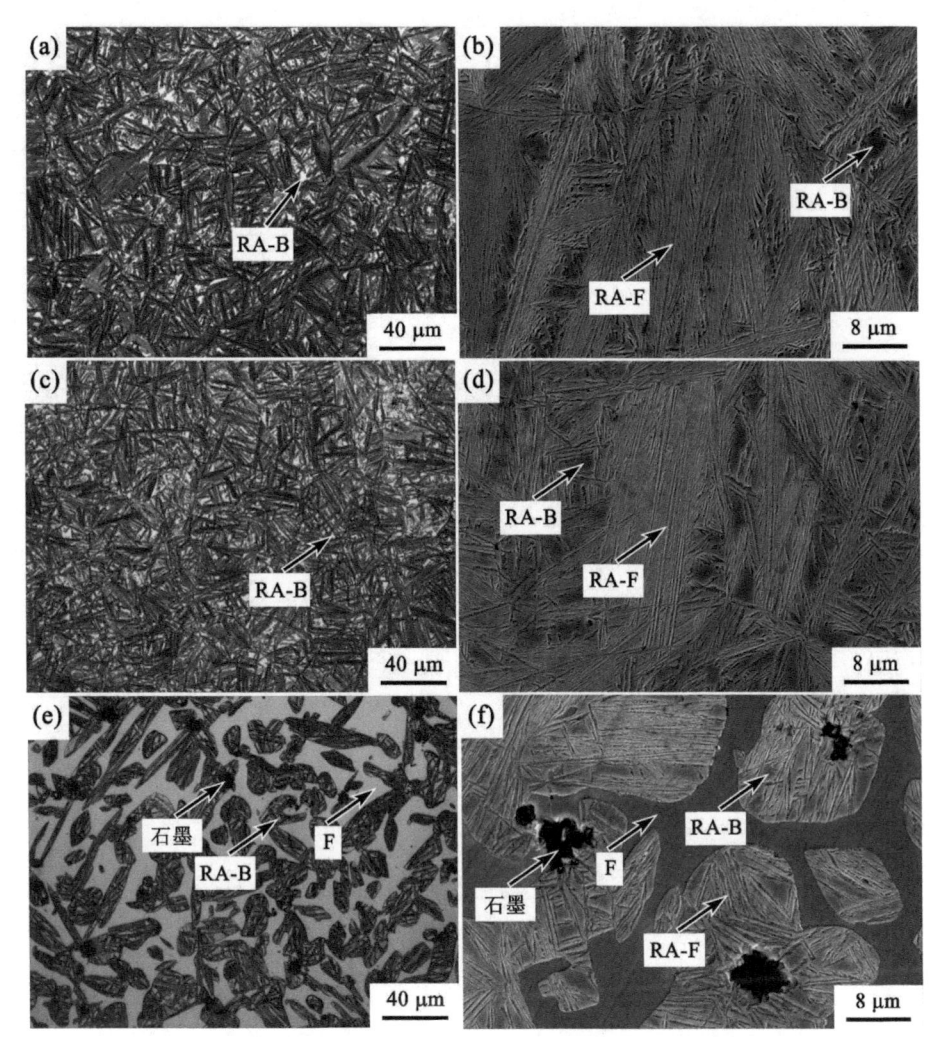

图 2-14　不同 Si 含量的高碳钢在 950 ℃奥氏体化,350 ℃等温淬火
处理后的 OM(左)和 SEM(右)组织图,2.6Si(a,b)、3.8Si(c,d)和 4.8Si(e,f)

2.2.2.2　热处理调控

图 2-15 给出了通过降低一阶等温淬火温度来调控残余奥氏体形态的研究结果。等温淬火温度分别为 370 ℃、350 ℃和 270 ℃,均在 M_s 相变点以上。可见,较低的等温淬火温度使贝氏体板条更加细小,这些更加细小的贝氏体板条均匀分布在贝氏体组织中,把过冷奥氏体分割成了细小的薄膜状,使残余奥氏体多以贝氏体板条间的薄膜状形态存在,块状残余奥氏体含量下降,尺寸减小。

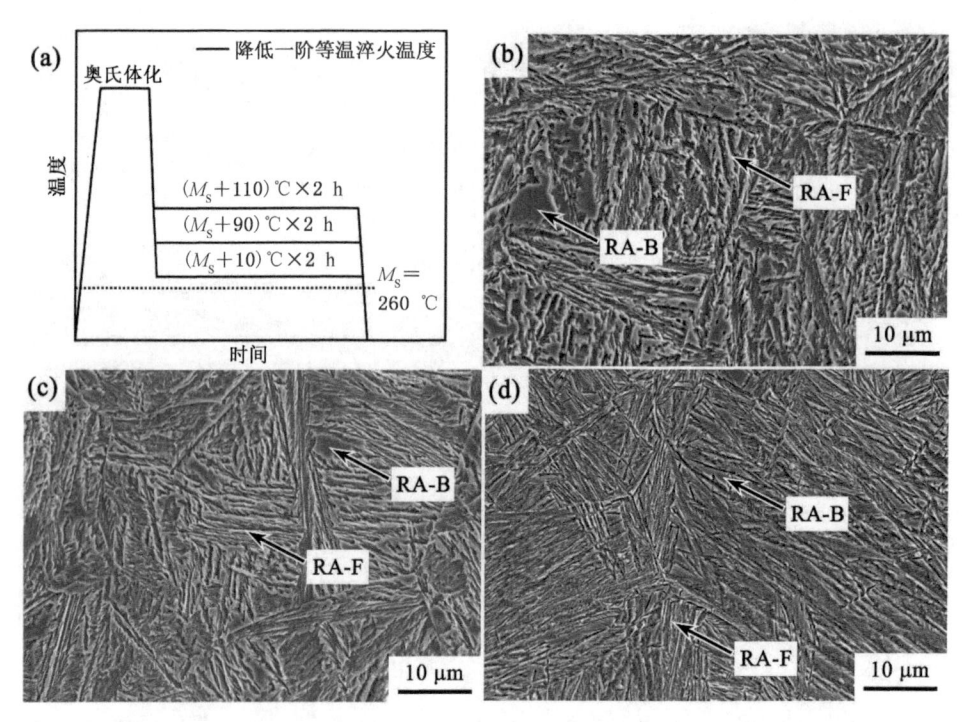

图 2-15 成分为 Fe-0.46C-1.55Si-1.59Mn-1.24Cr-0.81Ni-0.40Mo-0.62Al wt%的钢在不同温度一阶等温淬火的热处理工艺曲线图(a),以及 SEM 组织图片:
370 ℃×2 h(b);350 ℃×2 h;(c);270 ℃×2 h(d)

事实上,贝氏体相变不是只在试验钢的名义 M_s 相变点以上发生,在名义 M_s 相变点以下温度进行等温淬火,也会发生等温贝氏体相变。这是因为,在 M_s 相变点以下等温时,首先生成一部分马氏体。马氏体在之后的等温阶段发生回火,碳原子发生配分,使未转变过冷奥氏体的碳含量高于试验钢的名义碳含量,从而过冷奥氏体的 M_s' 相变点低于试验钢的名义 M_s 相变点,而能在之后的等温阶段发生贝氏体相变。贝氏体相变与马氏体回火同时进行。等温淬火最开始生成的马氏体促进贝氏体铁素体形核,快速形核的贝氏体铁素体充分分割过冷奥氏体,从而实现对残余奥氏体形态的调控。图 2-16 分别给出了一种低碳钢在 M_s 温度以下及以上一阶等温淬火结果。从 SEM 组织图片中可以清楚地看出,试验钢在 M_s 相变点以上等温淬火得到的组织中均存在很多大块状的残余奥氏体,而在 M_s 相变点以下得到的块状残余奥氏体明显细小。

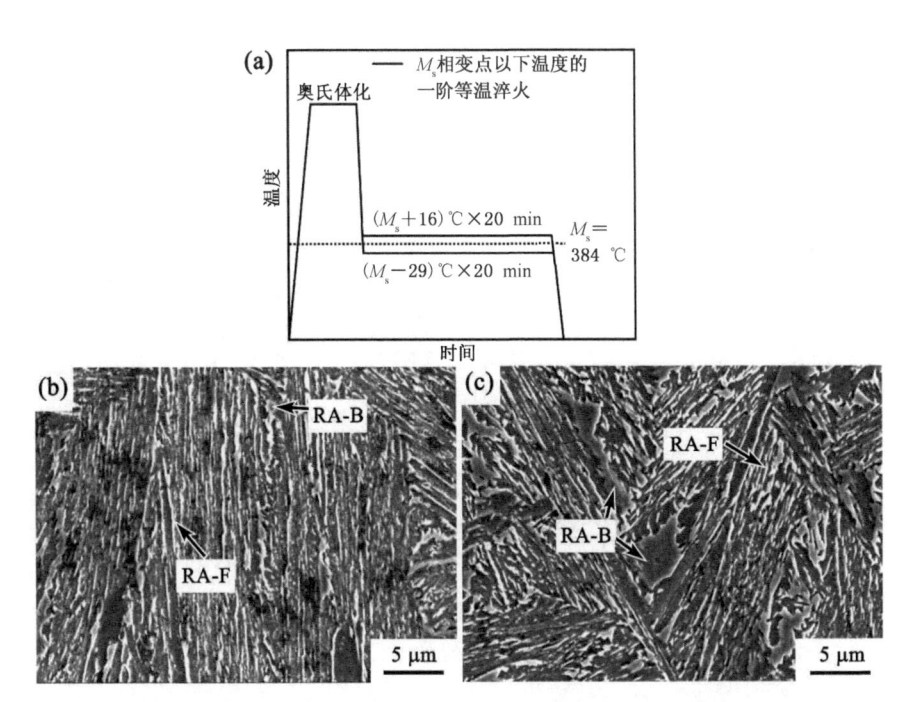

图 2-16 成分为 0.15C-1.41Si-1.88Mn-1.88Cr-0.36Ni-0.34Mo 的低碳钢在 M_s 相变点 (384 ℃)以下温度一阶等温淬火的热处理工艺曲线图(a),以及 SEM 组织图片: (M_s-29)℃×20 min(b);(M_s+16)℃×20 min(c)

通过预先生成马氏体调控残余奥氏体形态的路径,除了在 M_s 相变点以下温度等温淬火外,还可以先将试样温度降低到 M_s 相变点以下保温很短的时间(只需使试样均温即可)生成一部分马氏体,再迅速升温至 M_s 相变点以上的温度进行等温淬火。将成分为 Fe-0.83C-0.65Mn-1.40Si-1.62Cr-0.31Ni-0.17Mo wt% 的钢通过先生成一部分马氏体之后,升高温度等温淬火去调控残余奥氏体形态,结果如图 2-17 所示,具体工艺参数为(M_s-5)℃×1 min/(M_s+30)℃×30 h 和(M_s-15)℃×1 min/(M_s+30)℃×30 h,与它对比的一阶等温淬火工艺为(M_s+30)℃×30 h。可见等温 30 h 后三种等温工艺贝氏体转变均已完成,黑色针状的贝氏体束布满整个基体,同时可以看到黑色粗大透镜状的预生成马氏体组织、灰色的块状残余奥氏体以及白色的球状渗碳体。随着第一阶段马氏体相变温度的降低,黑色粗大透镜状的预生成马氏体增多。预生成马氏体促进了贝氏体相变。从图 2-17b 中的插图中可以看出沿着预生成马氏体生长的细针状贝氏体组织,这些细小的针状贝氏体组织可以充分分割母相未转变奥氏体,减小最终块状残余奥氏体的尺寸。

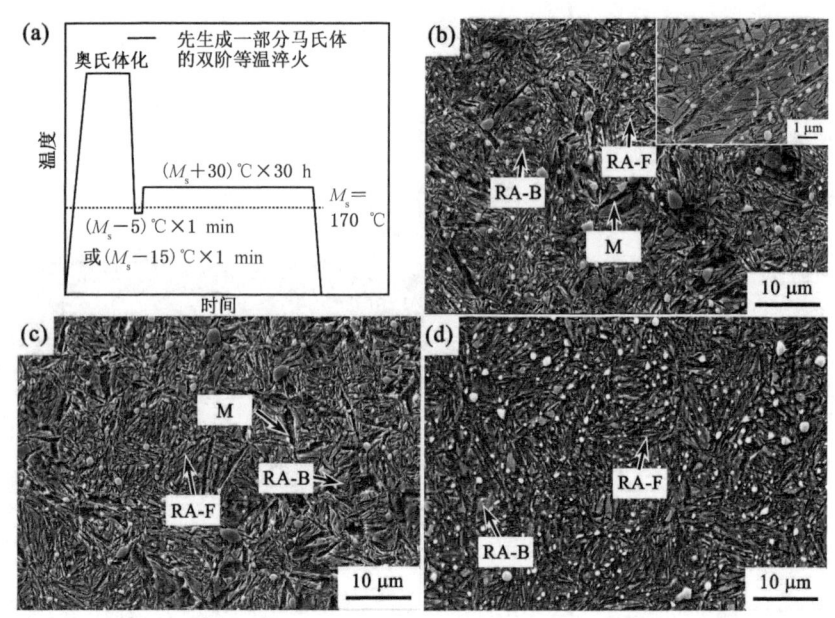

图 2-17 0.83C 高碳钢先生成一部分马氏体双阶等温淬火的热处理工艺曲线图(a),
以及 SEM 组织图:(M_s-5)℃×1 min/(M_s+30)℃×30 h(b);
(M_s-15)℃×1 min/(M_s+30)℃×30 h(c);(M_s+30)℃×30 h(d)

另外,还可以通过在 M_s 温度以上的双阶等温淬火热处理工艺调控残余奥氏体形态。利用一种中碳钢进行双阶等温的研究,结果如图 2-18a、b 所示。双阶等温淬火工艺为(M_s+10)℃/(M_s-20)℃。虽然第二阶段的等温淬火温度降低到了试验钢的名义 M_s 相变点以下,但由于贝氏体相变过程中过冷奥氏体是逐渐富碳的,未转变过冷奥氏体的 M_s' 相变点在一直下降,所以即使第二阶段的等温淬火温度低于试验钢的名义 M_s 相变点,这些未转变的过冷奥氏体仍然不发生马氏体相变。在第一阶段的较高温度等温淬火后会有很多大块状的过冷奥氏体被保留下来。之后在较低温度的第二阶段等温淬火时,由于贝氏体形核驱动力增大,这些大块状过冷奥氏体会被第二阶段生成的贝氏体板条进一步分割成十分细小的薄膜状和小块状残余奥氏体。在双阶等温淬火的基础上进一步发展了连续冷却淬火热处理工艺,如图 2-18a、c 所示。连续冷却淬火工艺为从(M_s+10)℃向

(M_s-20)℃,以 0.5 ℃/min 的缓慢冷却速度冷却。因为连续冷却淬火工艺中未转变过冷奥氏体的相变温度在实时地一直降低,因此贝氏体铁素体和残余奥氏体薄膜的尺寸会更加细小。

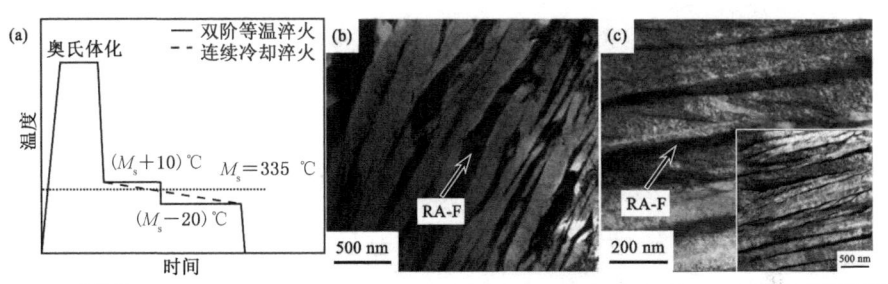

图 2-18 成分为 Fe-0.30C-1.58Mn-1.13Cr-1.44Si-0.48Al-0.45Ni-0.40Mo wt%的中碳钢双阶等温淬火和连续冷却淬火的热处理工艺曲线图(a),以及不同工艺下的贝氏体 TEM 组织图:双阶等温淬火(M_s+10)℃/(M_s-20)℃(b);连续冷却淬火(M_s+10)℃~(M_s-20)℃(c)

一般双阶等温淬火工艺中两阶段的等温温度不同,得到的贝氏体板条和残余奥氏体薄膜厚度呈双峰分布,高温等温淬火阶段得到的贝氏体板条和残余奥氏体薄膜明显粗大,恶化力学性能。为了解决这个问题,一种先低温等温后高温等温的等贝氏体板条厚度双阶等温淬火热处理工艺被开发出来。由经验公式(2-10)~(2-13)可以计算得出不同温度等温淬火得到的贝氏体板条的厚度。图 2-19 给出了 0.83C 高碳钢等贝氏体板条厚度双阶等温淬火热处理工艺调控残余奥氏体形态的研究结果,其中等贝氏体板条厚度的双阶等温淬火工艺为(M_s+50)℃×18 h/(M_s+125)℃×7 h,并与一阶等温淬火工艺(M_s+50)℃×60 h 进行了比较。从图 2-19d 可以看出,一阶等温淬火工艺得到的贝氏体板条厚度在 20~30 nm 之间有较多分布,平均尺寸为 35.4±11 nm,等贝氏体板条厚度双阶等温淬火工艺得到的贝氏体板条厚度在 30~50 nm 之间有较多分布,平均尺寸为 43.1±12.3 nm。这说明该双阶等温淬火工艺得到的贝氏体板条厚度与一阶等温淬火工艺得到的贝氏体板条厚度十分接近。细长的贝氏体板条与薄膜状残余奥氏体相间排布,因此等贝氏体板条厚度双阶等温淬火工艺得到的薄膜状残余奥氏体也十分细小。

$$t = f(T, \sigma_s^{RA}, \Delta G^{RA \to BF}) =$$

$$222 + 0.012\,42 \times T + 0.017\,85 \times \Delta G^{RA \to BF} - 0.532\,3 \times \sigma_s^{RA} \quad (2\text{-}10)$$

$$\sigma_s^{RA} = 15.4 \times (1 - 0.26 \times 10^{-2} T_r +$$
$$0.47 \times 10^{-5} T_r^2 - 0.326 \times 10^{-8} T_r^3) \times A \tag{2-11}$$
$$T_r = T - 25 \tag{2-12}$$
$$A = (4.4 + 23w_C + 1.3w_{Si} + 0.24w_{Cr} + 0.94w_{Mo} + 32w_N) \tag{2-13}$$

式中 t 为贝氏体板条尺寸计算值(nm), T 为贝氏体等温淬火温度, σ_s^{RA} 为过冷奥氏体在温度 T 时的屈服强度(MPa)。

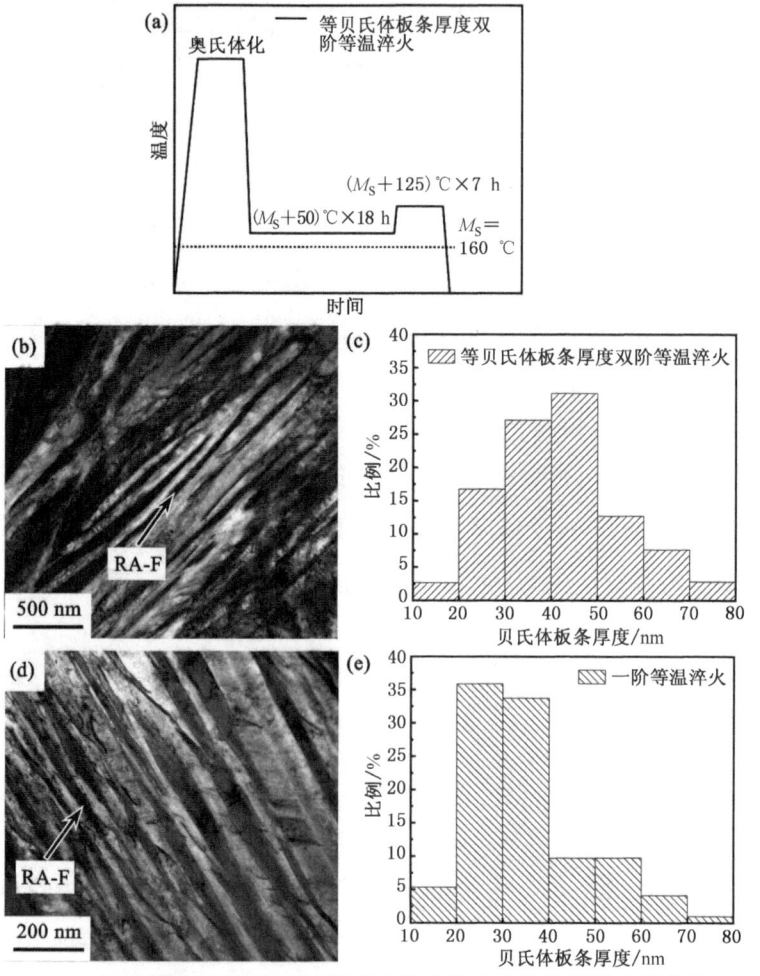

图 2-19 0.83C 高碳钢等贝氏体板条厚度双阶等温淬火的热处理工艺曲线图(a)，不同工艺下的 TEM 组织图片(b,d)和贝氏体板条厚度分布图(c,e)：
$(M_s+50)℃ \times 18\ h/(M_s+125)℃ \times 7\ h(b,c)$; $(M_s+50)℃ \times 60\ h(d,e)$

从上述研究结果可以看出,无论是一阶、双阶等温淬火,还是连续冷却淬火工艺,均为通过调控贝氏体相变温度来调控残余奥氏体形态。而当贝氏体相变温度很低时,所需要的贝氏体相变完成时间会很长。针对这个问题,后来又发展了"打断"贝氏体等温淬火热处理工艺(DBAT)来调控残余奥氏体形态,如图2-20所示。这种新工艺结合了贝氏体等温淬火和马氏体淬火及碳配分的思想,即通过短时间贝氏体等温淬火生成富碳大块状过冷奥氏体,然后将试验钢淬火至富碳大块状过冷奥氏体的 M_s' 相变点以下,使其发生马氏体相变而被分割成相间分布的马氏体板条和薄膜状残余奥氏体,再迅速将试验钢升温至原贝氏体等温淬火温度,降低马氏体板条的碳含量,从而改善马氏体板条的性能,提高马氏体板条间薄膜状过冷奥氏体的碳含量使其保留至室温。这种"打断"贝氏体等温淬火热处理工艺可以大幅度缩短调控残余奥氏体形态的时间。由于该试验钢在360℃等温的贝氏体相变完成时间为120 min,所以通过常规贝氏体等温淬火工艺(BAT)来减小块状残余奥氏体尺寸的话,需要120 min,且即使等温如此长的时间,贝氏体组织中还是会有很多大块状残余奥氏体存在(图2-20e)。而"打断"贝氏体等温淬火热处理工艺只需要55 min就可以将几乎所有的大块状残余奥氏体消除(图2-20b)。这是因为淬火时生成的马氏体可以将淬火前10 min生成的大块状过冷奥氏体充分分割成薄膜状残余奥氏体。由于贝氏体组织中的薄膜状残余奥氏体具有很好的热稳定性,它不会在后期的碳配分过程中发生分解。这样,"打断"贝氏体等温淬火热处理工艺得到的最终组织包括贝氏体相变生成的薄膜状残余奥氏体和马氏体淬火及碳配分生成的薄膜状残余奥氏体,块状残余奥氏体已基本被消除。

"打断"贝氏体等温淬火热处理工艺中前期贝氏体等温淬火温度和后期的碳配分温度相同,在此基础上又延伸出了前期贝氏体等温淬火温度和后期碳配分温度不相同的热处理工艺,称为BQ&P工艺,如图2-21所示。可见块状残余奥氏体同样也得到了快速有效的消除,组织中的残余奥氏体全部以薄膜状形态存在。随着等温淬火温度的提高,薄膜状残余奥氏体的体积分数表现出增加的趋势,而且更多的来源于Q&P阶段的马氏体相变。

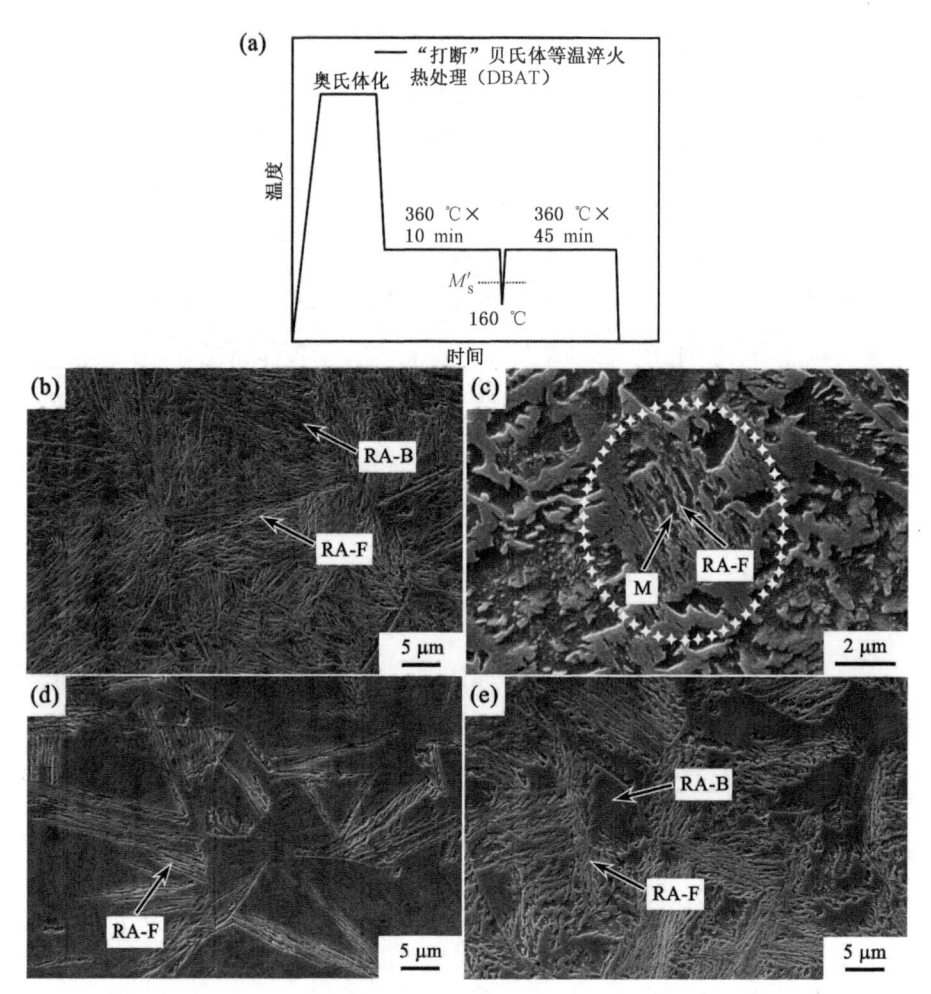

图 2-20 成分为 Fe-0.4C-2.0Mn-1.7Si-0.4Cr wt%的钢的"打断"贝氏体等温淬火（DBAT）热处理工艺曲线图（a）和不同工艺下的 SEM 组织图：DBAT（b）；DBAT 工艺中分割块状残余奥氏体的马氏体板条的放大图（c）；BAT-360 ℃×10 min（d）；BAT-360 ℃×120 min（e）。BAT 为常规贝氏体等温淬火

2.2.2.3 外加载荷调控

除了上述介绍的常规热处理工艺可以调控残余奥氏体的形态以外，还可以通过引入外加载荷，使其承受弹性应力或发生塑性应变，对残余奥氏体的形态进行调控。图 2-22 给出了在贝氏体等温淬火过程中，使试样始终承受一个弹性循环压应力（250 MPa）的研究结果，并与传统贝氏体等温淬火（4 MPa 只是单纯为

了夹紧试样而施加的外力)结果进行了比较。从图 2-22b 可以看出，弹性压应力使贝氏体组织中出现了沿三个方向相互"交叉"的贝氏体束形态，这与通过常规贝氏体等温淬火生成的贝氏体板条和残余奥氏体薄膜形态截然不同。在弹性循环压应力下形成的贝氏体束相互交叉，可以更充分地分割原始奥氏体晶粒，得到平均尺寸为 $1 \pm 0.5~\mu m$ 的块状残余奥氏体，显著小于常规贝氏体等温淬火工艺得到的块状残余奥氏体(平均尺寸为 $2.5 \pm 0.5~\mu m$)。

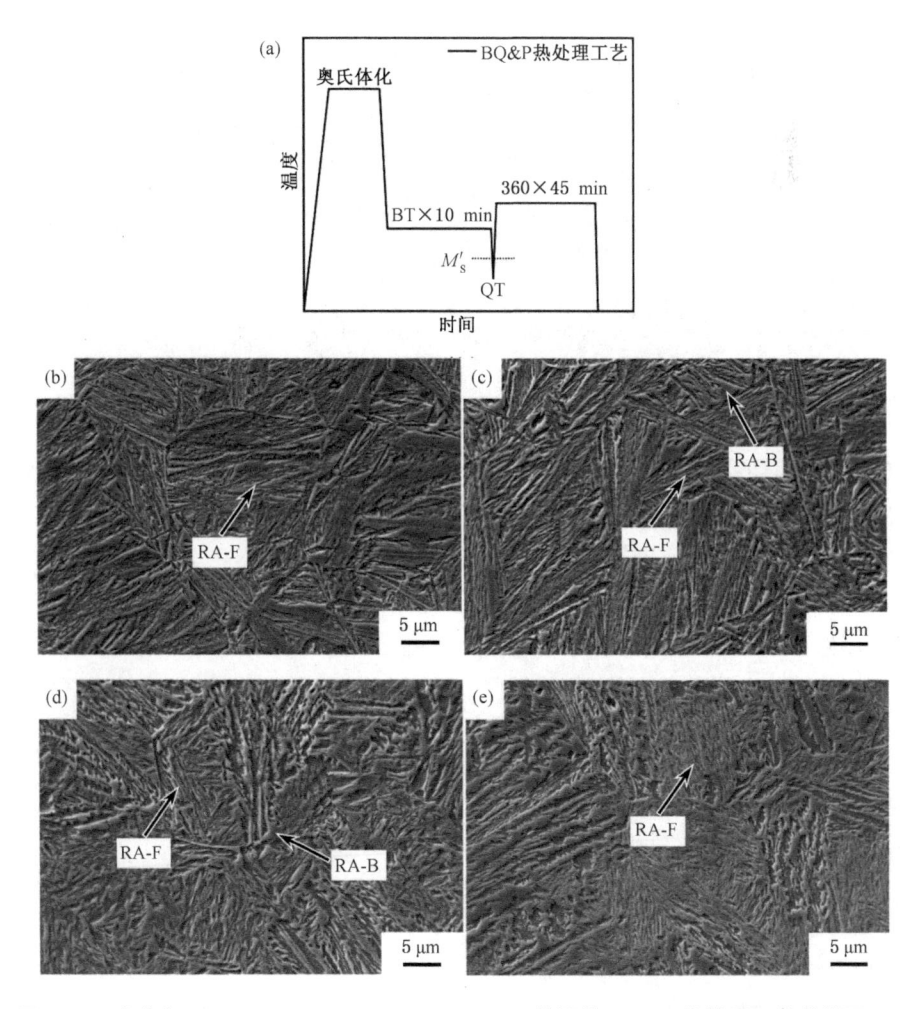

图 2-21　成分为 Fe-0.4C-2.0Mn-1.7Si-0.4Cr wt%的钢的 BQ&P 热处理工艺曲线图(a)和不同工艺下的 SEM 组织图；BT = 300 ℃(b)；BT = 320 ℃(c)；BT = 360 ℃(d)；BT = 380 ℃(e)。BT 为前期贝氏体等温淬火温度

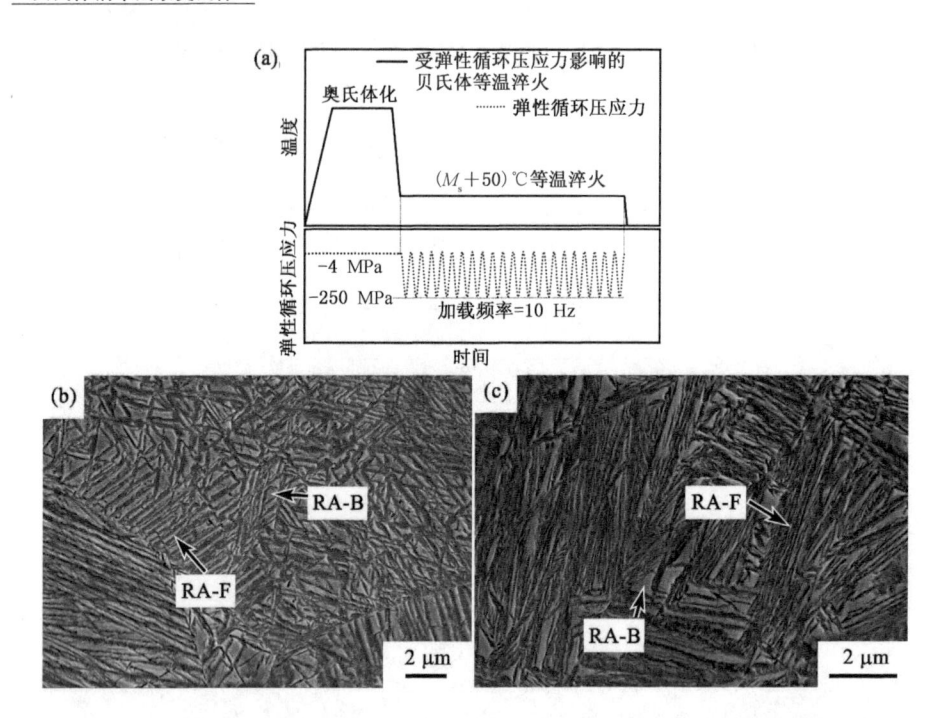

图 2-22　成分为 Fe-0.73C-3.14Si-0.62Mn-0.59Cr-0.40Mo wt% 的高碳钢受弹性循环压应力影响的贝氏体等温淬火热处理工艺曲线图(a)，以及不同工艺下的贝氏体 SEM 组织图:受弹性循环压应力影响的贝氏体等温淬火(b);常规贝氏体等温淬火(c)

此外，还可以使过冷奥氏体首先在不同温度下发生压缩塑性变形(即温变形，压缩量为50%)，然后在不同温度(M_s 相变点以上和以下)进行贝氏体等温转变，其中的一项研究结果如图2-23所示。可见，M_s 相变点以上和 M_s 相变点以下等温淬火对压缩塑性应变的响应明显不同。M_s 相变点以上等温淬火时，压缩塑性应变可以使块状残余奥氏体尺寸减小，但块状残余奥氏体的体积分数却被提高了。这是因为压缩塑性变形引入的大量晶体缺陷虽然可以促进贝氏体相变的非均匀形核，但也提高了过冷奥氏体的强度，并使过冷奥氏体发生机械稳定化。在较高温度等温淬火时，贝氏体相变的相变驱动力很小，贝氏体相变被抑制，贝氏体转变量下降。所以在 M_s 相变点以上等温淬火时块状残余奥氏体的体积分数增加。与之形成鲜明对比，在 M_s 相变点以下等温淬火时，块状残余奥氏体不仅尺寸减小，体积分数也减小。这是因为在 M_s 相变点以下等温淬火时，贝氏体相变驱动力很大,且有少量马氏体生成,显著促进了贝氏体铁素体在压缩塑性应变引入的大量晶体缺陷上的非均匀形核。大量贝氏体板条形成时最终的组织中几乎不含块状残余奥氏体。

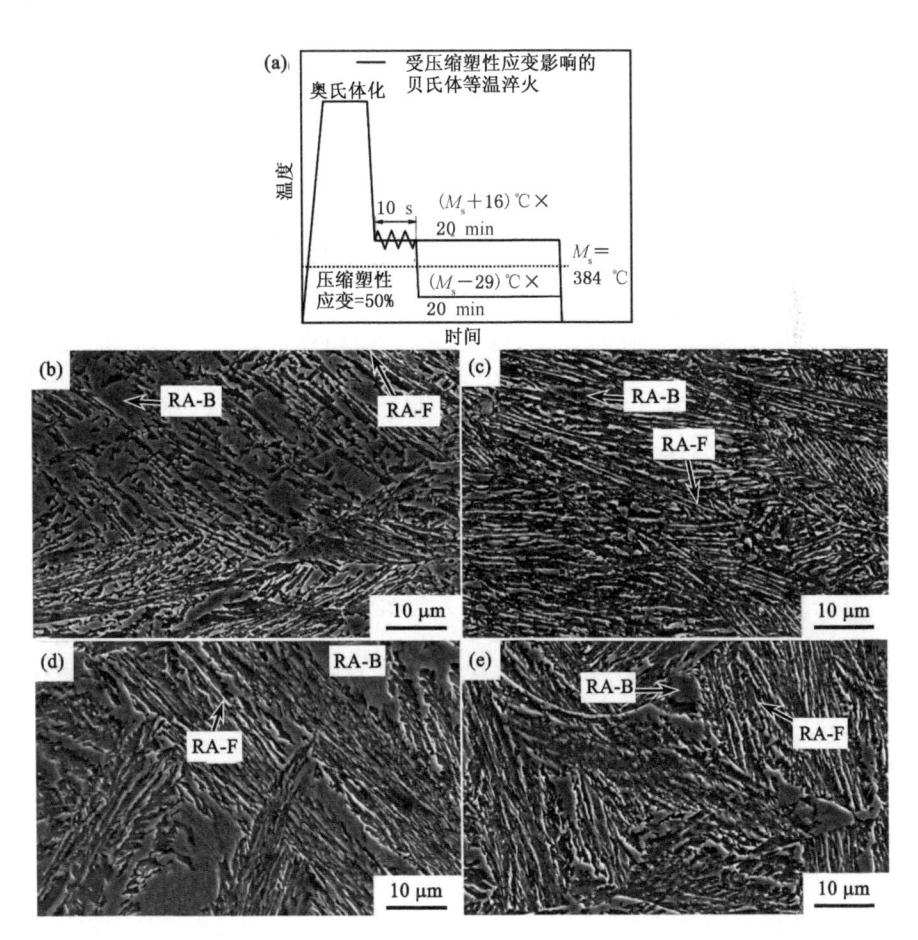

图 2-23 成分为 Fe-0.15C-1.41Si-1.88Mn-1.88Cr-0.36Ni-0.34Mo wt% 的低碳钢受塑性应变影响的贝氏体等温淬火热处理工艺曲线图(a),以及不同工艺下的贝氏体 SEM 组织图:受塑性应变影响的 (M_s+16) ℃贝氏体等温淬火(b);受塑性应变影响的 (M_s-29) ℃贝氏体等温淬火(c);(M_s+16) ℃贝氏体等温淬火(d);(M_s-29) ℃贝氏体等温淬火(e)

最后,需要指出的是,除上文提到的路径外,还有很多路径可以实现残余奥氏体形态的调控。比如三阶等温淬火工艺、受恒定弹性压应力影响的一阶等温淬火工艺和在贝氏体相变前过冷奥氏体在不同温度发生不同变形量塑性变形的等温淬火工艺等。

参考文献

[1] Zhao J L, Lv B, Zhang F C, et al. Effects of austempering temperature on bainitic microstructure and mechanical properties of a high-C high-Si steel[J]. Materials Science and Engineering A, 2019, 742:179-189.

[2] Guo L, Roelofs H, Lembke M I, et al. Modelling of size distribution of blocky retained austenite in Si-containing bainitic steels[J]. Materials Science and Technology, 2018, 34:54-62.

[3] Zhao X J, Yang Z N, Zhang F C, et al. Acceleration of bainitic transformation by introducing AlN in medium carbon steel[J]. Materials Science and Technology, 2018, 35:147-154.

[4] Bhadeshia H K D H, Edmonds D V. Bainite in silicon steels: new composition-property approach Part 1[J]. Metal Science Journal, 1983, 17:411-419.

[5] Stone H J, Peet M J, Bhadeshia H K D H, et al. Synchrotron X-ray studies of austenite and bainitic ferrite[J]. Proceedings Mathematical Physical and Engineering Sciences, 2008, 464(2092):1009-1027.

[6] Kang J, Zhang F C, Long X Y, et al. Low cycle fatigue behavior in a medium-carbon carbide-free bainitic steel[J]. Materials Science and Engineering A, 2016, 666:88-93.

[7] Wang Y H, Yang Z N, Zhang F C, et al. Microstructures and mechanical properties of surface and center of carburizing 23Cr2Ni2Si1Mo steel subjected to low-temperature austempering[J]. Materials Science and Engineering A, 2016, 670:166-177.

[8] Li Y G, Zhang F C, Chen C, et al. Effects of deformation on the microstructures and mechanical properties of carbide-free bainitic steel for railway crossing and its hydrogen embrittlement characteristics[J]. Materials Science and Engineering A, 2016, 651:945-950.

[9] Gong W, Tomota Y, Harjo S, et al. Effect of prior martensite on bainite transformation in nanobainite steel[J]. Acta Materialia, 2015, 85:243-249.

[10] Gong E, Tomota Y, Adachi Y, et al. Effects of ausforming temperature on bainite transformation, microstructure and variant selection in nanobainite steel[J]. Acta Materialia, 2013, 61:4142-4154.

[11] Lee Y K, Shin H C, Jang Y C, et al. Effect of isothermal transformation temperature on amount of retained austenite and its thermal stability in a bainitic Fe-3%Si-0.45%C-X steel[J]. Scripta Materialia, 2002, 47:805-809.

[12] 周骞. 低碳含量无碳化物贝氏体钢的强韧化及低周疲劳行为研究[D]. 秦皇岛:燕山大学, 2015.

[13] Zhou Q, Qian L H, Meng J Y, et al. Low-cycle fatigue behavior and microstructural evolution in a low-carbon carbide-free bainitic steel[J]. Materials and Design, 2015, 85:487-496.

[14] Zhou Q, Qian L H, Meng J Y, et al. Loading rate sensitivity of fracture absorption energy of bainitic-austenitic TRIP steel[J]. Materials Science Forum, 2015, 833:3-6.

[15] 龙晓燕. 中碳无碳化物贝氏体钢组织和性能研究[D]. 秦皇岛:燕山大学, 2018.

[16] Zhao J L, Zhang F C, Yang Z N. Study on carbide-free bainitic transformation in high carbon and ultra-high silicon steels[C]//2016 5th International Conference on Material Science and Engineering Technology (ICMSET 2016) and 2016 3rd International Conference on Mechatronics, Automation and Manufacturing (ICMAM 2016), Tokyo, Japan, October 29-31, 2016.

[17] 康杰. 铁路辙叉用合金钢组织与性能的研究[D]. 秦皇岛:燕山大学, 2016.

[18] Zhao L J, Qian L H, Meng J Y, et al. Below-Ms austempering to obtain refined bainitic structure and enhanced mechanical properties in low-C high-Si/Al steels[J]. Scripta Materialia, 2016, 112:96-100.

[19] 赵雷杰. 低碳超细贝氏体钢的制备、组织调控与力学性能的研究[D]. 秦皇岛:燕山大学, 2016.

[20] 楚春贺. 双阶等温对纳米贝氏体轴承钢相变速率、组织及性能的影响[D]. 秦皇岛:燕山大学, 2019.

[21] Chu C H, Qin Y M, Li X M, et al. Effect of low temperature two-step austempering processon transformation kinetics of nanostructured bainitic bearing steel[J]. Materials, 2019, 12:1-10.

[22] 龙晓燕. 中低碳钢中的低温贝氏体组织与性能研究[D]. 秦皇岛:燕山大学, 2013.

[23] Long X Y, Zhang F C, Kang J, et al. Low-temperature bainite in a low-carbon steel[J]. Materials Science and Engineering A, 2014, 594:344-351.

[24] Long X Y, Kang J, Lv B, et al. Carbide-free bainite in medium carbon steel[J]. Materials and Design, 2014, 64:237-245.

[25] Yang Z N, Chu C H, Jiang F, et al. Accelerating nano-bainite transformation based on a new constructed microstructural predicting model[J]. Materials Science and Engineering A, 2019, 748:16-20.

[26] Gao G H, Zhang H, Gui X L, et al. Enhanced strain hardening capacity in a lean alloy steel treated by a "disturbed" bainitic austempering process[J]. Acta Materialia, 2015, 101:31-39.

[27] Gui X L, Gao G H, Guo H R, et al. Effect of bainitic transformation during BQ & P process on the mechanical properties in an ultrahigh strength Mn-Si-Cr-C steel[J]. Materials Science and Engineering A, 2017, 684:598-605.

[28] Zhao L J, Qian L H, Liu S A, et al. Producing superfine low-carbon bainitic structure through a new combined thermo-mechanical process[J]. Journal of Alloy and Compounds, 2016, 685:300-303.

[29] 张淼. 中碳富 Si-Al 钢变形奥氏体的马氏体转变和纳米贝氏体制备[D]. 秦皇岛:燕山大学, 2013.

[30] Wang T S, Zhang M, Wang Y H, et al. Martensitic transformation behaviour of

deformed supercooled austenite[J]. Scripta Materialia, 2013, 68:162-165.

[31] Zhang M, Wang T S, Wang Y H, et al. Preparation of nanostructured bainite in medium-carbon alloysteel[J]. Materials Science and Engineering A, 2013, 568: 123-126.

[32] Zhang M, Wang T S, Wang Y H, et al. Austenite deformation behaviour and effect of ausforming process on martensite starting temperature and ausformed martensite microstructure in medium-carbon Si-Al-rich alloy steel[J]. Materials Science and Engineering A, 2013, 568:123-126.

[33] Wang X L, Wu K M, Hu F, et al. Multi-step isothermal bainitic transformation in medium-carbon steel[J]. Scripta Materialia, 2014, 74:56-59.

[34] Hase K, Garcia-Mateo C, Bhadeshia H K D H. Bainite formation influenced by large stress[J]. Materials Science and Technology, 2004, 20:1499-1505.

[35] Gong W, Tomota Y, Koo M S, et al. Effect of ausforming on nanobainite steel [J]. Scripta Materialia, 2010, 63:819-822.

第3章

贝氏体钢中残余奥氏体稳定性

贝氏体钢中残余奥氏体的碳含量低于准平衡机制预测的准平衡碳含量,处于亚稳态,涉及三类稳定性:化学稳定性、机械稳定性和热稳定性。本章将逐一介绍各类稳定性,并介绍合金元素、淬火工艺、回火工艺和外场等因素对稳定性的影响。

3.1 残余奥氏体稳定性概述

3.1.1 化学稳定性

化学稳定性指在不受外力的情况下,单纯由过冷度提供相变驱动力,比如在等温淬火和回火后向室温冷却的过程中,残余奥氏体向马氏体转变的抵抗力。由过冷度提供的相变驱动力称为化学驱动力(ΔG^{chem}),它与温度之间的关系如图 3-1 所示。化学驱动力为 0 的温度称为马氏体-过冷奥氏体两相热力学平衡温度 T_{0M}。马氏体相变需要很大的相变驱动力,当公式(3-1)所示的热力学条件被满足时,马氏体相变才能发生,所以残余奥氏体的 M_s' 相变点必定低于马氏体-残余奥氏体两相热力学平衡温度 T_{0M}。

$$\Delta G^{RA \to M} = \Delta G^{chem} < G_N^M + E_{str} \quad (3-1)$$

残余奥氏体的化学稳定性可由残余奥氏体的 M_s' 相变点表征,它可在等温淬火后冷却过程中的膨胀曲线上,通过切线法测得,如图 3-2 所示。

另外,残余奥氏体的 M_s' 相变点还可以利用检测到的残余奥氏体碳含量,通过计算马氏体相变开始温度的经验公式计算得到。因为残余奥氏体的碳含量一般很高,所以适用于计算高碳钢马氏体相变开始温度的经验公式才能被用来计算残余奥氏体的 M_s' 相变点,常用的经验公式如公式(3-2)和(3-3)所示。如第2

章所述,残余奥氏体的碳含量可通过普通 XRD、同步加速 XRD 和中子衍射技术检测得到。普通 XRD 技术的分辨率较低,通常只能利用它来检测块状残余奥氏体和薄膜状残余奥氏体整体的平均碳含量,最终只能得到两种残余奥氏体整体的平均 M_s' 相变点。而同步加速 XRD 和中子衍射技术的分辨率较高,可利用衍射峰的拟合结果分别计算出块状残余奥氏体和薄膜状残余奥氏体的平均碳含量,进而分别得到两种残余奥氏体的平均 M_s' 相变点。

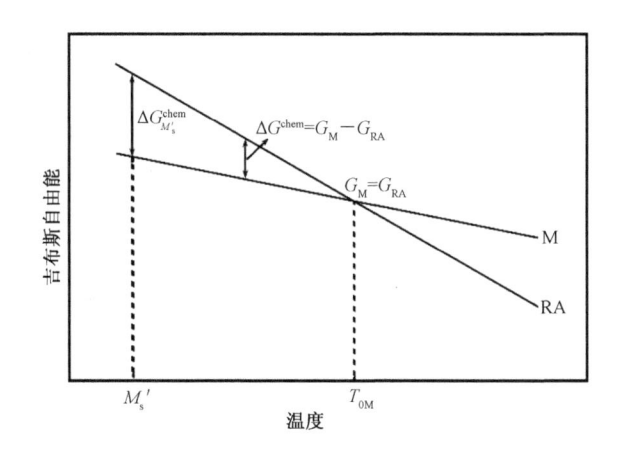

图 3-1 马氏体和残余奥氏体吉布斯自由能随温度的变化曲线

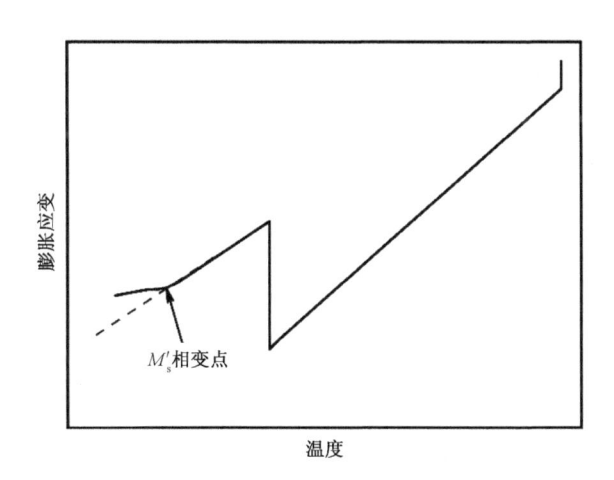

图 3-2 在等温淬火后冷却过程中的膨胀曲线上,利用切线法测定残余奥氏体的马氏体相变开始温度(M_s' 相变点)

$$M_s'(℃) = 550 - 240w_C - 45w_{Mn} - 35w_{Cr} - 26w_{Ni} - 25w_{Mo} -$$
$$30w_V - 7w_{Cu} - 0w_{Si} + 12w_{Co} + 13w_{Al} \tag{3-2}$$
$$M_s(℃) = 539 - 423w_C - 30.4w_{Mn} - 12.1w_{Cr} - 7.5w_{Si} \tag{3-3}$$

残余奥氏体化学稳定性较高,则在等温淬火后的冷却过程中生成的马氏体量较少,残余奥氏体化学稳定性较低则生成的马氏体量较多,所以残余奥氏体的化学稳定性还可以由冷却后生成马氏体的体积分数与冷却前未转变过冷奥氏体体积分数之间的比值,即残余奥氏体转变比例来表征。转变比例越低,则化学稳定性越高。研究表明,成分为 Fe-0.43C-3Mn-2Si wt% 的钢在 270 ℃和 363 ℃等温淬火不同时间可以得到不同碳含量的(即不同化学稳定性的)残余奥氏体,它们在淬火到室温后又能得到不同含量的马氏体。上述化学稳定性随残余奥氏体碳含量的变化如图 3-3 所示。这说明随着残余奥氏体碳含量的提高,残余奥氏体的化学稳定性明显提高。为了使其与普通碳素钢进行对比,令不同碳含量的普通碳素钢完全奥氏体化后淬火到室温得到不同含量的马氏体。最后,将残余奥氏体转变比例作为奥氏体碳含量的函数,一并绘制于图 3-3。可见在相同奥氏体碳含量条件下,贝氏体组织中残余奥氏体的化学稳定性明显高于普通碳素钢中奥氏体的化学稳定性。这是因为等温淬火过程中生成的贝氏体板条分割过冷奥氏体,使残余奥氏体尺寸显著低于普通碳素钢中的奥氏体尺寸,提高了残余奥氏体的化学稳定性。

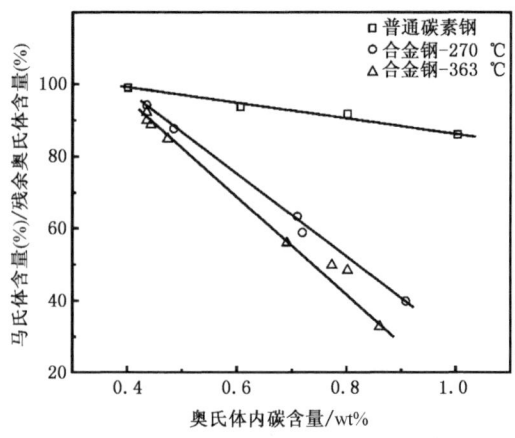

图 3-3 成分为 Fe-0.43C-3Mn-2Si wt% 钢的贝氏体组织中残余奥氏体和普通碳素钢中奥氏体转变比例随其中碳含量的变化

可见,残余奥氏体化学稳定性的直接影响因素主要为残余奥氏体的化学元素种类和含量,以及残余奥氏体的尺寸。这些都受等温工艺、回火工艺和外场等的影响。

3.1.2 机械稳定性

在高于 M_s' 相变点时,过冷度提供的化学驱动力本身不足以激发马氏体相变,但残余奥氏体如果承受外力,由弹性应力或塑性应变提供一部分额外驱动力,马氏体相变也可以发生。因此,残余奥氏体的机械稳定性是指,在 M_s' 相变点以上,残余奥氏体承受外力的情况下,比如在拉伸、冲击和摩擦磨损等过程中,由弹性应力或塑性应变提供额外机械驱动力,残余奥氏体向马氏体转变的抵抗力。

受外力作用下发生马氏体相变的热力学条件如公式(3-4)所示,公式中多出来的一项即为外力提供的额外驱动力,称为机械驱动力(ΔG^{mech}),它由公式(3-5)表示。公式(3-5)代表的物理意义为,外力分解于马氏体相变剪切位移方向上的分切应力促进相变;外力分解于惯习面法向上的正应力在拉应力状态时促进马氏体相变,在压应力状态时阻碍马氏体相变。这由马氏体相变的切变机制决定。不过对于钢来说,正应力对马氏体相变的影响较小,分切应力对马氏体相变的影响较大。机械驱动力随单轴拉伸弹性应力的变化如公式(3-6)所示。可见,机械驱动力与马氏体变体和外力的相对取向有关。当应力诱发马氏体相变得到的马氏体板条相对于拉伸方向处于最佳取向时,机械驱动力随单轴拉伸弹性应力的变化如公式(3-7)所示,即单位 MPa 单轴拉伸弹性应力为单位 mol 取向最优的残余奥氏体发生马氏体转变,带来的机械驱动力为 0.86 J/(MPa·mol)。最佳取向指:拉伸轴、惯习面法向和剪切方向在一个平面上,即 β 为 0°,且 $2\theta = -s/\delta$。而对于多晶材料的贝氏体钢,由于相变晶体学决定了马氏体板条的取向只能近似与最佳取向相匹配,因此在实际应用中不可能出现这种情况。实际上,每 1 MPa 单轴拉伸弹性应力为残余奥氏体中每 1 mol 马氏体晶粒带来的机械驱动力大约为 0.75 J/(MPa·mol),如公式(3-7)所示。弹性应力提供的机械驱动力若能激发残余奥氏体的马氏体相变,那么这类马氏体相变称为应力诱发马氏体相变。应力诱发马氏体相变的形核位置与由单纯过冷度引起的在 M_s' 相变点以下发生的马氏体相变形核位置相同。

$$\Delta G^{\mathrm{RA}\to\mathrm{M}} = \Delta G^{\mathrm{chem}} + \Delta G^{\mathrm{mech}} < G_N^M + E_{\mathrm{str}} \tag{3-4}$$

$$\Delta G^{\mathrm{mech}} = s\tau + \delta\sigma_n \tag{3-5}$$

式中 s 和 δ 分别为马氏体相变时的切应变和膨胀应变,τ 和 σ_n 分别为外力分解于马氏体相变剪切位移方向上的分切应力和惯习面法向上的正应力。

$$\Delta G^{\mathrm{mech}} = \frac{1}{2}s\sigma\sin2\theta\cos\beta + \frac{1}{2}\sigma\delta(1+\cos2\theta) \tag{3-6}$$

$$\begin{cases}\Delta G^{\mathrm{mech}} = -0.86\sigma & (\text{理想情况,最佳取向})\\ \Delta G^{\mathrm{mech}} = -0.75\sigma & (\text{实际情况,多晶材料})\end{cases} \tag{3-7}$$

式中 θ 为外力与惯习面法向之间的夹角,β 为外力在惯习面上的最大切应力方向与马氏体相变剪切位移方向之间的夹角,σ 为单轴拉伸弹性应力(MPa)。

若加上弹性应力提供的机械驱动力后,还不足以激发残余奥氏体的马氏体相变,那么当外力继续增大,使残余奥氏体发生塑性变形,导致位错滑移,这提供更大的机械驱动力,也可以激发马氏体相变,这类马氏体相变称为应变诱发马氏体相变。不过要清楚,位错滑移对马氏体相变的作用分为促进和阻碍两个方面。促进作用一方面是因为每三个密排面安插一个 Shockley 不全位错就形成了马氏体,这意味着位错可作为马氏体形核的潜在位置,从而促进马氏体相变。另一方面是因为塑性变形过程中,碳原子会偏聚到位错中心,形成柯氏气团,以减小弹性应变能。这使残余奥氏体局部的碳含量降低,促进了残余奥氏体局部的马氏体相变。应变诱发马氏体相变在滑移带或孪晶交割出来的新位置形核。抑制作用是因为马氏体相变为切变相变,涉及原子的协同运动;而且马氏体相变时,移动相界面上的位错必须移动穿过残余奥氏体中存在的障碍物。这使移动相界面在遇到非常大的缺陷时,比如残余奥氏体相界,马氏体相变停止;遇到较小的缺陷时间,如位错时,相变也会受到阻碍。残余奥氏体塑性应变较小时,这些位错缺陷比较少,往往可以被遗传到马氏体中。但当残余奥氏体塑性应变达到临界应变量 ε_c 时,位错缺陷过多,相界面不能移动,马氏体相变停止,该现象称为马氏体相变的机械稳定化。该临界应变可通过促使相界面运动的驱动力和由残余奥氏体塑性变形诱发的位错对相界面运动的阻力之间的平衡关系来计算,如公式(3-8)所示。该稳定残余奥氏体的临界应变是外力带来的塑性应变和马氏体相变自身塑性弛豫共同作用的结果。

$$b\Delta G^{\mathrm{chem}} = \frac{1}{8\pi(1-\vartheta)}Gb^{3/2}\left(\frac{\varepsilon_c}{L}\right)^{1/2} + \tau_s b \tag{3-8}$$

式中 L 是位错移动的平均距离,τ_s 是固溶强化贡献的阻力,被等效为切变应力。

可以利用残余奥氏体和马氏体吉布斯自由能差随温度的变化函数关系曲线来解释残余奥氏体的应力诱发马氏体相变和应变诱发马氏体相变,如图3-4所示。图中 M_s' 表示残余奥氏体的马氏体相变开始温度,在此温度下由化学驱动力提供的相变驱动力等于马氏体相变的临界驱动力(即 $\Delta G_{M_s'}^{\mathrm{RA}\to\mathrm{M}} = \Delta G_{M_s'}^{\mathrm{chem}} = G_{\mathrm{N}}^{\mathrm{M}} + E_{\mathrm{str}}$)。当温度高于 M_s' 相变点时,由化学驱动力提供的相变驱动力不足以提供马氏体相变的临界驱动力。比如温度 T_1 时,$\Delta G_{T_1}^{\mathrm{chem}} > G_{\mathrm{N}}^{\mathrm{M}} + E_{\mathrm{str}}$,残余奥氏体不能自发发生马氏体相变。这种情况下需要外加应力或应变来提供相应的机械驱动力($\Delta G_{T_1}^{\mathrm{mech}}$),使总的相变驱动力能够满足发生马氏体相变所需的临界驱动力(即 $\Delta G_{T_1}^{\mathrm{RA}\to\mathrm{M}} = \Delta G_{T_1}^{\mathrm{chem}} + \Delta G_{T_1}^{\mathrm{mech}} = \Delta G_{M_s'}^{\mathrm{RA}\to\mathrm{M}} = G_{\mathrm{N}}^{\mathrm{M}} + E_{\mathrm{str}}$)。从图3-4可以看出,温度增加会导致化学驱动力(ΔG^{chem})降低,即温度在 M_s' 和 $T_{0\mathrm{M}}$ 之间时,$\Delta G_{T_1}^{\mathrm{chem}} = G_{\mathrm{M}} - G_{\mathrm{RA}} < 0$;温度为 $T_{0\mathrm{M}}$ 时,$\Delta G_{T_{0\mathrm{M}}}^{\mathrm{chem}} = G_{\mathrm{M}} - G_{\mathrm{RA}} = 0$;温度在 $T_{0\mathrm{M}}$ 以上时,$\Delta G_{T_2}^{\mathrm{chem}} = G_{\mathrm{M}} - G_{\mathrm{RA}} > 0$。

在提高温度的情况下要维持马氏体相变则应增加机械驱动力。当温度高于 M_s^σ 相变点时,弹性应力已不能提供足够的机械驱动力,应力必须高于残余奥氏体的屈服强度马氏体相变才能发生,说明在这种情况下只有残余奥氏体发生塑性变形才能导致马氏体相变。当温度高于 M_d 相变点时,塑性应变也不能提供足够的机械驱动力使残余奥氏体发生马氏体相变,残余奥氏体只能发生塑性变形。因此,在 $M_s' < T < M_s^\sigma$ 温度区间内发生的马氏体相变为应力诱发马氏体相变,在 $M_s^\sigma < T < M_d$ 温度区间内发生的马氏体相变为应变诱发马氏体相变。温度高于 M_d 相变点后,马氏体相变不能发生。

有研究指出,残余奥氏体的机械稳定性可由残余奥氏体体积分数随应变量的减小速率来表征。残余奥氏体体积分数减小得越慢,表明残余奥氏体的机械稳定性越大。残余奥氏体含量随拉伸塑性应变的变化曲线与可由公式(3-9)所

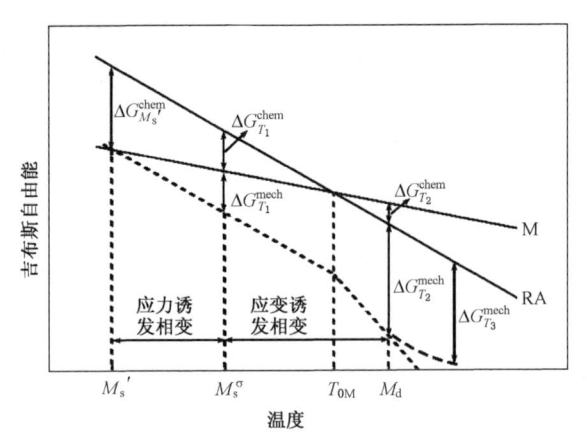

图3-4 化学驱动力和机械驱动力随温度的变化曲线。$\Delta G_{M_s'}^{chem}$ 为 M_s' 相变点时的化学驱动力；$\Delta G_{T_1}^{chem}$ 和 $\Delta G_{T_1}^{mech}$ 分别为温度 T_1 ($M_s' < T_1 = M_s^\sigma < T_{0M}$)时的化学驱动力和机械驱动力；$\Delta G_{T_2}^{chem}$ 和 $\Delta G_{T_2}^{mech}$ 分别为温度 T_2 ($T_2 = M_d > T_{0M}$)时的化学驱动力和机械驱动力；$\Delta G_{T_3}^{mech}$ 为温度 T_3 ($T_3 > M_d$)时的机械驱动力

示的数学模型来预测。该数学模型适用于 M_s 相变点以上。另一方面，若已知残余奥氏体体积分数随应变量的变化，也可以拟合得到公式(3-9)的简化形式,即公式(3-10)。k 值越小,说明残余奥氏体的机械稳定性越高。另外,残余奥氏体的机械稳定性也可由拉伸塑性应变为 2% 时残余奥氏体体积分数与初始状态时残余奥氏体体积分数之间的比值来定量表征。

$$\ln(V_{RA}^0) - \ln(V_{RA}) = k_1 \Delta G^{RA \to M} \varepsilon \tag{3-9}$$

$$\ln(V_{RA}^0) - \ln(V_{RA}) = k\varepsilon \tag{3-10}$$

式中 V_{RA}^0 为变形前的残余奥氏体体积分数，V_{RA} 为不同应变量时残余奥氏体的体积分数；ε 为真应变；k_1 为一个与合金元素无关的常数(0.004 46 mol/J)；ΔG 为马氏体相变吉布斯自由能差,可由 MTDATA 计算得到,代表了残余奥氏体化学成分和变形温度的影响；k 为表征残余奥氏体机械稳定性的常数。

残余奥氏体的机械稳定性主要与残余奥氏体的碳含量、形态、尺寸和相邻相力学性质等因素有关,这些都受合金元素、等温工艺、回火工艺和外场等的影响。另外残余奥氏体的机械稳定性还受应变速率等因素的影响。例如,由于薄膜状残余奥氏体周围贝氏体铁素体会对薄膜状残余奥氏体的马氏体剪切相变产生阻碍;薄膜状残余奥氏体细小的尺寸导致马氏体形核数量非常少;薄膜状残余奥氏体很高的碳含量,使过冷度带来的相变驱动力很小,很难在变形的协助下发生马氏体相变。而且薄膜状残余奥氏体很高的碳含量使其强度很高,不容易发生切变相变;薄膜状残余奥氏体只能生成小尺寸马氏体,单位体积的界面能更大,需要更大的马氏体相变驱动力。因此,与块状残余奥氏体相比,薄膜状残余奥氏体具有更高的机械稳定性,在变形过程中不容易发生应变诱发马氏体相变。

3.1.3 热稳定性

残余奥氏体的热稳定性指其在回火过程中分解和转变为更加热力学稳定相的抵抗力,热力学稳定相有碳化物、铁素体等。残余奥氏体的碳含量越高,其热稳定性越低。因而,薄膜状残余奥氏体的热稳定性要低于块状残余奥氏体。残余奥氏体的热稳定性可由残余奥氏体在回火过程中的分解和转变量来表征。残余奥氏体在回火过程中分解和转变量较少,则说明残余奥氏体的热稳定性较高。

通过同步加速 XRD 和原位中子衍射技术可实时监测回火过程中的残余奥氏体的分解和转变量。贝氏体钢在较低的温度保温时,残余奥氏体的分解和转变量十分微小,这些微小的变化可利用膨胀仪测得的膨胀曲线表示,如图 3-5 所示。另外,也可通过普通 XRD 技术检测回火一段时间后室温组织中残余奥氏体的体积分数,来判断残余奥氏体在回火过程中的热稳定性。由普通 XRD 技术测得的 0.24C 的低碳钢经不同温度回火后的残余奥氏体体积分数如图 3-6 所示。可见随回火温度的升高,残余奥氏体的分解和转变量增加,说明残余奥氏体的热稳定性降低。当然,如果冷却过程中残余奥氏体会转变为马氏体,则这种直接判断也会产生一定的偏差。残余奥氏体的热稳定性与残余奥氏体的碳含量、尺寸和位错密度等因素有关,这些均受合金元素、等温工艺、回火工艺和外场等的影响。

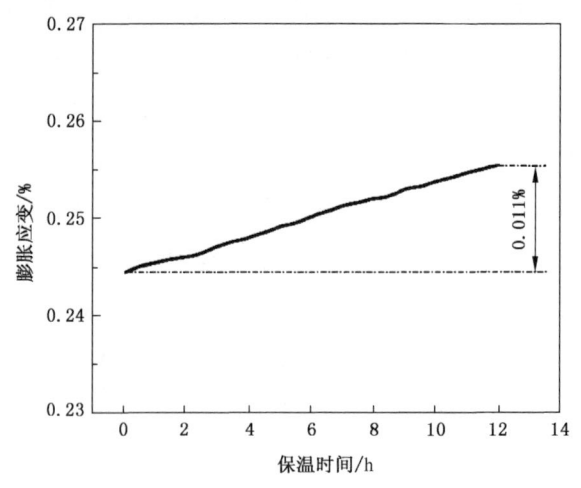

图3-5 高碳纳米贝氏体钢在200 ℃长时间回火过程中的膨胀曲线

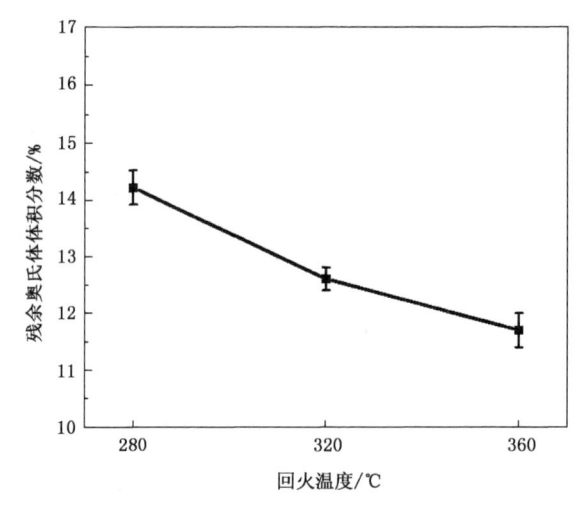

图3-6 成分为Fe-0.24C-1.90Mn-1.82Si-1.35Cr-0.39Mo-0.54Ni wt%低碳钢中残余奥氏体体积分数随回火温度的变化曲线

3.2 合金元素对残余奥氏体稳定性的影响

贝氏体钢常用的合金元素有C、Si、Mn、Cr、Ni、Co、Al、Mo等。Fe原子和置换溶质原子从面心立方结构过冷奥氏体到体心结构贝氏体铁素体的平移或军队式变换得到了贝氏体铁素体,即在贝氏体相变期间,没有置换溶质原子的长程扩散,它们在贝氏体相变过程中不配分,其含量在组织中的每一个部位都保持恒定,如图3-7a中局部碳过饱和机制预测的置换溶质原子浓度分布曲线所示。此外为了对比,图3-7a还给出了准平衡机制预测的置换溶质原子浓度分布曲线,显然它不适用于贝氏体相变。与置换溶质原子不同,碳原子作为间隙溶质原子,在贝氏体相变过程中能够以大于置换溶质原子和Fe原子多个数量级的速率去扩散,其扩散系数可由公式(3-11)计算得到,计算结果如图3-8所示。

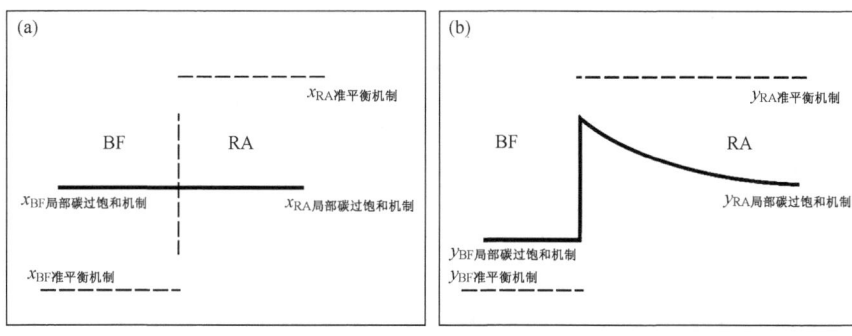

图3-7 局部碳过饱和机制和准平衡机制预测的置换溶质原子(a)和间隙溶质原子(b)浓度分布曲线。x_{BF}和x_{RA}分别表示在相应机制下置换溶质原子在贝氏体铁素体和残余奥氏体中的浓度,y_{BF}和y_{RA}分别表示在相应机制下间隙溶质原子在贝氏体铁素体和残余奥氏体中的浓度

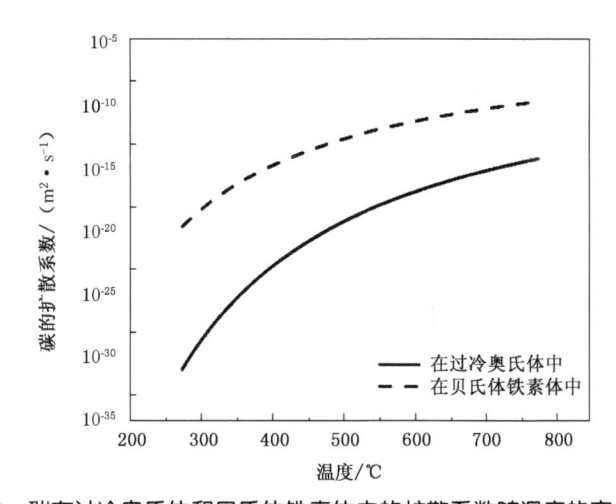

图3-8 碳在过冷奥氏体和贝氏体铁素体中的扩散系数随温度的变化曲线

$$D = D_0 \exp\left(-\frac{Q}{RT}\right) \qquad (3-11)$$

式中 D 是碳原子的扩散系数，D_0 是碳的频率因子（$D_0^{RA} = 0.10 \times 10^{-4}$ m²·s⁻¹，$D_0^{BF} = 0.62 \times 10^{-6}$ m²·s⁻¹），Q 是碳的扩散激活能（$Q_{RA} = 135.7$ kJ·mol⁻¹，$Q_{BF} = 80.4$ kJ·mol⁻¹），R 是气体常数（8.314 J·(mol·K)⁻¹），T 是等温淬火温度，单位为 K。

可见，碳原子在贝氏体铁素体中的扩散系数显著大于在过冷奥氏体中的扩散系数。碳过饱和的贝氏体铁素体形成后，碳原子可立刻由贝氏体铁素体扩散至过冷奥氏体（相当于自回火），因此贝氏体铁素体一侧的碳浓度分布曲线是一条水平直线。但碳原子在过冷奥氏体中的扩散缓慢，因此过冷奥氏体一侧的碳浓度分布曲线是一条从相界面到残余奥氏体心部逐渐下降的曲线，如图 3-7b 中局部碳过饱和机制预测的间隙溶质原子浓度分布曲线所示。从图 3-7b 还可以看出，虽然碳原子在贝氏体相变过程中进行了配分，但贝氏体铁素体中的碳含量高于准平衡机制预测的准平衡碳含量，贝氏体铁素体中的碳处于过饱和状态。残余奥氏体的碳含量低于准平衡机制预测的准平衡碳含量，贝氏体相变过程中残余奥氏体达到的碳含量可由 T_0 曲线估算。下面将详细分析各个主要合金元素对残余奥氏体稳定性的影响。

3.2.1 碳的影响

表征残余奥氏体化学稳定性的 M_s' 相变点主要与马氏体-残余奥氏体两相热力学平衡温度 T_{0M} 和残余奥氏体的屈服强度有关。凡能降低残余奥氏体化学吉布斯自由能或升高马氏体化学吉布斯自由能的元素均使 T_{0M} 降低。碳元素显著降低奥氏体的吉布斯自由能，从而大幅度减小 T_{0M}，如图 3-9 所示。碳对残余奥氏体具有强烈的固溶强化作用，提高残余奥氏体的屈服强度，进而增大马氏体相变的切变阻力，降低 M_s' 相变点。所以相对于其他合金元素，碳是降低残余奥氏体 M_s' 相变点最显著的元素。这在计算 M_s' 相变点常用的几个经验公式中的碳元素系数远大于其他元素系数可以体现出来，见公式（3-2）和（3-3）。因此，相同贝氏体相变温度下，较低碳贝氏体钢中块状残余奥氏体的碳含量低于较高碳贝氏体钢中块状残余奥氏体的碳含量，前者的 M_s' 相变点高于后者，前者在贝氏体相变后向室温冷却的过程中更容易发生马氏体相变，形成"马奥岛"。

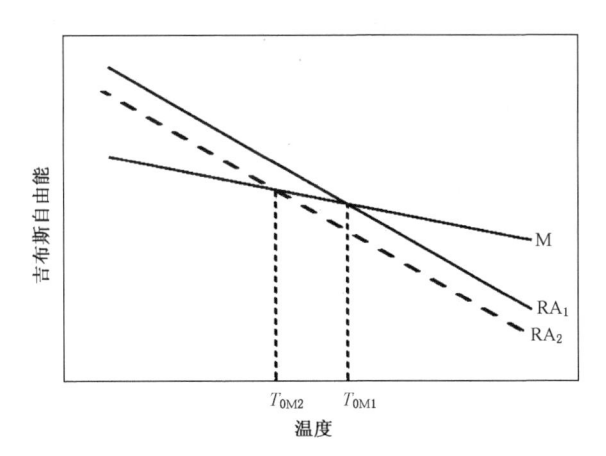

图 3-9 碳元素对马氏体-残余奥氏体两相热力学平衡温度 T_{0M} 的影响，RA_1 和 RA_2 分别为较低碳含量和较高碳含量的残余奥氏体，T_{0M1} 和 T_{0M2} 分别为 RA_1 和 RA_2 对应的马氏体-过冷奥氏体两相热力学平衡温度

另外，碳元素对表征残余奥氏体机械稳定性的 M_d 相变点也有很大影响。图 3-10 给出了典型化学成分纳米贝氏体钢中，奥氏体中碳含量对 M_s' 和 M_d 相变点的影响。图中的 M_s' 相变点通过收集大量试验数据得到。当变形温度为 M_d 时，公式(3-9)中的 ΔG^{chem} 为 0 时，不管塑性应变有多大，残余奥氏体都不能发生应变诱发马氏体相变。应用这个原理可以计算得到 M_d 相变点。

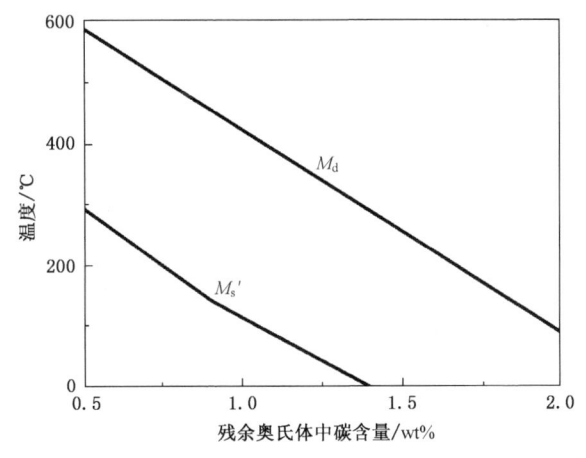

图 3-10 典型成分纳米贝氏体钢中，M_s' 和 M_d 相变点与残余奥氏体碳含量之间的关系

在贝氏体相变过程中，贝氏体铁素体形成后会向过冷奥氏体中排碳。这使

残余奥氏体的 M_s' 相变点减小,化学稳定性增加。但当过冷奥氏体和相同化学成分的贝氏体铁素体具有相同吉布斯自由能时,贝氏体相变被热力学抑制。此时过冷奥氏体的碳含量为 T_0 曲线估算的碳含量,没能达到准平衡机制预测的 A_{e3} 曲线估算的碳含量,如图 3-11 所示。T_0 曲线代表贝氏体相变停滞时残余奥氏体的碳含量。T_0 曲线越靠右,表示贝氏体相变停滞时,残余奥氏体的碳含量越高,化学稳定性越高。

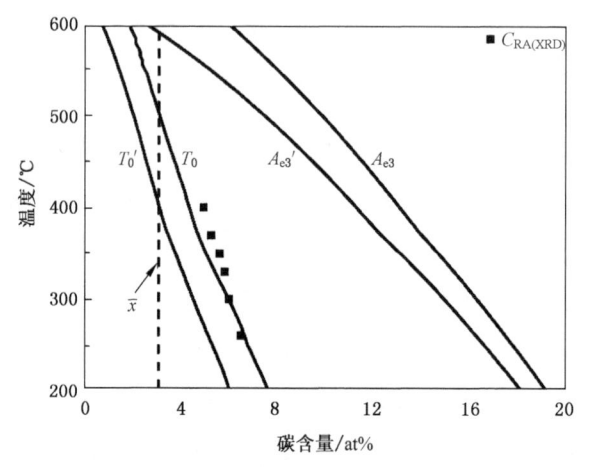

图 3-11 成分为 Fe-0.70C-0.63Mn-0.59Cr-2.59Si wt% 的高碳钢在不同温度等温淬火后残余奥氏体的碳含量,及其 T_0、T_0'、A_{e3} 和 A_{e3}' 相变热力学曲线[1],$C_{RA(XRD)}$ 为利用 XRD 测得的残余奥氏体在贝氏体相变停滞时的碳含量,$\bar{x}$ 为贝氏体钢的名义碳含量

碳对 Fe-xC-2.5Si-0.63Mn-0.59Cr wt% 系列钢相变热力学曲线的影响,如图 3-12 所示。可见不同名义碳含量贝氏体钢的 T_0 曲线完全重合。这说明贝氏体钢在某一特定温度进行贝氏体相变时,T_0 曲线估算的残余奥氏体中的碳含量不受贝氏体钢名义碳含量的影响。而贝氏体钢的名义碳含量不同,由公式(2-9)可知,贝氏体钢的名义碳含量越高,贝氏体相变停滞时得到的贝氏体铁素体含量越

---

[1] T_0 曲线为所有 T_0 数据点组成的曲线,纵坐标为等温温度,横坐标为奥氏体碳含量。T_0' 曲线在 T_0 曲线的基础上考虑了 400 J·mol^{-1} 存储能。A_{e3} 曲线为所有 A_{e3} 数据点组成的曲线,纵坐标为等温温度,横坐标为奥氏体碳含量。A_{e3}' 曲线在 A_{e3} 曲线的基础上考虑了 50 J·mol^{-1} 存储能。以上 4 条相变热力学曲线均由 MUCG83 热力学模型计算得到。

低,残余奥氏体含量越高。有研究表明,0.70C 的高碳钢在 400 ℃等温得到的无碳化物贝氏体中的残余奥氏体体积分数为~35%,而 0.34C 的中碳钢在 400 ℃等温得到的无碳化物贝氏体中残余奥氏体体积分数仅为~10%。

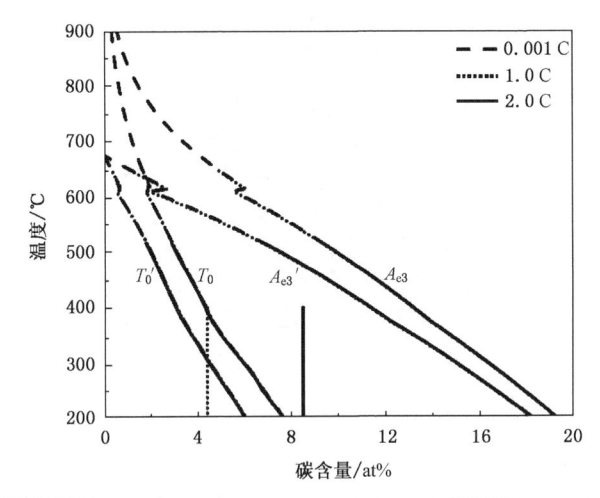

图 3-12 碳含量对 Fe-xC-2.5Si-0.63Mn-0.59Cr wt%系列钢 T_0、T_0'、A_{e3} 和 A_{e3}' 相变热力学曲线的影响,竖直线表示贝氏体钢的名义碳含量

与薄膜状残余奥氏体相比,块状残余奥氏体的平均碳含量一般较低,这使块状残余奥氏体的化学稳定性和机械稳定性均低于薄膜状残余奥氏体。在等温淬火结束后的冷却过程中即使有马氏体相变,大多也发生在块状残余奥氏体中,形成马奥岛。薄膜状残余奥氏体一般能在室温下稳定存在。在变形过程中,碳含量较低的块状残余奥氏体优先发生应变诱发马氏体相变,碳含量较高的薄膜状残余奥氏体后发生应变诱发马氏体相变。

块状残余奥氏体的碳分布不均匀。发生变形时,受局部碳含量的影响,块状残余奥氏体内碳含量较低的部位优先发生马氏体相变。只有变形量进一步增加后,碳含量较高的部位才会发生应变诱发马氏体相变。所以,碳含量分布不均匀的块状残余奥氏体内部并不是一次性转变为一整块马氏体,而是分步转变为多块马氏体,如图 3-13 所示。

虽然薄膜状残余奥氏体的化学稳定性和机械稳定性高于块状残余奥氏体,但前者的热稳定性低于后者。这是因为前者的碳含量高于后者的碳含量,前者析出碳化物的驱动力更大,薄膜状残余奥氏体比块状残余奥氏体更易析出碳化物。这在本章的 3.4.2 中将作详细介绍。

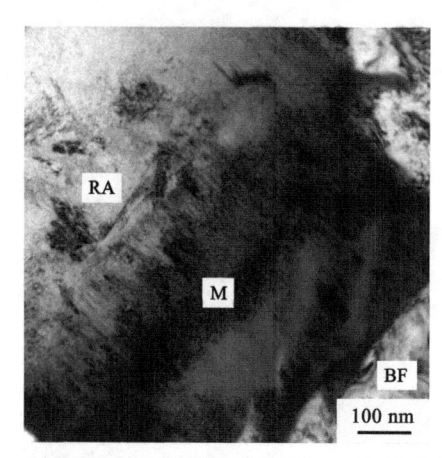

图 3-13 0.70C 高碳钢在拉伸变形真应变为 0.1 时,碳分布不均匀的块状残余奥氏体中的局部应变诱发马氏体相变 TEM 明场像

3.2.2 硅的影响

贝氏体钢中残余奥氏体析出的最常见碳化物是渗碳体。300 ℃和 500 ℃时,平衡机制(Si 等置换溶质原子扩散)和准平衡机制(Si 等置换溶质原子不扩散)条件下计算得到的 Fe-C-Si 钢三元相图中的富 Fe 一角如图 3-14 所示。可见,准平衡机制条件下的奥氏体相区明显大于平衡机制条件下的奥氏体相区。这说明 Si 能显著降低渗碳体的相变驱动力,使钢从平衡机制下的(RA + Cem)双相区转变为准平衡机制下的 RA 单相区,推迟渗碳体从过冷奥氏体中的析出。Si 在渗碳体晶格中的固溶度极低(几乎为零),而有研究中 APT 数据显示残余奥氏体中渗碳体的 Si 含量与残余奥氏体的 Si 含量相等,这是残余奥氏体中渗碳体以准平衡机制长大,而不是平衡机制的重要证据。渗碳体在长大过程中被迫继承过冷奥氏体中的 Si 的原因是,Si 属于置换溶质原子,贝氏体相变温度较低(例如 300 ℃ 和 500 ℃),它在如此低的贝氏体相变温度下,而且在贝氏体相变有限的时间范围内不能长程扩散。高含量的 Si 使过冷奥氏体中渗碳体的析出显著落后于贝氏体相变。在相变停滞之后如果继续等温,渗碳体会以准平衡的切变机制长大,刚形成时完全继承过冷奥氏体中的 Si。若想让 Si 元素从渗碳体中配分出去,必须通过非常长的等温时间或回火工艺才能实现。上述这些现象都已在试验中被观察到。Si 除了能够从动力学从抑制渗碳体在等温淬火过程从富碳过冷奥氏体中

的析出,也能动力学抑制渗碳体在回火过程中从富碳残余奥氏体中的析出。这说明 Si 能推迟残余奥氏体在回火过程中向渗碳体和铁素体的分解,提高残余奥氏体的热稳定性。

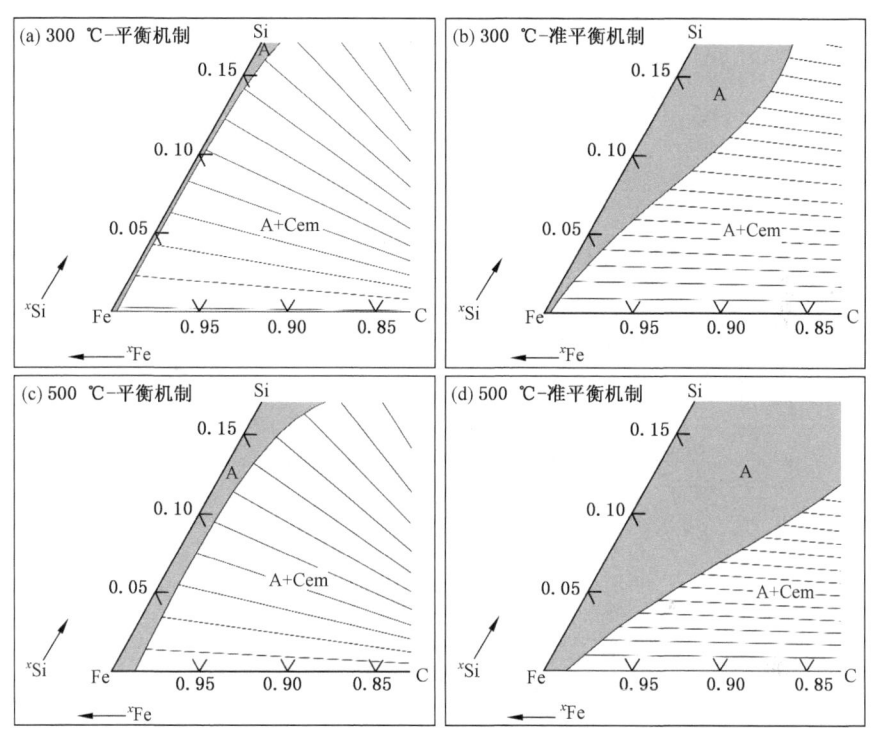

图 3-14　300 ℃(a,b)和 500 ℃(c,d)时,平衡机制(a,c)和准平衡机制(b,d)条件下计算得到的 Fe-C-Si 钢三元相图中的富 Fe 一角

碳在过冷奥氏体中的活度很高,说明过冷奥氏体析出渗碳体的驱动力不是很大。因此,该驱动力很容易被钢中高的 Si 含量降低至不能析出渗碳体,导致过冷奥氏体中渗碳体的析出显著落后于贝氏体相变,即 Si 可以动力学抑制(即推迟)过冷奥氏体中渗碳体的析出。

过冷奥氏体析出渗碳体的热力学条件可以借助铁碳相图来说明,如图 3-15 所示。当过冷奥氏体中的碳含量超过相图中 A/(A+Cem)相界所表示的固溶上限(即进入相图中的阴影区域)时,渗碳体才有可能从过冷奥氏体中析出。从图 3-15 可以看出,T_0' 曲线与 A/(A+Cem)相界的交点温度为 T_c。当贝氏体钢在 T_c 温度以上等温时,不满足渗碳体从过冷奥氏体中析出的热力学条件。

只有当贝氏体钢在 T_c 温度以下等温时,渗碳体从过冷奥氏体中析出的热力学条件才得以满足。Si 对 Fe-0.7C-xSi-0.63Mn-0.59Cr wt% 系列钢相变热力学曲线的影响如图 3-16 所示。可见不同 Si 含量贝氏体钢的 T_0' 曲线几乎重合,说明 Si 对 T_0' 曲线基本没有影响。从这个结果也可以看出,Si 虽然对过冷奥氏体中渗碳体的析出有强烈的动力学抑制作用,但不会热力学抑制渗碳体从过冷奥氏体中的析出。

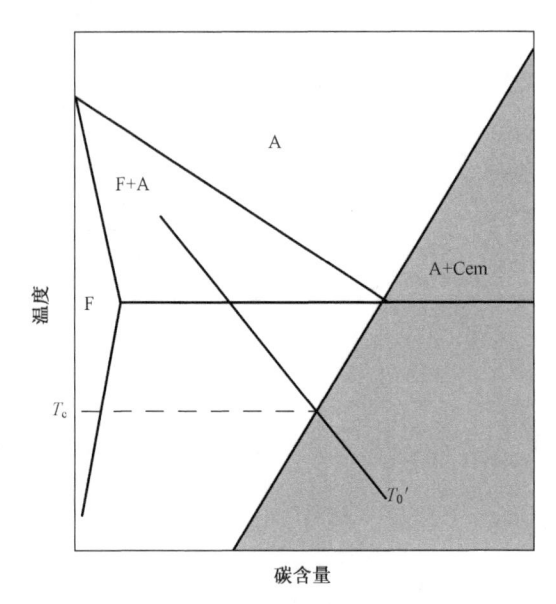

图 3-15 渗碳体从奥氏体中析出必须满足的热力学条件。
T_c 为 T_0' 曲线与 A/(A+Cem) 相界的交点温度

3.2.3 锰、铬和镍的影响

从 M_s' 相变点的计算公式(见公式(3-2)和(3-3))可以看出,Mn、Cr、Ni 元素是继 C 元素之后对 M_s' 相变点影响最大的合金元素,可显著增加残余奥氏体的化学稳定性。Mn 和 Ni 是非常强的奥氏体形成元素,可降低 T_{0M} 温度,进一步增加残余奥氏体的化学稳定性。但 Mn、Cr 和 Ni 元素会降低贝氏体形核驱动力,如图 3-17a、c 和 e 所示。因此,T_0 曲线向低碳含量方向平移,如图 3-17b、d 和 f 所示。从该角度分析,Mn、Cr 和 Ni 元素不利于贝氏体相变后稳定残余奥氏体的生成。

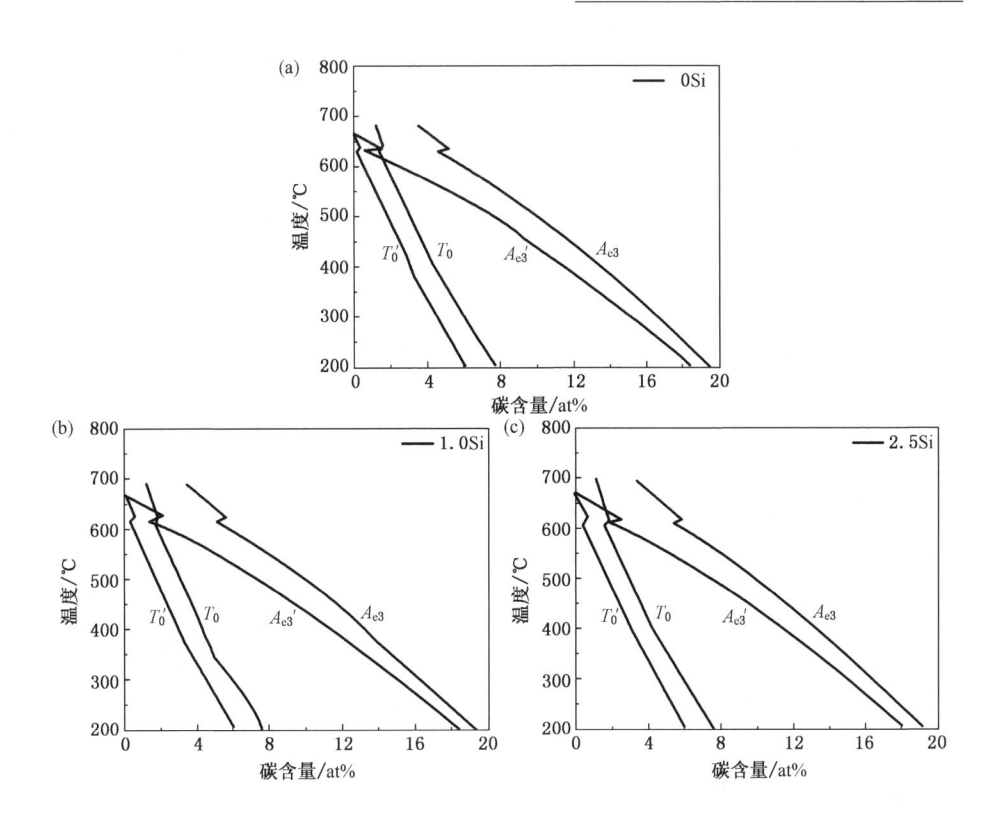

图 3-16 Si 对 0.7C-xSi-0.63Mn-0.59Cr wt% 系列钢 T_0、T_0'、A_{e3} 和 A_{e3}' 相变热力学曲线的影响

3.2.4 钴和铝的影响

大量研究表明,绝大多数合金元素都降低残余奥氏体的 M_s' 相变点,而 Co、Al 非常特殊,可以提高残余奥氏体的 M_s' 相变点(见公式(3-2))。这是因为 Co、Al 元素虽然可以提高残余奥氏体的屈服强度,但它们的固溶强化作用较弱,提高马氏体-残余奥氏体两相热力学平衡温度的作用更大,所以最终 Co、Al 元素使残余奥氏体的 M_s' 相变点升高。从这个角度分析,Co 和 Al 元素可降低残余奥氏体的化学稳定性。

此外,Co、Al 元素都能增加贝氏体形核驱动力,如图 3-18a 和 c 所示。在给定的等温淬火温度下,贝氏体形核驱动力增加可以使 T_0 曲线向高碳含量方向平移,如图 3-17b 和 d 所示,从而增加残余奥氏体的化学稳定性和机械稳定性。

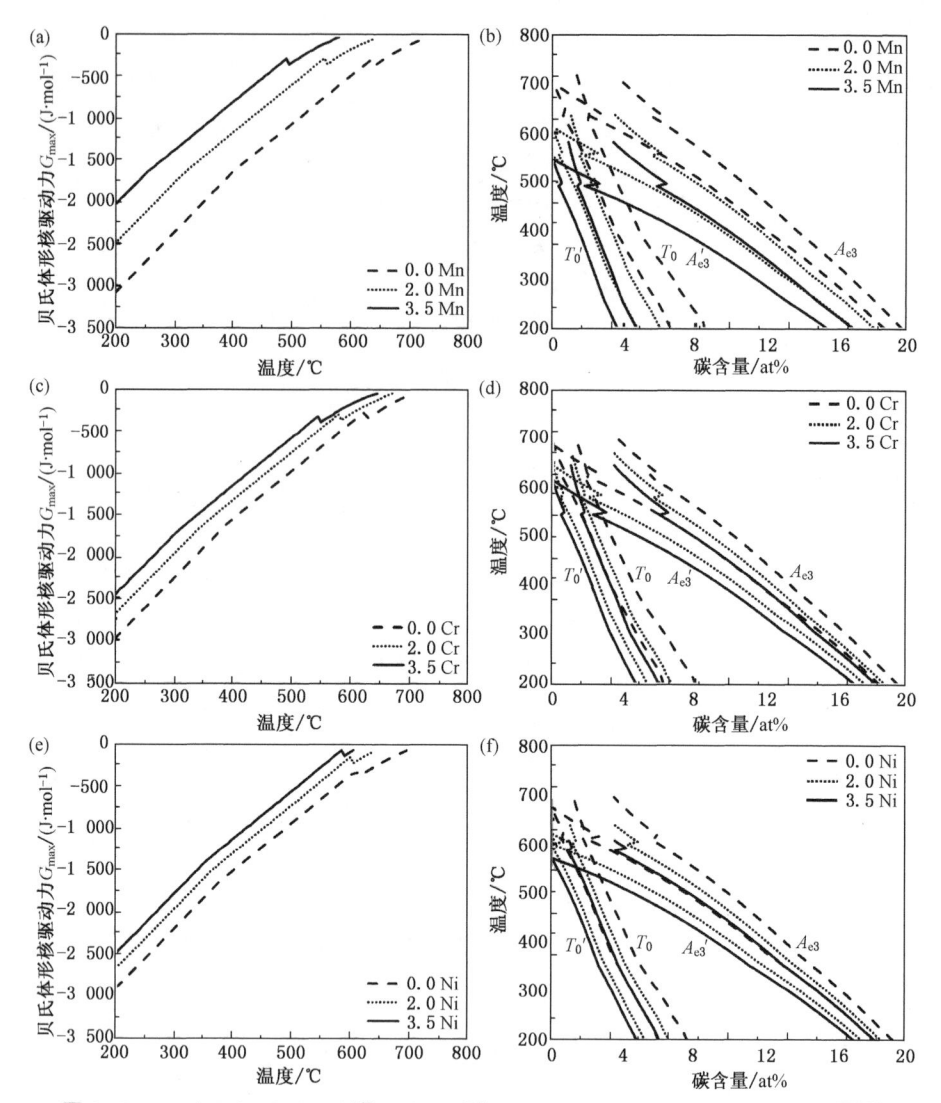

图 3-17 Mn(a,b)、Cr(c,d)和 Ni(e,f)对 Fe-0.7C-2.5Si-xMn-xCr-xNi wt% 系列钢贝氏体形核驱动力(a,c,e)和 T_0、T_0'、A_{e3} 和 A_{e3}' 相变热力学曲线(b,d,f)的影响

研究表明，Fe-0.28Si-2Mn-2Cr-2Ni-Mo-xAl wt% 系列钢随着铝含量从 0% 提高到 1.2%，残余奥氏体的碳含量显著提高，如图 3-19 所示。铝含量较低的贝氏体钢中含有较多机械稳定性差的残余奥氏体，在小应变条件下就能有很多残余奥氏体发生马氏体相变。而铝含量较高的贝氏体钢中含有较多机械稳定性高的残余奥氏体，在较大应变条件下才能有较多残余奥氏体发生马氏体相变，如图 3-20 所示。

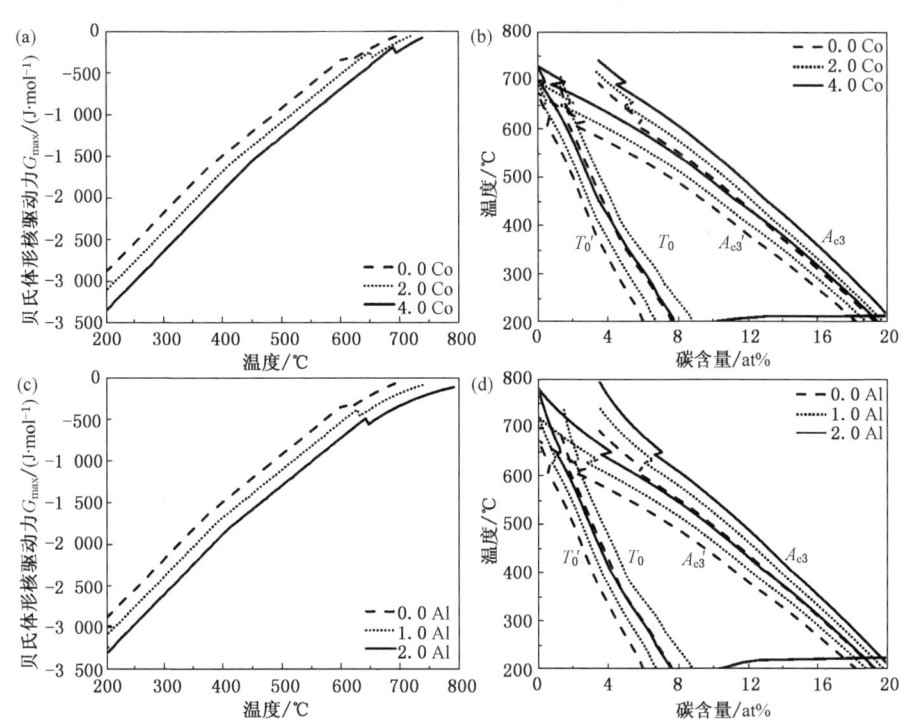

图3-18 Co 和 Al 对 Fe-0.7C-2.5Si-0.63Mn-0.59Cr-xCo-xAl wt%系列钢贝氏体形核驱动力(a,c)T_0、T_0'、A_{e3}和A_{e3}'相变热力学曲线(b,d)的影响

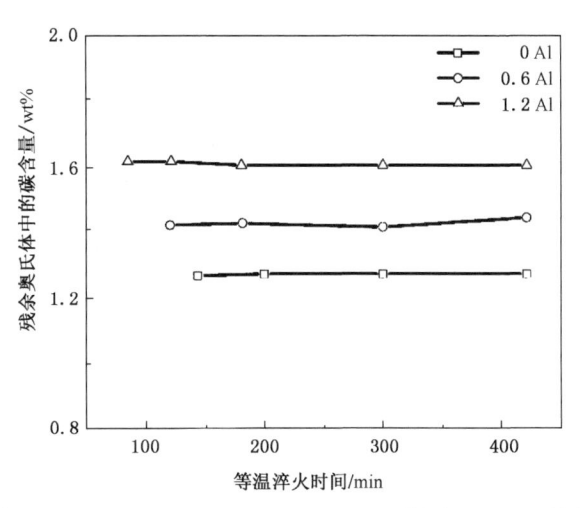

图3-19 Al 对 Fe-0.28Si-2Mn-2Cr-2Ni-Mo-xAl wt%系列钢在320℃等温淬火过程中残余奥氏体碳含量的影响

Al 和 Si 类似，也是非碳化物形成元素，也能动力学抑制贝氏体相变过程中过冷奥氏体析出渗碳体。因此贝氏体铁素体形成后排出的碳原子不会以渗碳体的形式析出，只能固溶于残余奥氏体，提高残余奥氏体的碳含量，提高其化学稳定性和机械稳定性。部分学者在贝氏体钢中加入 Al，以取代 Si，来动力学抑制渗碳体在贝氏体等温过程中的析出。

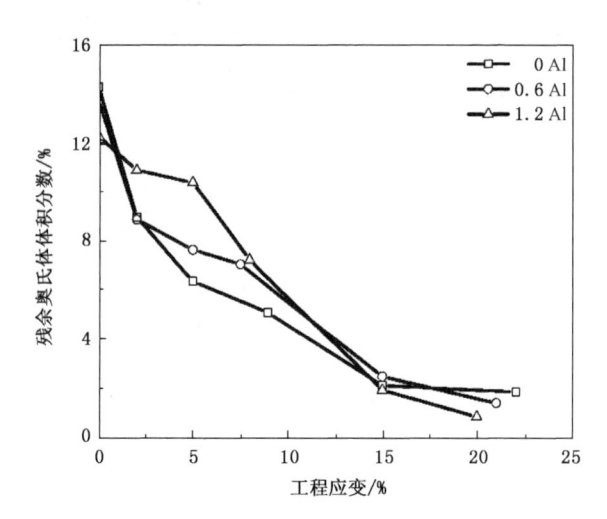

图 3-20　Al 对 Fe-0.28Si-2Mn-2Cr-2Ni-Mo-xAl wt% 系列钢在拉伸变形过程中残余奥氏体体积分数变化的影响

3.2.5　钼的影响

从 M_s' 相变点的计算公式（见公式(3-2)）可以看出，Mo 可以降低 M_s' 相变点，进而增加残余奥氏体的化学稳定性。但 Mo 略微减小贝氏体形核驱动力，如图 3-21a 所示。这会使 T_0 曲线向低碳含量方向平移，如图 3-21b 所示。这使相变过程中未转变奥氏体中的碳含量降低，不利于贝氏体相变后稳定残余奥氏体的生成。不过由于 T_0 曲线的平移量不大，Mo 在这方面的影响很小。

此外，Mo 元素显著推迟珠光体相变。成分为 Fe-(0.2~0.3)C-1.5Si-(1.5~2.0)Mn-1.5Cr-0.25Mo wt% 的含 Mo 钢在空冷工艺下也可以得到纳米贝氏体组织，代替了等温淬火工艺。这种空冷贝氏体的热处理工艺更容易在工业生产中实现。采用空冷工艺后，12 mm 厚的热轧板得到以 100~200 nm 厚度贝氏体板条为主、马氏体和残余奥氏体为辅的微观组织，其抗拉强度达到 1 800 MPa，延伸率达到18%。

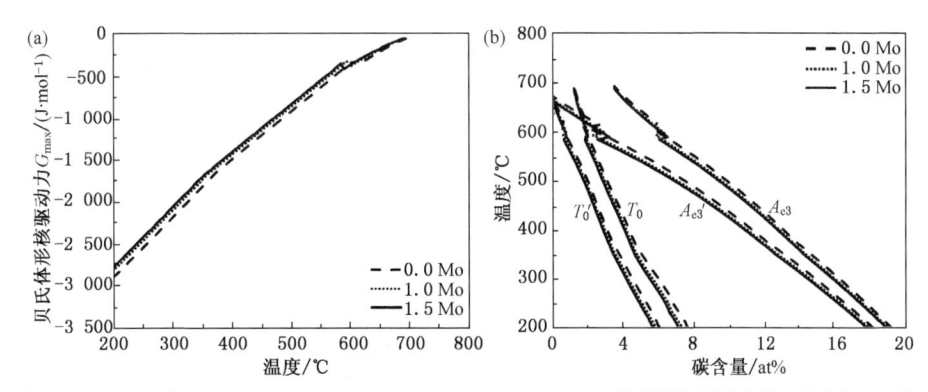

图3-21 Mo对Fe-0.7C-2.5Si-0.63Mn-0.59Cr-xMo wt%系列钢贝氏体形核驱动力(a)和T_0、T_0'、A_{e3}、A_{e3}'相变热力学曲线(b)的影响

3.3 淬火工艺对残余奥氏体稳定性的影响

贝氏体相变是钢经奥氏体化后冷却到中温区域等温发生的一种相变。虽然一些含Mo、B元素的钢能通过空冷工艺得到贝氏体组织,但淬火工艺最常用。最具代表性的淬火工艺为一阶等温淬火工艺,所以下面就等温淬火温度和时间对贝氏体钢中残余奥氏体稳定性的影响进行介绍。

3.3.1 等温淬火温度的影响

根据曲线,随着等温淬火温度的升高,贝氏体相变停滞时过冷奥氏体的碳含量下降,这使其M_s'相变点增加,化学稳定性减小。过冷奥氏体的M_s'相变点高于室温时,过冷奥氏体在等温淬火后冷却至室温的过程中会发生马氏体相变,形成马奥岛,如图3-22中的黑色箭头所示。

有研究指出,等温淬火温度升高使块状残余奥氏体尺寸增大且占比增加,所以高温等温淬火得到的残余奥氏体机械稳定性较低。也有研究指出,低温等温淬火得到的高强度贝氏体铁素体有助于残余奥氏体相在变形过程中获得发生马氏体转变所需的临界分切应力,从而加快其向马氏体转变的速度。所以,随等温淬火温度升高,残余奥氏体的机械稳定性如何变化,还需要进行测定。比如成分为Fe-0.28C-0.82Si-2.14Mn-1.62Cr-0.33Ni-0.22Mo-1.21Al wt%的低碳钢经不同温度等温淬火处理后,其残余奥氏体体积分数随工程应变的变化曲线如图3-23所示。可见300 ℃和320 ℃等温淬火后残余奥氏体的转变速率相似,而350 ℃等温淬火后残余奥氏体的初始转变速率明显提高。这说明300 ℃和320 ℃低温等温淬火得到的残余奥氏体的机械稳定性基本相同,比350 ℃高温等温淬火得到残余奥氏体的机械稳定性高。

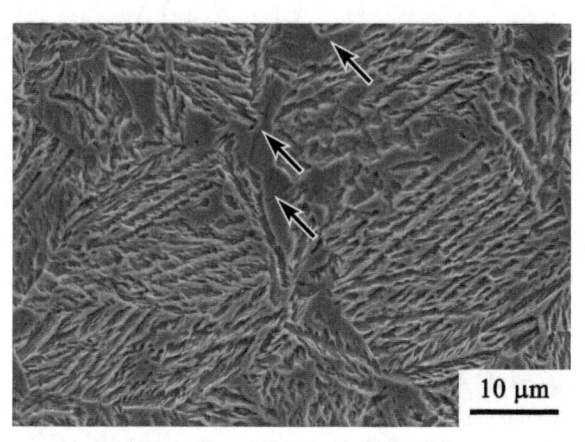

图3-22 0.70C高碳钢经420 ℃高温等温淬火得到的块状过冷奥氏体在空冷过程中生成马奥岛,黑色箭头指向马奥岛中的马氏体

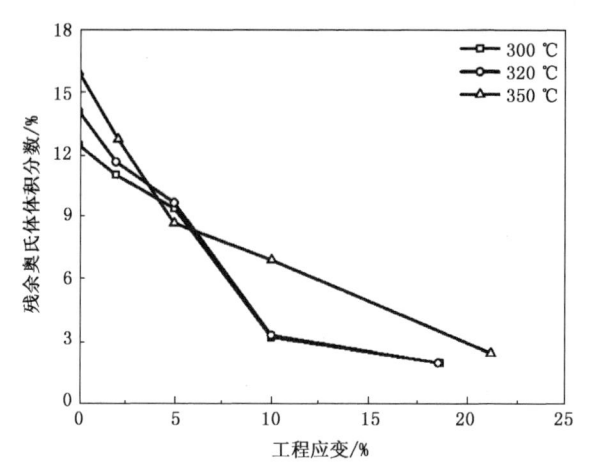

图3-23 成分为Fe-0.28C-0.82Si-2.14Mn-1.62Cr-0.33Ni-0.22Mo-1.21Al wt%的低碳钢经不同温度等温淬火后在拉伸变形过程中残余奥氏体体积分数随工程应变的变化曲线

3.3.2 等温淬火时间的影响

贝氏体钢在等温过程中,室温下组织中相组成随等温时间的变化示意图如

图3-24所示。当等温时间较短时,贝氏体铁素体转变量较低,只有少量碳原子扩散到贝氏体铁素体周围尚未转变的过冷奥氏体中,因此只有这部分过冷奥氏体获得了较高的稳定性,其他未转变的过冷奥氏体由于碳含量较低而稳定性较低。此时若停止等温淬火,使贝氏体钢直接冷却到室温,稳定性较低(M_s'相变点高于室温)的过冷奥氏体在冷却到室温过程中很容易发生马氏体相变,稳定性较高(M_s'相变点低于室温)的富碳过冷奥氏体可保留到室温形成残余奥氏体。该阶段的室温组织由贝氏体铁素体、残余奥氏体和马氏体组成,对应图3-24的第Ⅰ阶段。

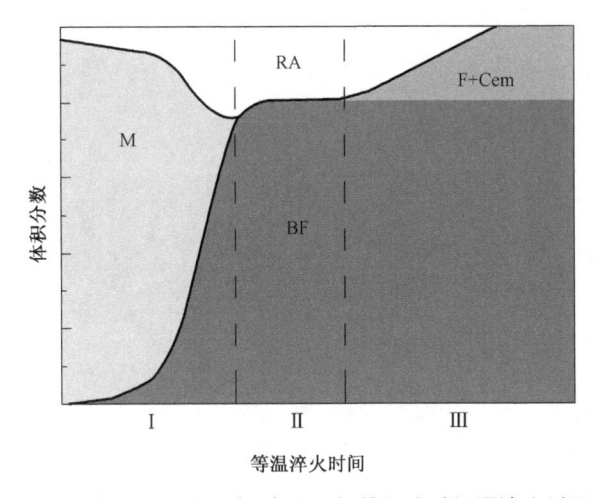

图3-24 贝氏体钢在等温淬火过程中,室温组织相组成随等温淬火时间的变化示意图

贝氏体相变在经过孕育期和快速增殖期后,绝大多数过冷奥氏体的碳含量已达到 T_0' 曲线所示的碳含量,相变速率越来越慢,进入相变停滞期,对应图3-24的第Ⅱ阶段。该阶段几乎所有未转变的过冷奥氏体均富碳,稳定性增加。若富碳能使过冷奥氏体的 M_s' 相变点降低到室温以下,那么富碳过冷奥氏体在等温淬火后的空冷过程中不发生马氏体相变,可以在室温下稳定存在。第Ⅱ阶段的室温组织由贝氏体铁素体和残余奥氏体组成。

如前所述,贝氏体相变停滞期间,未转变过冷奥氏体的碳含量只达到了 T_0 曲线估算的碳含量,没能达到准平衡机制预测的 A_{e3} 曲线估算的碳含量(见图3-11),说明这些过冷奥氏体是亚稳态的,它还会分解为渗碳体和铁素体等,对应图3-24的第Ⅲ阶段。所以第Ⅲ阶段的室温组织由贝氏体铁素体、残余奥氏体、渗碳体和铁素体组成。成分为 Fe-0.4C-3Si wt% 的钢贝氏体相变停滞时下贝氏体组织的 SEM 组织照片和等温淬火时间进一步延长后过冷奥氏体分解为渗碳体和铁素体的 SEM 组织照片如图 3-25 所示。可见贝氏体相变停滞时,下贝氏体组织中的过冷奥氏体没有析出渗碳体。但进一步延长等温淬火时间后,绝大多数过冷奥氏体都被分解了,析出大量渗碳体。这说明在贝氏体相变停滞后、向室温冷却前已结束转变的过冷奥氏体若继续长时间等温还会向碳化物、铁素体和珠光体等热力学更加稳定的相或组织转变。虽然这些过冷奥氏体严格意义上说不是残余奥氏体,但残余奥氏体的热稳定性概念在这些特殊的过冷奥氏体中也有所体现。比如,由于薄膜状残余奥氏体的碳含量一般高于块状残余奥氏体的碳含量,所以薄膜状残余奥氏体在第 III 阶段析出渗碳体的驱动力比块状残余奥氏体大,从而优先发生分解。

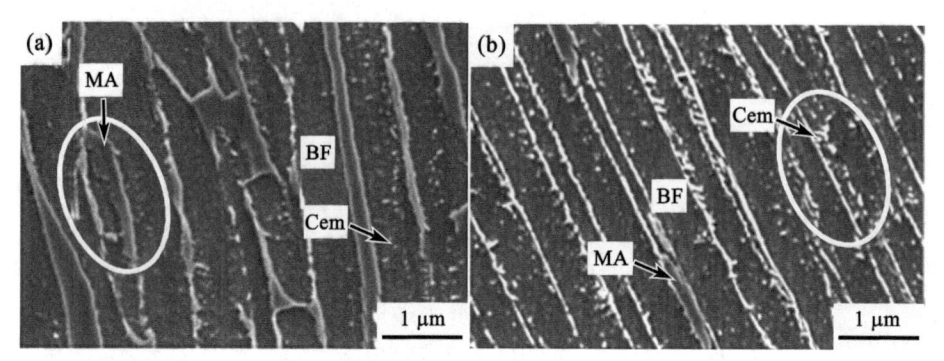

图 3-25 成分为 Fe-0.4C-3Si wt% 的钢在贝氏体相变停滞时的下贝氏体 SEM 组织图(a)和相变停滞后继续等温得到的 SEM 组织图(b)

在贝氏体相变停滞期间(图 3-24 的第 II 阶段),组织形貌、相组成和相尺寸不会随等温淬火时间的增加而改变,但碳原子在贝氏体相变停滞期间会不断扩散。由图 3-8 可知,碳原子在贝氏体铁素体中的扩散速率远大于在过冷奥氏体中的扩散速率。因此碳原子从碳过饱和的贝氏体板条很快扩散到贝氏体板条/过冷奥氏体相界面后,再向过冷奥氏体心部扩散就会十分缓慢。在过冷奥氏体接近相界面的高碳区和过冷奥氏体心部的低碳区之间会形成一个碳浓度梯度,它为碳从过冷奥氏体表面区域到心部区域的扩散提供驱动力。随着等温淬火时间的延长,碳原子逐渐由过冷奥氏体表面区域扩散到心部区域,在过冷奥氏体中的分布梯度逐渐减小。

研究表明,成分为 Fe-0.70C-0.63Mn-0.59Cr-2.59Si wt% 的贝氏体钢在 350 ℃等温淬火的相变完成时间约为 0.5 h,此时得到的残余奥氏体薄膜和贝氏体板条的平均厚度约为 40 nm 和 80 nm,块状残余奥氏体的最大等效半径约为 2 μm。由公式(3-12)计算得到 350℃等温淬火条件下,碳原子从 80 nm 的贝氏体板条中心扩散到贝氏体板条/残余奥氏体相界面只需要大约 0.01 s,用时非常短。碳原子在 40 nm 的薄膜状残余奥氏体均匀化所需的平均时间大约为 6 s,也能很快完成。而碳原子在等效半径为 2 μm 的块状残余奥氏体均匀化大约需要 4 h,均匀化进行得非常缓慢,如图 3-26 所示。因此,在贝氏体相变完成后继续保温过程中,当贝氏体板条/块状残余奥氏体相界面附近的碳含量由于碳原子向心部扩散而略有降低时,贝氏体板条中的碳原子可以扩散到块状残余奥氏体中,补偿相界面附近块状残余奥氏体的碳损失。这使贝氏体板条/块状残余奥氏体相界面附近的碳含量得以维持 T_0 曲线估算的碳含量水平,贝氏体相变被热力学抑制,保持相变停滞状态。根据这一理论,随着贝氏体等温淬火时间的增加,即使贝氏体相变未继续进行,残余奥氏体内的碳含量也是逐渐提高的,如图 3-27 所示。另外,从图 3-27 可以看出,在贝氏体相变完成后随等温淬火时间的延长,贝氏体铁素体的位错密度大约从 5.73×10^{15} m^{-2} 下降到 5.01×10^{15} m^{-2},这说明位错发生了回复。因此可以推测,可能是贝氏体板条中位错的回复导致捕获于这些位错柯氏气团的碳原子被释放,补偿了贝氏体板条/块状残余奥氏体相界面附近的碳原子损失。

$$\bar{l} = \sqrt{6Dt} \tag{3-12}$$

式中,$\bar{l}$ 是碳在残余奥氏体或贝氏体板条中的平均扩散距离,t 是碳在残余奥氏体或贝氏体板条中均匀化要求的平均时间。D 是碳的扩散系数,见公式(3-11)。

3.4 回火工艺对残余奥氏体稳定性的影响

贝氏体钢的回火是将贝氏体钢加热到奥氏体开始转变温度 A_1 相变点与室温之间的某一温度保温一定时间,然后以适当方式(一般为空冷)冷却到室温的一种热处理工艺。贝氏体工件在等温淬火后,残余组织应力较低,热应力也较低,可以利用回火工艺进一步释放。由于碳原子在残余奥氏体中的扩散十分缓慢,如果等温淬火后块状残余奥氏体中的碳分布不均匀,也可以利用回火工艺使残余奥氏体中的碳分布更加均匀,提高残余奥氏体的稳定性,进而改善贝氏体钢的力学性能。

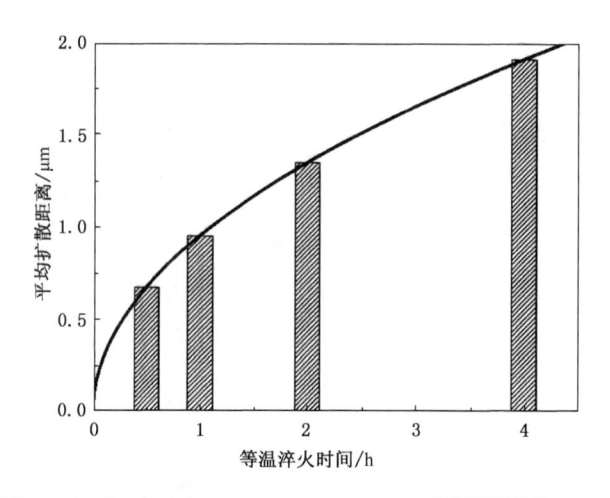

图 3-26 成分为 Fe-0.70C-0.63Mn-0.59Cr-2.59Si wt% 的高碳钢在 350℃ 等温淬火时,碳在残留奥氏体中的平均扩散距离随等温淬火时间的变化

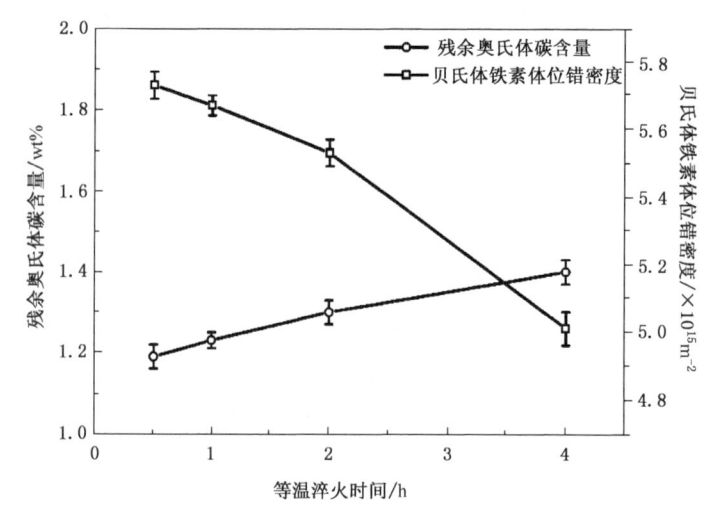

图 3-27 成分为 Fe-0.70C-0.63Mn-0.59Cr-2.59Si wt% 的高碳钢中残余奥氏体碳含量和贝氏体板条位错密度在贝氏体相变停滞期间随等温淬火时间的变化

此外,越来越多的贝氏体钢在冷轧后通过镀锌使其能够应用到汽车行业(比如制作汽车外板等)和家电行业(比如制作冰箱和洗衣机等)。贝氏体钢在镀锌时,会被加热到 400~500 ℃。飞机发动机中用贝氏体钢制作的轴在工作时,瞬间温升可以达到 400 ℃。用贝氏体钢制作的铁路辙叉在与钢轨焊接时,温升更高。在这些情况下,贝氏体钢暴露于高温环境中,回火是不可避免的。回火是一个温度-时间过程,在较高温度下保温较短时间或在较低温度下保温较长时间,都会对残余奥氏体的稳定性产生影响。回火温度越高,保温时间越长,回火后的残余奥氏体越少。本节分别就回火温度和回火时间对贝氏体钢中残余奥氏体稳定性的影响展开论述。

3.4.1 回火温度的影响

贝氏体钢中的残余奥氏体在回火温度区间是亚稳相,在回火过程中会向热力学更加稳定的相转变,比如贝氏体铁素体、碳化物、铁素体和珠光体等。由图 3-8 可知,温度在 400 ℃ 以下,碳在残余奥氏体中的扩散系数非常小。当温度超过 400 ℃ 后,碳在残余奥氏体中的扩散系数急剧增加。在 400 ℃ 以下低温回火时,碳在残余奥氏体中的扩散缓慢,再加上钢中高含量的 Si 显著动力学抑制残余奥氏体中渗碳体的析出,导致残余奥氏体不会优先分解为渗碳体和铁素体,而是优先分解为贝氏体。表现为原有贝氏体板条略微加宽,残余奥氏体中的碳分布更加均匀,且进一步富碳,变得更加稳定。残余奥氏体与过冷奥氏体的 TTT 曲线都呈"C"曲线形态,只是由于两者的物理状态和碳含量等不相同,而使相变点和转变速率有所差异而已。在低温回火时,虽然贝氏体相变驱动力很大,但碳原子的扩散移动性非常小,导致贝氏体转变速率很低。一般在 200 ℃ 以下温度回火时,贝氏体的转变完成时间很长,以至于在短时间回火过程中,贝氏体相变处于孕育期,组织基本不发生变化,碳在残余奥氏体中的扩散也非常微弱。因此 200 ℃ 以下的低温回火,只有在需要消除贝氏体工件残余应力时才会被使用。200~400 ℃ 温度区间的回火一般可用来稳定残余奥氏体。

当回火温度升高到 400 ℃ 以上之后,碳在残余奥氏体中的扩散明显加快,残余奥氏体由于自身高的碳含量,析出渗碳体的驱动力很大。一旦残余奥氏体析出渗碳体的驱动力大于向贝氏体转变的驱动力,残余奥氏体便会优先析出渗碳体。这降低了残余奥氏体的碳含量,也降低了残余奥氏体的化学稳定性,从而促进了残余奥氏体向铁素体的转变。残余奥氏体趋向于分解为离散的渗碳体和与相邻贝氏体板条取向相同的铁素体,且一般顺序为先析出渗碳体后转变为铁素体。如果残余奥氏体在回火过程中没有全部被分解,那么渗碳体的析出会降低残余奥氏体的碳含量,使其 M_s' 相变点升高,化学稳定性降低。一旦残余奥氏体的 M_s' 相变点升高到室温以上,它在回火后的冷却过程中还会发生马氏体相变,生成马氏体。

此外,块状残余奥氏体在合适的条件下还会分解为珠光体,但这个条件比较苛刻。不仅要求块状残余奥氏体尺寸必须足够大,能允许铁素体片和渗碳体片协调生长,而且要求回火温度必须足够高以允许置换溶质原子扩散,但也不能过高,因为它需要处于 Hultgren 外推区间,以保证块状残余奥氏体相对于铁素体和渗碳体都是过饱和的。以上论述的回火温度对贝氏体钢中残余奥氏体稳定性的影响,可汇总列于表 3-1。需要强调的是,应用该理论解决具体问题时,应针对贝氏体钢的不同化学成分、相组成和热处理工艺条件具体分析。

表 3-1 回火温度对贝氏体钢中残余奥氏体稳定性的影响

温度范围/℃	残余奥氏体转变	作用
25~200	残余奥氏体优先发生十分缓慢的贝氏体相变,贝氏体转变量微乎其微	对残余奥氏体的稳定性基本无影响,可消除残余热应力
200~400	残余奥氏体优先发生贝氏体相变,残余奥氏体含量降低,残余奥氏体中的碳含量提高而且碳分布更加均匀	降低残余奥氏体含量,增加残余奥氏体的化学稳定性和机械稳定性
400~700	残余奥氏体优先分解为渗碳体和铁素体,甚至分解为珠光体	使亚稳态残余奥氏体转变为热力学完全稳定的相,贝氏体钢的力学性能被恶化,一般不在如此高的温度回火

注:回火温度范围是基于短时间回火的一个大概的范围。

3.4.2 回火时间的影响

无碳化物贝氏体钢在低温回火时,由于残余奥氏体的贝氏体相变驱动力大于碳化物析出驱动力,所有残余奥氏体优先向贝氏体转变,且转变速率非常低。低温回火的开始阶段为贝氏体相变孕育期,孕育期内残余奥氏体含量和碳含量均不变。随回火时间的延长,贝氏体开始形成,贝氏体铁素体切变形成后向残余奥氏体排碳,使残余奥氏体含量降低,残余奥氏体碳含量提高。

无碳化物贝氏体钢在高温回火时,由于残余奥氏体的贝氏体相变驱动力小于渗碳体析出驱动力,与形成贝氏体相比,残余奥氏体更倾向于析出渗碳体。渗碳体的析出显著降低了残余奥氏体中的碳含量,使其晶格常数显著减小。残余奥氏体在回火前期主要析出渗碳体,很少向铁素体转变。渗碳体析出量达到一定值,使残余奥氏体碳含量下降到一定程度时,残余奥氏体才开始大量转变为铁素体。

贝氏体钢在等温淬火后冷却到室温时,室温组织中残余奥氏体的 M_s' 相变点已低于室温。它再被重新加热到低温回火温度发生贝氏体相变时,残余奥氏体的碳含量只升高不降低,其 M_s' 相变点进一步降低,稳定性进一步增大。若在贝氏体相变停滞后继续长时间回火,富碳的残余奥氏体会析出渗碳体,甚至转变为铁素体。渗碳体的析出使残余奥氏体的碳含量降低,M_s' 相变点升高,稳定性降低。当 M_s' 相变点高于室温后,剩余的残余奥氏体会在回火后的空冷阶段转变为马氏体。贝氏体钢在高温回火时,残余奥氏体在回火早期析出渗碳体,但不向铁素体转变。若在回火早期停止回火向室温冷却,残余奥氏体会由于渗碳体的析出而局部的碳含量降低,化学稳定性降低,在冷却过程中生成马氏体。由于回火过程中残余奥氏体向铁素体的转变很缓慢,若残余奥氏体在回火时没有全部转变为铁素体,剩余的残余奥氏体稳定性过低,在向室温冷却过程中还是会向马氏体转变,导致长时间回火后室温组织中的残余奥氏体基本为零。室温组织中残余奥氏体的减少一部分是由于残余奥氏体在回火过程中转变为铁素体,另一部分是由于残余奥氏体在回火后的空冷阶段转变为马氏体。

此外,在回火过程中,由于薄膜状残余奥氏体的碳含量一般高于块状残余奥氏体,前者的热稳定性比后者的热稳定性差,会优先发生分解。例如,成分为 Fe-0.39C-2.05Si-4Ni wt% 的贝氏体钢在 450 ℃ 回火条件下,薄膜状残余奥氏体体积分数在回火前 20 min 急剧减小,之后基本保持不变。而块状残余奥氏体体积分数在回火前 1 h 缓慢减少,1 h 后才基本保持不变,如图 3-28 所示。

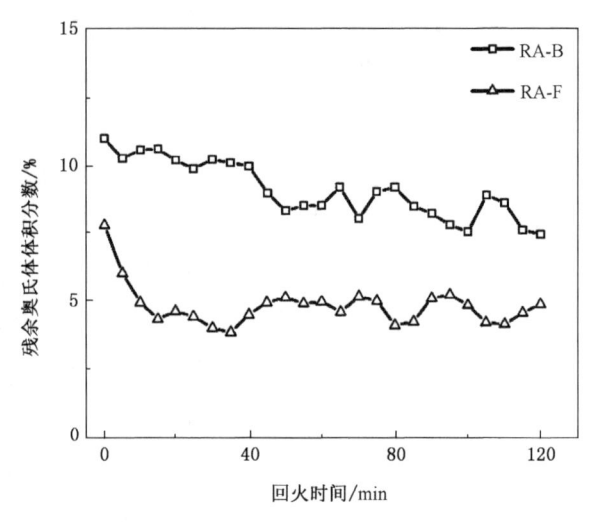

图 3-28 成分为 Fe-0.39C-2.05Si-4Ni wt%的钢在 450 ℃等温淬火得到的贝氏体组织，在 400 ℃回火过程中，块状残余奥氏体和薄膜状残余奥氏体体积分数随回火时间的变化

3.5 外场对残余奥氏体稳定性的影响

3.5.1 温度场的影响

图 3-29 给出了单纯由过冷诱发的马氏体相变、应力诱发马氏体相变和应变诱发马氏体相变与温度之间的关系。在 M_s' 相变点以下，不需要施加外力残余奥氏体即可发生马氏体相变（见区域Ⅰ）。形变诱发马氏体相变线开始于 M_s' 相变点，应力诱发马氏体相变所需应力随变形温度的升高而线性增大（见区域Ⅱ）。当变形温度达到 M_s^σ 相变点时，应力诱发马氏体相变所需应力达到残余奥氏体的屈服强度。当残余奥氏体通过位错滑移开始屈服时，位错滑移会发生交割，即产生新的形核位置。温度高于 M_s^σ 相变点后的马氏体相变称为应变诱发马氏体相变。随着变形温度的升高，化学驱动力越来越小，应变诱发马氏体相变所需的应力随之增加，且将位于残余奥氏体的屈服应力线之上。由于位错滑移不仅通过提供潜在的形核位置促进马氏体相变，也通过阻碍相界面移动抑制马氏体相变，所以应变诱发马氏体相变所需应力随变形温度的升高呈现出如图 3-29 所示的上升形态（见区域Ⅲ）。当温度高于 M_d 相变点后，马氏体相变化学驱动力为 0，无论提供多少塑性应变，马氏体相变都不能发生，只能单纯地发生塑性变形（见区

域 IV)。

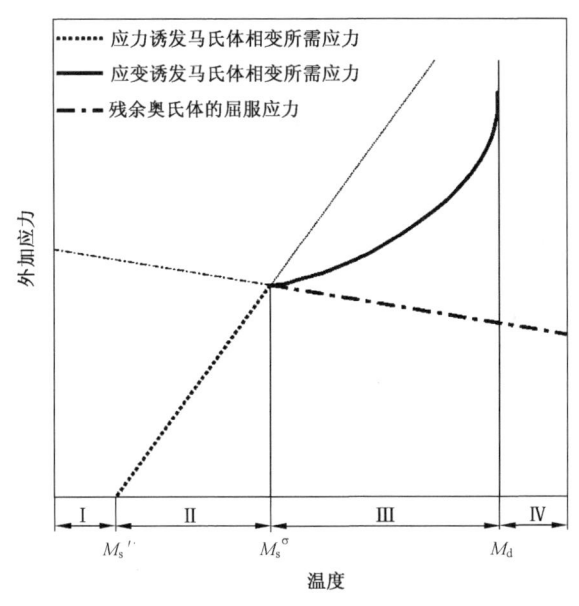

图 3-29 单纯由过冷诱发的马氏体相变、应力诱发马氏体相变和
应变诱发马氏体相变与温度之间的关系

在实际应用中,由于温度场对残余奥氏体稳定性的影响,在不同温度下使贝氏体钢发生变形,残余奥氏体的转变情况不同。图 3-30 给出了一组不同变形温度下,成分为 Fe-0.14C-1.2Si-1.6Mn wt% 的钢中残余奥氏体体积分数随应变的变化曲线。可以看出在低温 -80 ℃时,残余奥氏体体积分数的减小速率最快且转变量最大,在较高温度 120 ℃变形时,残余奥氏体体积分数的减小速率最慢且转变量最小。这说明随变形温度的升高,残余奥氏体的稳定性增大。

3.5.2 应变场的影响

变形过程对残余奥氏体的稳定性也产生一定影响,如变形速率的变化显著影响残余奥氏体的机械稳定性。但现在报道的研究结果表明应变速率对残余奥氏体机械稳定性的影响较为复杂,尚无统一规律可循。通常,变形过程中引入的机械能一部分转化为热能使材料升温,另一部分转化为存储能,使材料微观结构发生变化,如引起空位、位错以及位错交互作用等。可以用泰勒-奎乃(Taylor-Quinney)因子 $\beta(0 \leqslant \beta \leqslant 1)$ 来描述机械能转化为热能的比例,如公式(3-13)所示:

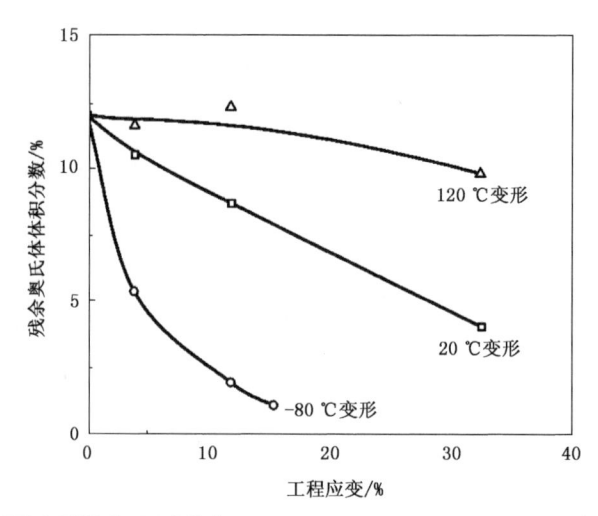

图 3-30　不同变形温度下,成分为 Fe-0.14C-1.2Si-1.6Mn wt% 的钢中残余奥氏体体积分数随应变的变化曲线

$$\beta = \frac{\rho C_p T(\varepsilon_p, \dot{\varepsilon}_p)}{\int \sigma(\varepsilon_p, \dot{\varepsilon}_p, T) d\varepsilon_p} \tag{3-13}$$

式中分子表示转化为热能部分,分母为转化总机械能。σ 为流变应力,ε_p 为塑性应变,$\dot{\varepsilon}_p$ 为应变速率,ρ 为密度,C_p 为恒压热容,T 为绝热温度。

可见,随着应变速率的增加,热能转化比例 β 逐渐增大,更多的能量转化为热能。有研究表明,当应变速率大于 $10\ s^{-1}$ 时,热能转化比例 β 大于 0.82。这说明在高应变速率下变形时,机械能大部分转化为热能,产生的绝热温升会减小残余奥氏体与马氏体的自由能差,抑制残余奥氏体向马氏体的转变,进而提高残余奥氏体的稳定性。另一方面,高应变速率以及伴随的绝热温升又可能提高层错能,降低不全位错间距,从而增加剪切带的交叉,又会促进马氏体形核,进而降低残余奥氏体的机械稳定性。

复杂的影响机制,使得不同材料的研究结果差异较大。例如研究表明,成分为 Fe-0.70C-0.63Mn-0.64Cr-2.59Si wt% 的高碳钢中残余奥氏体的转变速率随应变速率的增大而呈现出增加的趋势,如图 3-31 所示,说明残余奥氏体的机械稳定性随应变速率的增大而减小。另外还有研究表明,在不同临界相区温度下获得的双相钢,残余奥氏体在不同应变速率下表现出不同的行为。740 ℃ 和 780 ℃ 退火试样中的残余奥氏体在低应变速率下的转变速率明显高于较高应变速率下的转变速率,而760 ℃退火试样在较低应变速率下的变化趋势与之相反,如图3-32所示。这说明740 ℃和780 ℃退火试样中残余奥氏体在低应变速率时的机械稳定性低于较高应变速率时的机械稳定性,而760 ℃退火试样中残余奥氏体机械稳定性随应变速率的变化刚好相反。在高应变速率下,残余奥氏体转变相对分数随工程应变的波动是由绝热温升使马氏体的转变量略微减少导致的。

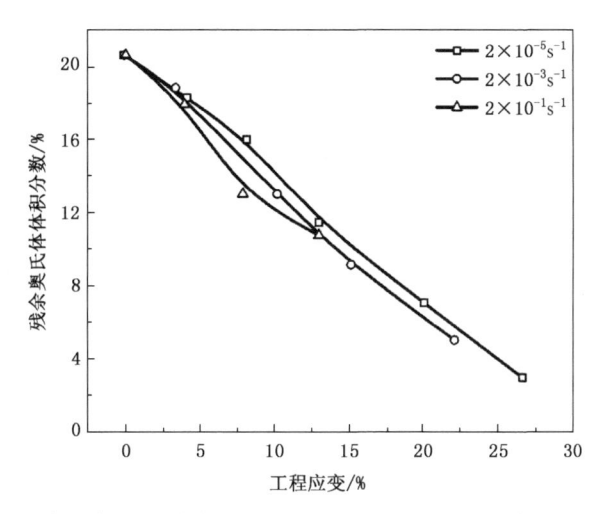

图3-31 不同应变速率下,成分为Fe-0.70C-0.63Mn-0.64Cr-2.59Si wt%的高碳钢中残余奥氏体体积分数随工程应变的变化曲线

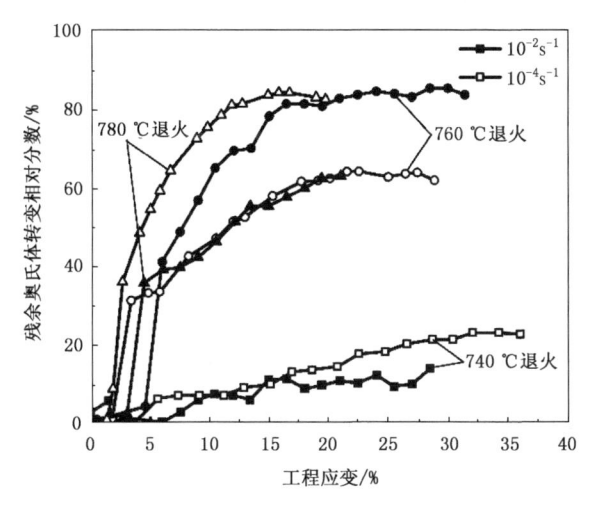

图3-32 不同应变速率下,成分为Fe-0.2C-5Mn-2.5Al wt%的低碳钢在临界相区不同温度退火后,在拉伸变形时残余奥氏体转变相对分数随工程应变的变化曲线

3.5.3 磁场的影响

成分为 Fe-0.70C-0.63Mn-0.59Cr-2.59Si wt% 的高碳钢受磁场影响和无磁场影响贝氏体相变得到的贝氏体组织中残余奥氏体的体积分数如图 3-33 所示。可见在相同等温温度下,有磁场时残余奥氏体的体积分数均低于无磁场时残余奥氏体的体积分数。有磁场时残余奥氏体的碳含量基本都高于无磁场时残余奥氏体的碳含量。这是因为外加磁场以磁场能的形式为贝氏体相变提供了更多的驱动力。铁磁相贝氏体铁素体的磁矩与外加磁场的相互作用能通常由 MdH 表示,M 表示铁磁相贝氏体铁素体的磁矩,H 表示外加磁场。在外加磁场的影响下,铁磁相贝氏体铁素体(体心立方晶体结构)的磁矩与外加磁场的相互作用能使贝氏体铁素体相的吉布斯自由能降低,而顺磁相母相奥氏体(面心立方晶体结构)的吉布斯自由能虽然也略有降低,但由于降低幅度非常小,可以忽略。综合外加磁场对铁磁相贝氏体铁素体和顺磁相残余奥氏体的影响可知,外加磁场使贝氏体铁素体和残余奥氏体两相的热力学平衡温度 T_0 升高,因此贝氏体相变开始温度 B_s 相变点升高。在相同温度等温淬火时,受磁场影响的贝氏体相变过冷度更大,导致贝氏体相变驱动力更大,更多过冷奥氏体转变为贝氏体铁素体,降低了残余奥氏体的体积分数。在磁场影响下,更多的贝氏体铁素体向过冷奥氏体配分碳原子,这提高了过冷奥氏体的碳含量,提高了残余奥氏体的化学稳定性。

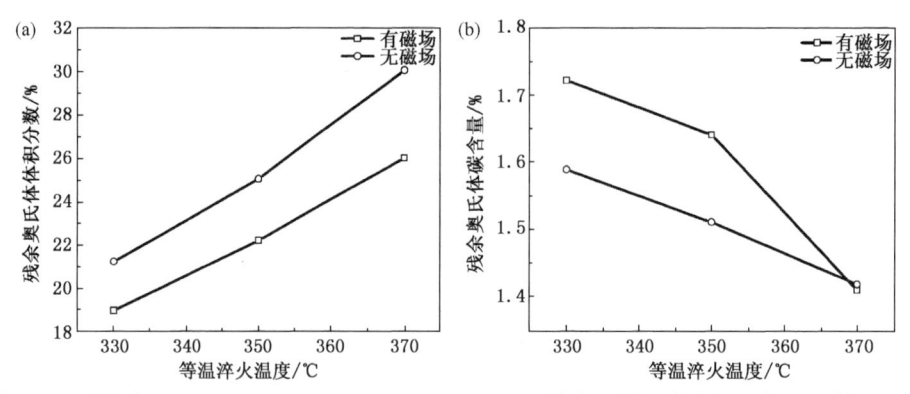

图 3-33 成分为 Fe-0.70C-0.63Mn-0.59Cr-2.59Si wt% 的高碳钢受磁场影响和不受磁场影响贝氏体相变得到的贝氏体组织中残余奥氏体的体积分数(a)和碳含量(b)

成分为 Fe-0.70C-0.63Mn-0.59Cr-2.59Si wt% 的高碳钢受磁场影响和无磁场影响时,在 370 ℃ 等温淬火得到的贝氏体组织的 TEM 组织照片如图 3-34 所示。可见试验钢在磁场影响下,贝氏体板条出现了合并且析出碳化物现象。较高的等温温度提供了较大的残余奥氏体分数,这为贝氏体板条的合并提供了足够的空间。在此基础上,磁场提供必要的驱动力,最终导致了贝氏体板条的合并,表现为出现粗大的合并贝氏体板条。贝氏体板条合并时,其长度方向上的残余奥氏体薄膜消失了。残余奥氏体薄膜的消失在贝氏体板条中留下了额外的碳原子。这些额外的碳原子或配分至周围的残余奥氏体中,或直接在粗大的贝氏体板条中析出碳化物。由于贝氏体板条的厚度很大,贝氏体板条中只有临近相界面的碳原子才能配分至相邻的残余奥氏体,而贝氏体板条心部的碳原子只能沉淀析出碳化物。

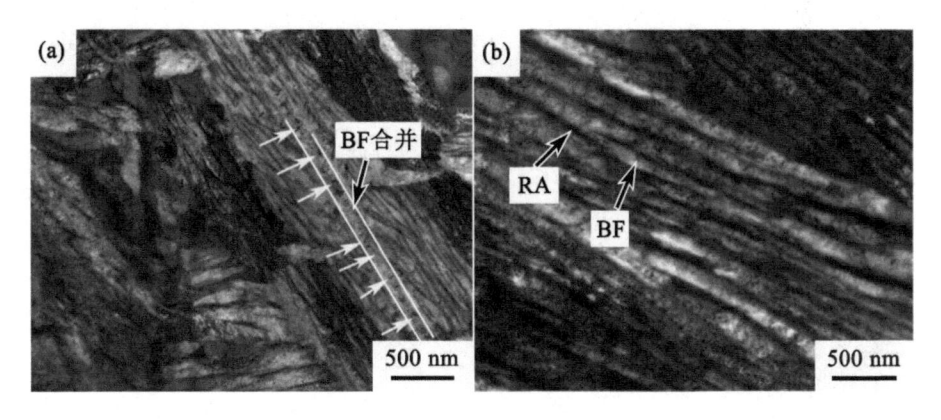

图 3-34 成分为 Fe-0.70C-0.63Mn-0.59Cr-2.59Si wt% 的高碳钢在 370 ℃等温淬火贝氏体相变得到的贝氏体 TEM 组织,受磁场影响(a)和不受磁场影响(b)。图(a)中白色箭头指示析出的碳化物

参考文献

[1] Pereloma E V, Timokhina I B, Miller M K, et al. Three-dimensional atom probe analysis of solute distribution in thermomechanically processed TRIP steels[J]. Acta Materialia, 2007, 55: 2587-2598.

[2] Colás R, Totten G E. Encyclopedia of iron, steel, and their alloys[M]. Boca Raton, US: CRC Press, 2016.

[3] Tomita Y, Iwamoto T. Constitutive modeling of TRIP steel and its application to the improvement of mechanical properties[J]. International Journal of Mechanical Sciences, 1995, 37: 1295-1305.

[4] Bhadeshia H K D H. Bainite in steels: theory and practice[M]. 3rd ed. Leeds, UK: Maney Publishing, 2015.

[5] 李艳国. 铁路轨道用含铝无碳化物贝氏体钢的组织和性能研究[D]. 秦皇岛: 燕山大学, 2017.

[6] Zhao J L, Zhang F C, Lv B, et al. Inconsistent effects of austempering time within transformation stasis on monotonic and cyclic deformation behaviors of an ultra-high silicon carbidefree nanobainite steel[J]. Materials Science and Engineering A, 2019, 751: 80-89.

[7] Zhang F C, Long X Y, Kang J, et al. Cyclic deformation behaviors of a high strength carbide-free bainitic steel[J]. Materials and Design, 2016, 94: 1-8.

[8] Long X Y, Zhang F C, Yang Z N, et al. Study on microstructures and properties of carbide-free and carbide-bearing bainitic steel[J]. Materials Science and Engineering A, 2018, 715: 10-18.

[9] Podder A S. Tempering of a mixture of bainite and retained austenite[D]. Cambridge: University of Cambridge, 2011.

[10] Long X Y, Zhang F C, Zhang C Y, et al. Study on microstructures and properties of carbide-free and carbide-bearing bainitic steel[J]. Materials Science and Engineering A, 2017, 697: 111-118.

[11] 龙晓燕, 张福成, 康杰, 等. Mn 对无碳化物贝氏体钢组织和性能的影响[J]. 金属热处理, 2017, 42(11): 29-35.

[12] Qian L H, Zhou Q, Zhang F C, et al. Microstructure and mechanical properties of a low carbon carbide-free bainitic steel co-alloyed with Al and Si[J]. Materials and Design, 2012, 39: 264-268.

[13] 张福成, 杨志南, 郑春雷, 等. 含 Si/Al 低温贝氏体钢的研究与应用[C]//第

十届中国钢铁年会暨第六届宝钢学术年会论文集. 上海, 2015: 1-6.

[14] Babu S S, Vogel S, Garcia-Mateo C, et al. Microstructure evolution during tensile deformation of a nanostructured bainitic steel[J]. Scripta Materialia, 2013, 69: 777-780.

[15] Meng J Y, Feng Y, Zhou Q, et al. Effects of austempering temperature on strength, ductility and toughness of low-C high-Al/Si carbide-free bainitic steel [J]. Journal of Materials Engineering and Performance, 2015, 24: 3068-3076.

[16] Wu H D, Miyamoto G, Yang Z G, et al. Incomplete bainite transformation in Fe-Si-C alloys[J]. Acta Materialia, 2017, 133: 1-9.

[17] Caballero F G, Miller M K, Garcia-Mateo C, et al. Redistribution of alloying elements during tempering of a nanocrystalline steel[J]. Acta Materialia, 2008, 56: 188-199.

[18] Kang J, Zhang F C, Yang X W, et al. Effect of tempering on the microstructure and mechanical properties of a medium carbon bainitic steel[J]. Materials Science and Engineering A, 2017, 686: 150-159.

[19] Jeong W C, Matlock D K, Krauss G. Effects of tensile-testing temperature on deformation and transformation behavior of retained austenite in a 0.14C-1.2Si-1.5Mn steel with ferrite-bainite-austenite structure[J]. Materials Science and Engineering A, 1993, 165: 9-18.

[20] Rusinek A, Klepaczko J R. Experiments on heat generated during plastic deformation and stored energy for TRIP steels[J]. Materials and Design, 2009, 30: 35-48.

[21] Nawaz B, Long X Y, Yang Z N, et al. Effect of magnetic field on microstructure and mechanical properties of austempered 70Si3MnCr steel[J]. Materials Science and Engineering A, 2019, 759: 11-18.

[22] 张春雨. 70Si3Mn 无碳化物贝氏体钢的变形行为研究[D]. 秦皇岛: 燕山大学, 2018.

[23] Callahan M, Perlade A, Schmitt J H. Interactions of negative strain rate sensitivity, martensite transformation, and dynamic strain aging in 3rd generation advanced high-strength steels[J]. Materials Science and Engineering A, 2019, 754:140-151.

第4章

贝氏体钢中残余奥氏体相变

贝氏体钢中的残余奥氏体本质上与原过冷奥氏体相同,原过冷奥氏体可能发生的相变,残余奥氏体也有可能发生。但是残余奥氏体与原过冷奥氏体之间也有许多不同之处,其主要区别表现为:(1)相变过程中残余奥氏体成分发生变化,如贝氏体铁素体形成时,会使残余奥氏体进一步富碳;(2)贝氏体相变时的体积效应使残余奥氏体在物理状态上有所变化,最明显的是使残余奥氏体发生弹性畸变与塑性变形;(3)在回火过程中发生的一系列转变过程也将影响残余奥氏体的转变。本章将从贝氏体钢中残余奥氏体在热处理过程和使用过程中发生的贝氏体相变、马氏体相变和碳化物析出等几个方面进行阐述。

4.1 贝氏体相变

贝氏体钢经等温淬火处理得到贝氏体和残余奥氏体复相组织后,将钢加热到 M_s 点以上、A_1 点以下各个温度等温保持,残余奥氏体在中温区将再次转变为贝氏体组织,即发生再贝氏体相变,但其等温转变动力学与原过冷奥氏体的不完全相同。图4-1为 Fe-0.7C-1Cr-3Ni wt% 钢中残余奥氏体的等温转变动力学图,图中虚线为原过冷奥氏体,实线为残余奥氏体。两者的等温转变动力学曲线十分相似,但预先形成的贝氏体/马氏体的存在促进了残余奥氏体的转变,尤其是加速了贝氏体转变过程。金相组织观察表明,此时的贝氏体均在马氏体与残余奥氏体的相界上形核,故马氏体的存在增加了贝氏体的形核位置,从而使贝氏体转变加快。但当马氏体数量增加到一定程度后,由于残余奥氏体的状态发生了很大变化,反而使等温转变速度减慢。贝氏体钢中残余奥氏体的再贝氏体相变可发生在双阶/多阶等温淬火过程中,也可发生在贝氏体组织形成之后的回火过程中,本节将分别对这两个过程中的再贝氏体相变进行介绍。

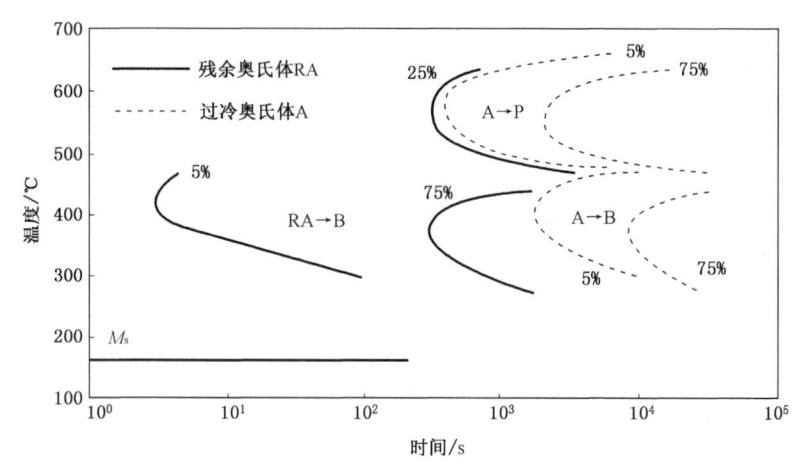

图 4-1　成分为 Fe-0.7C-1Cr-3Ni wt% 的钢奥氏体等温转变动力学

薄膜状的残余奥氏体由于其尺寸效应和高的碳含量,具有高的化学稳定性,但一些研究者通过高能 X 射线衍射试验发现,纳米级别的残余奥氏体的热稳定性较差,这主要是由于其高的碳含量使得渗碳体析出的驱动力更大,从而导致其回火稳定性较差。随回火温度的增加,残余奥氏体也会转变成贝氏体,进而含量减少。有明确的金相证据表明,在碳含量非常高的钢中(Fe-1.9C-1.5Mn-1.6Si wt%),通过在 400 ℃ 回火可以诱导大部分未转化的残余奥氏体形成贝氏体,但在 170 ℃ 回火时没有形成贝氏体,可能是回火温度低、回火时间短所致。

0.46C 的中碳贝氏体钢,通过在 M_s+10 ℃ 等温转变获得了纳米尺寸的板条状的贝氏体铁素体和薄膜状的残余奥氏体的组织,之后该钢在 240~450 ℃ 的温度区间内进行回火,回火温度对该中碳贝氏体钢中残余奥氏体的转变有很大影响。图 4-2 给出了这种钢中残余奥氏体含量(V_γ)及其中的碳含量(C_γ)随回火温度的变化关系曲线。从图中可以看出,与未回火试样相比,试样经回火后,残余奥氏体含量呈现不同程度的降低。在回火温度低于 400 ℃ 时,残余奥氏体的体积分数与回火温度呈单调增加的关系,在回火温度增加至 400 ℃ 后,残余奥氏体体积分数略有下降。这与随回火温度升高,残余奥氏体含量逐渐降低的传统观点并不一致。而残余奥氏体中的碳含量在回火温度为 320 ℃ 时达到一个峰值,回火温度继续增加之后,呈缓慢下降的趋势。

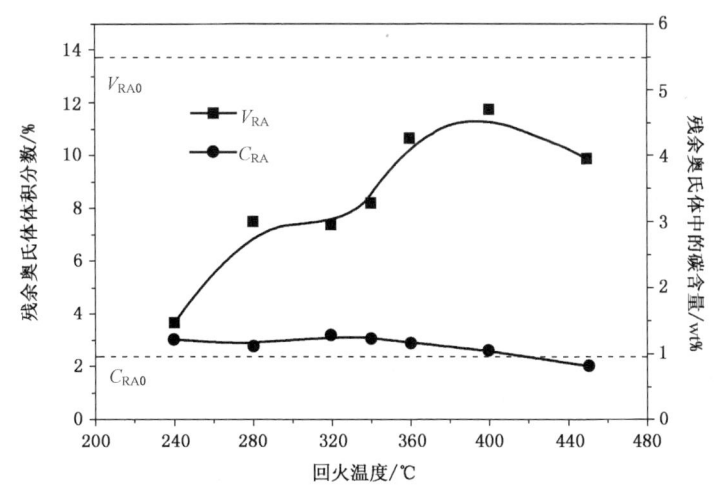

图 4-2 成分为 Fe-0.46C-1.55Si-1.59Mn-1.24Cr-0.81Ni-0.40Mo-0.62Al wt%中碳钢中的残余奥氏体含量(V_{RA})及其中的碳含量(C_{RA})随回火温度的变化规律(V_{RA0}和C_{RA0}分别代表未回火试样的残余奥氏体体积分数及其中的碳含量)

回火除了可以使贝氏体组织中的位错再排布外,对残余奥氏体来说相当于再次进行等温转变。根据 JMatPro 软件,利用未回火试样中残余奥氏体中的平均碳含量,计算得到了残余奥氏体在不同的回火温度下转变成贝氏体的相变驱动力,如图 4-3 所示。随回火温度的提高,残余奥氏体的相变驱动力逐渐降低。在回火温度低于 400 ℃时,碳的扩散系数较小,残余奥氏体以向贝氏体转变为主,故随温度的增加,残余奥氏体向贝氏体转变的驱动力减小,最终使得回火后保留下来的残余奥氏体的量随回火温度的增加而增加,经回火后的残余奥氏体中的平均碳含量也均要高于未回火试样。

贝氏体钢中残余奥氏体在不同温度回火过程中发生的再贝氏体相变对其常规力学性能也有一定程度的影响。图 4-4 给出了不同工艺回火处理后 0.46C 中碳钢常规力学性能变化规律。随回火温度的增加,抗拉强度先降低后上升;屈服强度的变化趋势则与抗拉强度的变化大致相反,在 320 ℃回火时,屈服强度出现了一个低谷值,在 400 ℃时达到了一个波峰值。屈强比随回火温度的变化规律与屈服强度相类似。此外,还可以看出,回火温度在 400 ℃之前时,总延伸率随着回火温度的提高逐渐增大,在 450 ℃时,则急剧下降。而均匀延伸率则随着回火温度的提高逐渐增大。

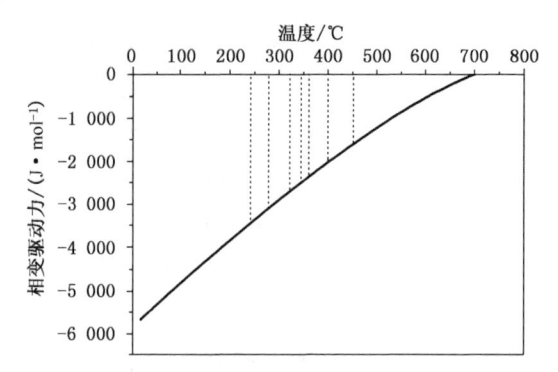

图4-3 0.46C 中碳钢经 270 ℃等温转变后试样中残余奥氏体向贝氏体转变的相变驱动力随回火温度的变化关系

注：材料成分同图4-2。

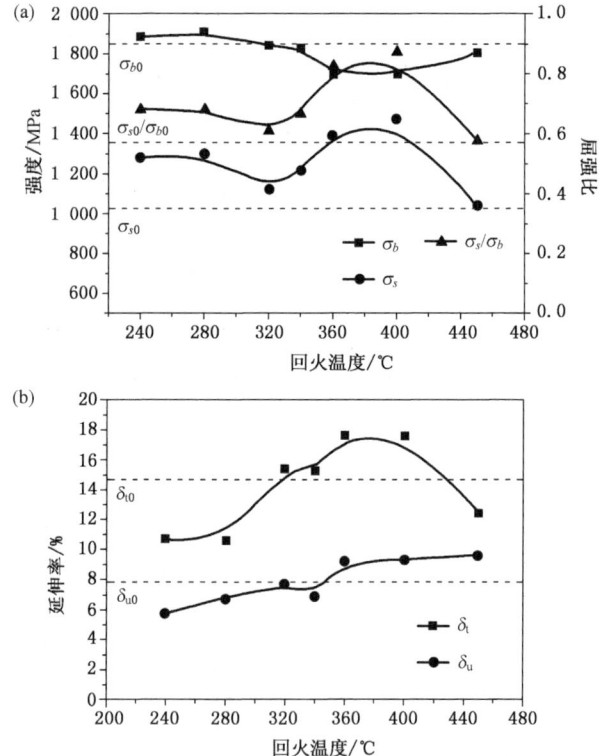

图4-4 0.46C 中碳贝氏体钢的抗拉强度 σ_b、屈服强度 σ_s 和屈强比 σ_s/σ_b 随回火温度的变化规律（a）以及总延伸率 δ_t 和均匀延伸率 δ_u 随回火温度的变化规律（b）

注：σ_{b0}、σ_{s0} 和 σ_{s0}/σ_{b0} 分别代表了未回火试样的抗拉强度、屈服强度和屈强比；δ_{t0} 和 δ_{u0} 代表未回火试样的总延伸率和均匀延伸率。材料成分同图4-2。

Fe-0.22C-2Mn-1Si-0.8Cr-0.8(Mo+Ni)wt%空冷贝氏体钢在回火过程中残余奥氏体的变化过程如图4-5所示。随着回火温度的升高,贝氏体钢中残余奥氏体含量呈下降趋势,从回火前的8.5 vol%逐渐降低到400 ℃回火后的5.2 vol%。在回火温度为280 ℃时,部分块状残余奥氏体发生分解,生成贝氏体,而较稳定的薄膜状残余奥氏体保留到室温。此外,XRD分析结果显示,在280 ℃回火过程铁素体相中的碳进一步向未分解的残余奥氏体中扩散,同时在回火过程中碳含量相对较低的残余奥氏体发生转变,使得剩余的残余奥氏体中的平均碳含量从0.9 wt%增加到1.2 wt%,残余奥氏体的整体稳定性得到进一步提高。

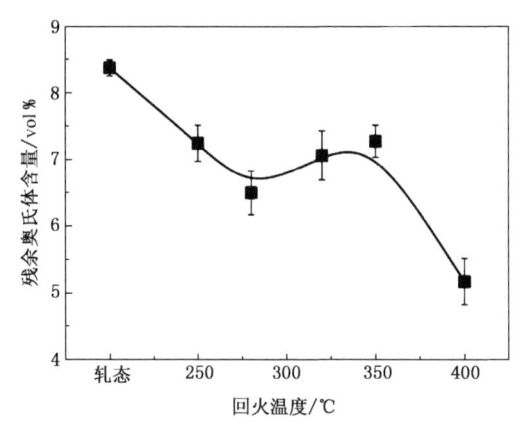

图4-5 成分为Fe-0.22C-2Mn-1Si-0.8Cr-0.8(Mo+Ni)wt%的空冷贝氏体钢中残余奥氏体含量随回火温度的变化曲线

4.2 马氏体相变

贝氏体中的残余奥氏体作为亚稳相,在应力或应变作用下会发生马氏体相变,从而对材料的性能产生显著的影响。另外,在深冷处理过程或在回火后的冷却过程中,残余奥氏体也会发生马氏体相变。

4.2.1 发生马氏体相变的影响因素

贝氏体钢中残余奥氏体中的碳含量、尺寸、形态和微结构分布对其向马氏体转变具有重要影响。碳含量影响残余奥氏体向马氏体转变的化学自由能驱动力。当残余奥氏体中含碳量较低时(≤0.6 wt%),在塑性应变过程中残余奥氏体会迅速地转变为马氏体,不利于提高钢的塑性;另一方面,当残余奥氏体中含碳量较高时(≥1.8 wt%),在塑性应变过程中残余奥氏体不能完全转变成马氏体。

残余奥氏体附近的其他微观组织也影响其向马氏体的转变。研究表明,残余奥氏体附近的马氏体组织会削弱 TRIP 效应,因为马氏体可以直接传播应力。在早期的变形阶段,稳定性较低的残余奥氏体就可能很容易转变成马氏体;但是残余奥氏体附近的贝氏体组织可以阻碍残余奥氏体向马氏体转变的速率。同时,多边形铁素体、贝氏体铁素体的相互作用也影响残余奥氏体在应力作用下发生的诱发马氏体相变。

贝氏体钢中不同形态的残余奥氏体发生马氏体相变的趋势也不尽相同。贝氏体钢中残余奥氏体主要有两种形态:一种是分布在贝氏体铁素体板条之间的纳米级(<100 nm)薄膜状残余奥氏体;另一种是分布在贝氏体束之间的亚微米级(100~1 000 nm)/微米级(>1 000 nm)块状残余奥氏体。这两种残余奥氏体的结构和尺寸具有很大差别,如图 4-6 所示。研究表明,块状残余奥氏体尺寸大、含碳量低、稳定性差,在外部应力的作用下容易转变成硬而脆的马氏体,恶化力学性能,影响尺寸稳定性;而薄膜状残余奥氏体尺寸小、含碳量高,相对较稳定。

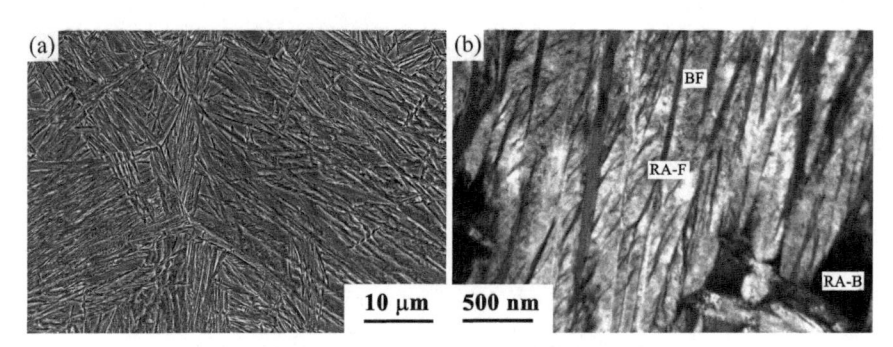

图 4-6 0.46C 中碳钢经 270 ℃贝氏体等温转变后的残余奥氏体形态:SEM(a)和 TEM(b)组织图

此外,贝氏体钢的等温淬火温度和合金元素种类也影响残余奥氏体向马氏体的转变。随着贝氏体等温淬火温度的升高,组织中块状残余奥氏体体积分数增加,但是由于贝氏体相变温度较高,更多的碳配分到残余奥氏体中,使得其中的平均碳含量更高,应变诱发马氏体相变温度 M_d 降低(如图 4-7 所示),从而使残余奥氏体向马氏体的转变变得困难。合金元素中除了人们所熟知的 C、Mn、Si 可以降低 M_d 或 M_s 温度外,Al 元素也能够明显降低 M_d 温度,从而提高残余奥氏体的稳定性,阻碍残余奥氏体向马氏体的转变。

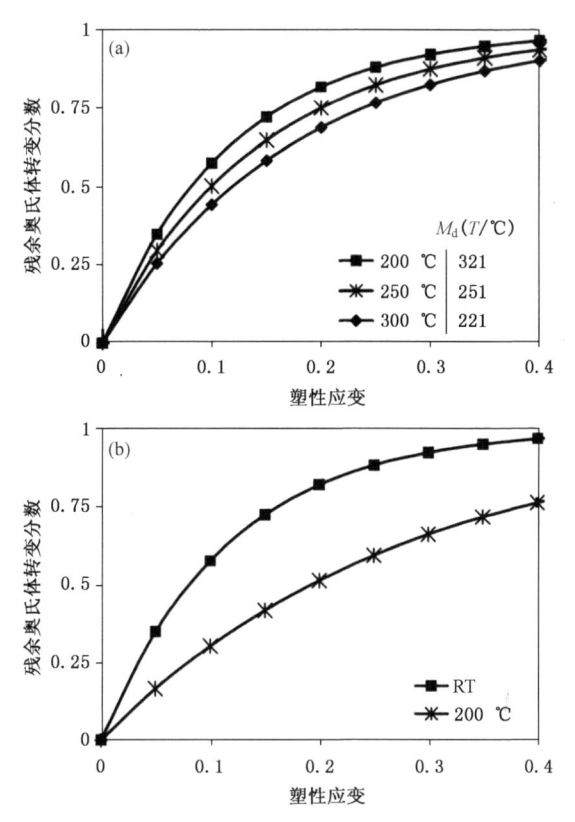

图 4-7 不同 M_d 温度下纳米贝氏体钢中残余奥氏体转变量与塑性应变之间的关系(a);
分别在室温(RT)与 200 ℃变形下残余奥氏体转变量与塑性应变之间的关系(b)

4.2.2 应力/应变诱发马氏体相变

变形过程中,贝氏体钢中残余奥氏体向马氏体转变时,会发生 TRIP 效应,使强度和塑性同时得到提高。在变形过程中,残余奥氏体转变成高强度的高碳马氏体,同时伴随着体积膨胀,有效缓解了局部应力集中,因而抑制了局部塑性变形的发生,提高了均匀延伸率,故使得强度和塑性同时提高。在拉伸加载时先发生屈服变形的部位会优先出现残余奥氏体向马氏体的转变,新形成的高强度孪晶马氏体使发生变形的部位发生相变强化,导致变形部位强度超过未变形部位从而抑制局部变形继续。之后变形开始转移至未发生马氏体相变的位置,导致残余奥氏体-马氏体相变向后变形部位转移。所以在整个拉伸过程中由变形诱发的残余奥氏体-马氏体转变是在不同部位交替出现的,局部变形—相变强化—变形转移的过程不断发生,避免了变形在某一部位持续扩大进而导致颈缩,从而提高了材料的延伸率。在实际应用中,材料变形部位很容易产生应力集中,而在贝氏体钢中,形变诱发的马氏体可以有效缓解局部应力集中,进而延迟裂纹的产生,有利于提升材料的韧性和疲劳寿命。

然而残余奥氏体向马氏体的转变-相变诱发塑性效应需要满足一定的条件才会发生。上一章中图3-4给出了奥氏体(γ)和马氏体(α')的吉布斯自由能-温度函数关系曲线。在M_s温度下马氏体相变驱动力为奥氏体与马氏体两相之间的吉布斯自由能之差;以$\Delta G_{M_s}^{\gamma \to \alpha'}$代表马氏体相变临界化学驱动力,$T_0$时奥氏体与马氏体有相同的吉布斯自由能($G_\gamma = G_{\alpha'}$),即在$T_0$温度时奥氏体向马氏体转变的化学驱动力为零。当温度$T_1$处于$T_0 \sim M_s$之间时,奥氏体-马氏体的转变驱动力小于相变临界化学驱动力,即$\Delta G_{T_1}^{\gamma \to \alpha'} < \Delta G_{M_s}^{\gamma \to \alpha'}$,此时系统不能够自发进行奥氏体-马氏体相变。如果系统的T_0温度小于室温,那么奥氏体就可以在常温下存在而不发生马氏体相变。此时如果要想发生马氏体相变则需通过外界应力或应变来提供相应的机械驱动力(U'),使总驱动力能够满足发生马氏体转变所需的临界驱动力,可用公式(4-1)表达如下:

$$\Delta G_{T_1}^{\gamma \to \alpha'} + U' \geqslant \Delta G_{M_s}^{\gamma \to \alpha'} \tag{4-1}$$

可以看出,温度的增加会导致马氏体相变化学驱动力降低,在提高温度的情况下要保持马氏体相变则应该增加外界机械驱动力。温度高于M_s^σ时,只有在施加应力高于残余奥氏体的屈服强度情况下,马氏体相变才能够发生,也就是说在这种情况下残余奥氏体产生塑性变形才能够导致马氏体相变。因此,在$M_s < T < M_s^\sigma$温度区间内产生的马氏体相变称为应力诱发马氏体相变,而在$M_s^\sigma < T < T_0$温度区间内产生的马氏体相变为应变诱发马氏体相变。而高于T_0温度的情况下,残余奥氏体自由能小于马氏体自由能,残余奥氏体-马氏体相变驱动力为负值,此时需要继续增加外界驱动力才能导致残余奥氏体-马氏体相变的发生。当温度增加到高于M_d点时,即使施加外界驱动力也不能导致残余奥氏体向马氏体转变。

图4-8给出了360 ℃回火后0.46C中碳贝氏体钢试样经3%的拉伸变形的

TEM 观察结果,从组织中可以观察到马氏体的存在。这是由于小应变时某些不稳定的残余奥氏体发生了应力诱发马氏体相变。相对较多的不稳定的残余奥氏体则很可能在拉伸变形的过程中持续发生 TRIP 效应提高塑性,马氏体相变的发生可以推迟在拉伸过程中塑性失稳的发生,从而使得均匀延伸率和总延伸率均提高(见图 4-4)。

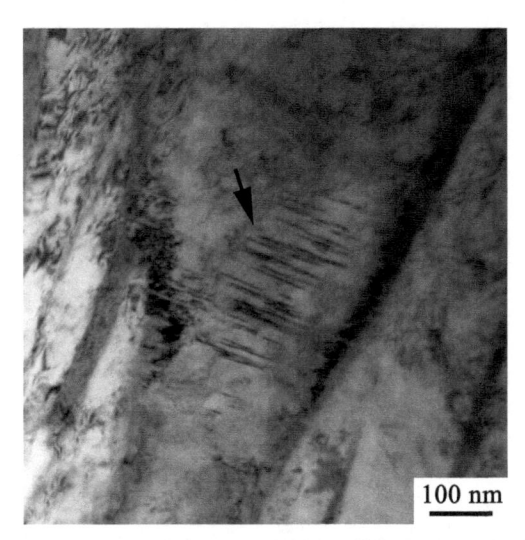

图 4-8　0.46C 中碳钢 360 ℃回火试样经 3%拉伸变形后组织中的马氏体

注:材料成分同图 4-2。

图 4-9 给出了 0.70C 高碳纳米贝氏体钢在不同拉伸应变下的 XRD 图谱及计算的各相组成结果。可以看出,在变形过程中,残余奥氏体逐渐转变为马氏体。通过拟合可以得出残余奥氏体与真应变的关系:$V_{RA} = 20.53 - 92.46 \times \varepsilon + 81.08 \times \varepsilon^2, R^2 = 99.2\%$。根据该关系式,可以准确地计算出在任意应变下的各相体积分数。如前所述,在变形初期,主要为稳定性低的块状残余奥氏体先发生转变,随后为薄膜状残余奥氏体发生转变。依据转变得到的马氏体含量,可以推测出在宏观变形过程中残余奥氏体相所分担的应力,从而据此计算出不同宏观应变下块状和薄膜状残余奥氏体发生马氏体转变的详细情况,如图 4-10 所示。

贝氏体钢在磨损过程中,组织中的残余奥氏体在剪切应力的作用下,也会逐渐转变为马氏体,如图 4-11 所示。一方面残余奥氏体转变为马氏体有利于提高贝氏体钢表面的硬度,提高其耐磨性;另一方面发生马氏体转变会引起体积膨胀,从而会使得微裂纹闭合,降低裂纹扩展速率,进一步提高耐磨性,其具体作用将在第5章中详细描述。随着磨损时间的延长,在载荷与温度的共同作用下,磨损表面将产生疲劳裂纹,在裂纹由表面向亚表面扩展过程中,不仅受到贝氏体铁素体与奥氏体薄膜界面的阻碍,而且在裂纹扩展时引起奥氏体薄膜变形,应变诱发形成的马氏体增加磨损表层组织硬度的同时抑制了裂纹尖端的扩展,进一步减缓了贝氏体钢磨损。此外,在滑动磨损过程中,摩擦表面会产生剪切应力,剪切应力会导致钢中位错滑移,从而导致表面发生剧烈的塑性变形,诱发残余奥氏体发生马氏体相变,形成超细的单相纳米晶铁素体(如图4-12所示),表面硬度增加,耐磨性得到进一步改善。

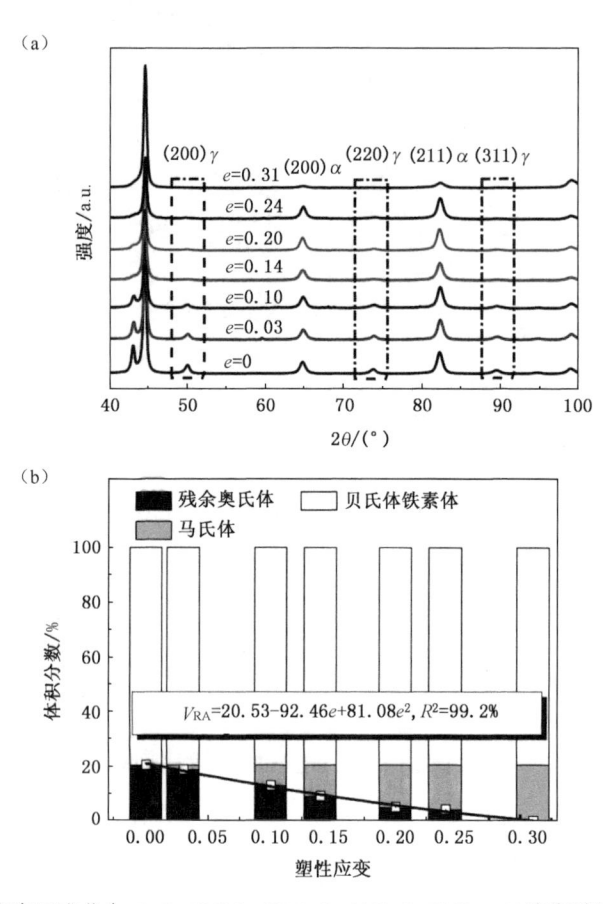

图4-9 不同应变下成分为 Fe-0.70C-0.63Mn-0.64Cr-2.59Si wt% 的高碳纳米贝氏体钢的 XRD 图谱(a),与各相体积分数随应变的变化情况(b)

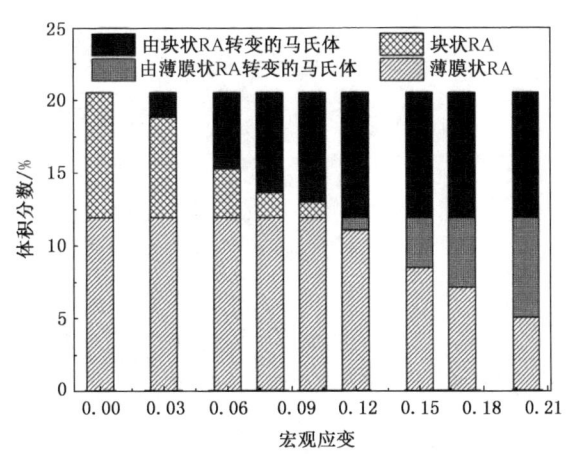

图 4-10　不同应变下成分为 Fe-0.70C-0.63Mn-0.64Cr-2.59Si wt% 的高碳纳米贝氏体钢组织内不同形态残余奥氏体的转变规律

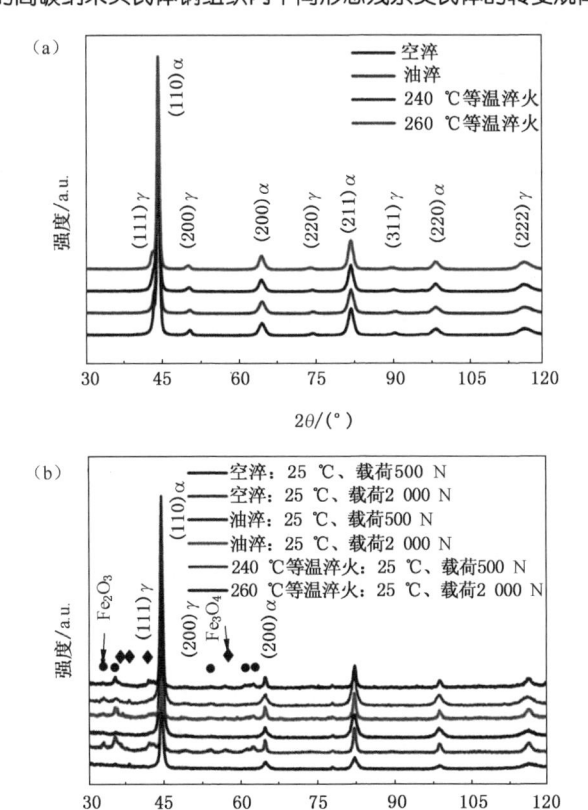

图 4-11　成分为 Fe-0.49C-1.82Mn-1.20Cr-1.55Si-0.69Al wt% 的贝氏体钢不同工艺处理后的 XRD 图谱(a)以及在不同载荷下磨损后表面的 XRD 图谱(b)

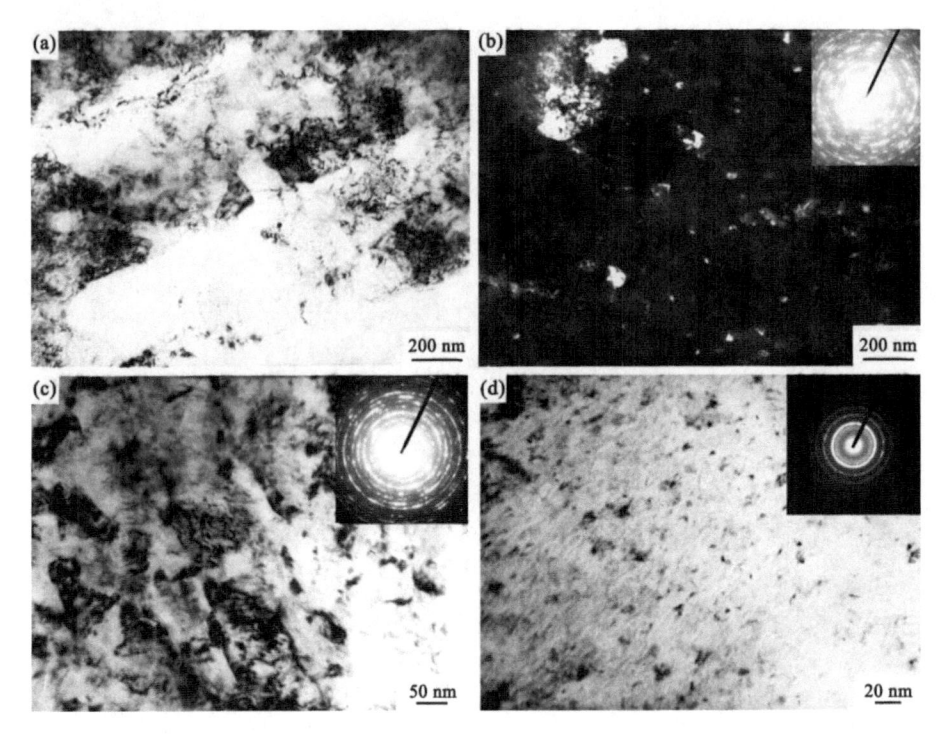

图 4-12　成分为 Fe-0.29C-2.33Mn-1.45Cr-0.35Mo-1.62Si-0.32Ni-0.023P-0.015S wt%的贝氏体钢不同磨损深度 TEM 组织图：(a)200 μm 深度明场相；(b)100 μm 深度暗场相；(c)30 μm 深度明场相；(d)表层的明场相

在疲劳过程中，贝氏体钢中不稳定的残余奥氏体也会发生应力/应变诱发马氏体相变，这对贝氏体钢的疲劳寿命有显著的影响。目前主要存在两种截然相反的观点：一种观点认为这种转变吸收了裂纹扩展的能量，钝化裂纹，阻碍了裂纹的扩展，因而提高了材料的疲劳寿命；而另一种观点认为这种在循环载荷作用下生成的未回火的马氏体组织脆性大，会降低疲劳寿命。研究发现，渗碳钢表层的残余奥氏体在循环载荷作用下会发生诱发马氏体相变，可以有效地提高表面残余压应力水平，提高表面硬度，从而提高渗碳钢的疲劳寿命。在滚动接触疲劳过程中，传统高碳铬轴承钢中微裂纹主要形成于硬质碳化物与基体的相界面，而纳米贝氏体钢中微裂纹形成于应变诱发相变形成的高碳马氏体与贝氏体铁素体的相界面处，这些高碳马氏体由稳定性较低的块状残余奥氏体转变而来，同时这些微裂纹在扩展过程中不断分叉，有效地延迟了最终断裂的发生，因此有利于疲劳寿命的提高。而在微裂纹附近的薄膜状的残余奥氏体则非常稳定,在滚动接触疲劳过程中未发生相变。

渗碳和高碳纳米贝氏体轴承钢的研究结果表明,两种钢表面残余奥氏体在滚动接触疲劳过程中均发生了应变诱发马氏体相变。循环 1.40×10^7 周次后渗碳钢表面残余奥氏体含量趋于稳定,从32.2%下降到12.4%,也就是说渗碳钢表层的残余奥氏体的61%均发生了应变诱发马氏体相变;而原始表面中残余奥氏体含量为8.9%的高碳钢经 1.21×10^7 周次循环后,残余奥氏体几乎完全转变,如图4-13和第5章中表5-9所示。渗碳钢表面残余奥氏体发生应变诱发马氏体的数量远远大于高碳钢。一方面,表面组织中残余奥氏体发生马氏体相变,体积膨胀,产生压应力,残余奥氏体转变量越多,则压应力值越大,越有利于滚动接触疲劳寿命的提高。另一方面,越多的残余奥氏体发生马氏体相变,越多的应变能被吸收,这就使裂纹的萌生与扩展变得迟缓,从而提高了疲劳寿命。

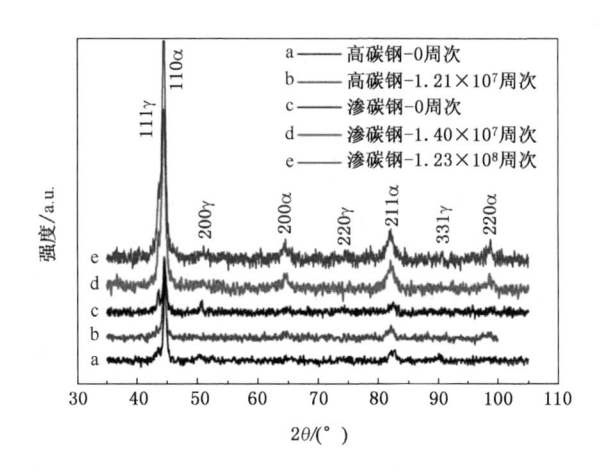

图4-13 渗碳钢和高碳纳米贝氏体轴承钢经不同滚动接触
疲劳周次后表面的X射线衍射谱

贝氏体钢中不稳定的残余奥氏体在应力/应变下诱发马氏体相变,会导致体积膨胀,而这是影响贝氏体钢构件尺寸稳定性的关键因素。尺寸稳定性是机械零件设计中所必须要考虑的重要问题,尤其是对于精密构件更为重要。

4.2.3 回火处理马氏体相变

当贝氏体钢处于回火过程中残余奥氏体尚未完全分解的某一阶段时,如果

此时材料被冷却到室温,那么由于渗碳体的析出以及碳原子的消耗的共同作用,残余奥氏体对马氏体相变表现出较低的稳定性:

$$\gamma' \rightarrow \gamma'' + \theta + \alpha_b \rightarrow \gamma'' + \theta + \alpha_b + \alpha' \quad (4-2)$$

在上式整个过程中的每一阶段,奥氏体的含量都是减少的;γ''指的是与γ'具有不同化学成分的奥氏体。可以得出一个必然的结果,那就是在室温下测量的残余奥氏体含量要低于回火温度下的残余奥氏体含量。

Fe-0.22C-3Mn-2.03Si wt% 贝氏体钢经450℃回火并冷却到室温后,其TEM照片中可同时观察到回火马氏体和未回火马氏体组织(可通过观察马氏体组织中是否有碳化物析出进行区分)。图4-14显示了该贝氏体钢450℃回火后组织中观察到的未回火的孪晶马氏体。孪晶马氏体来源于回火过程中高碳残余奥氏体的分解。回火过程中伴随着碳化物的析出,局部碳含量降低,从而使得残余奥氏体变得不稳定,因此部分残余奥氏体在回火后的冷却过程中转变为未回火的马氏体组织。

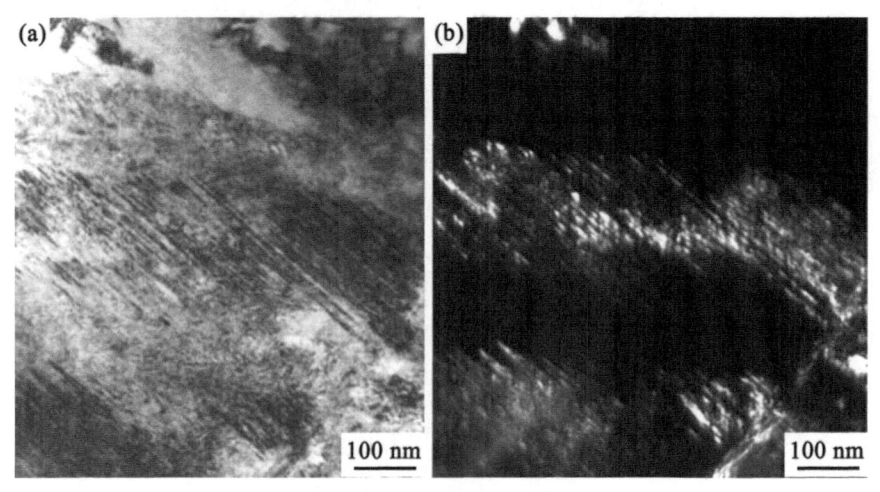

图4-14 成分为Fe-0.22C-3Mn-2.03Si wt%的钢450 ℃回火1 h试样中未回火马氏体的TEM明场相(a)和暗场相(b)

利用原位观察的方法捕捉到与贝氏体钢中残余奥氏体在回火后的冷却过程中发生的马氏体相变相关的实验证据。图4-15a显示了未回火显微组织中块状残余奥氏体存在的区域(箭头所指)。试样在450 ℃进行30 min回火后冷却至室温,室温下在原始存在块状残余奥氏体的位置观察到了孪晶马氏体,见图4-15b。

这一观察结果有力地支持了不稳定的残余奥氏体在回火之后的冷却过程中会发生马氏体相变这一重要理论。

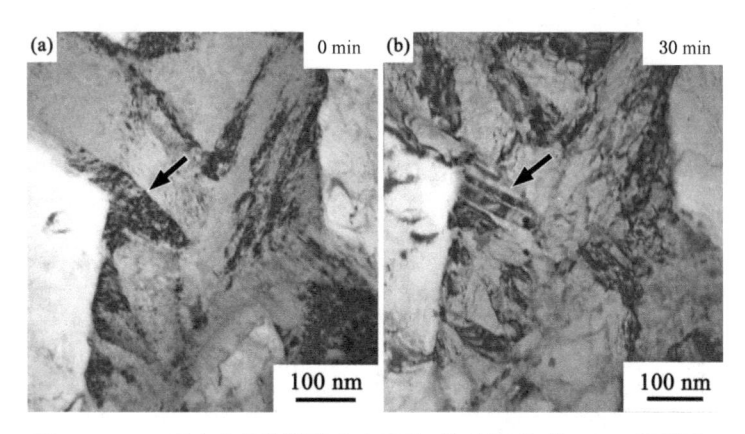

图 4-15 （a）回火之前块状残余奥氏体（箭头位置）的 TEM 组织图，（b）450 ℃回火 30 min 冷却后在原始块状残余奥氏体位置观察到的孪晶马氏体

4.2.4 深冷处理马氏体相变

深冷工艺是将贝氏体钢冷却至远低于室温的温度进行长时间等温，使残余奥氏体体积分数进一步降低的热处理工艺。在深冷处理过程中，一方面残余奥氏体逐渐转变为马氏体，另一方面由于温度较低，贝氏体和马氏体晶格收缩，迫使碳扩散析出纳米尺度碳化物。深冷工艺通常按照缓慢降温、长时间保温和缓慢升温三个阶段顺次进行，图 4-16 给出了一个深冷工艺的工艺曲线例子。降温过程中，残余奥氏体的马氏体相变会产生一部分组织应力。缓慢降温的目的是减小甚至彻底消除这部分残余组织应力。一般保温时间越长、保温温度越低，深冷工艺处理后贝氏体钢的性能越好。缓慢升温的目的是防止残余热应力的产生，温度一般升高到室温即可。如果考虑到零件的特殊用途，如工作温度比较高等，可以再缓慢升高到 160 ℃。

有意思的是，如果贝氏体钢在室温下放置一段时间或进行低温回火后，残余奥氏体的稳定性会大幅度增加，再将其进行深冷处理，其发生转变的量降低。这是因为 C、N 等间隙原子在适当的温度下会偏聚于点阵缺陷处，钉扎位错，强化残余奥氏体，增大马氏体相变的切变阻力。残余奥氏体的热稳定化程度与深冷工艺处理前贝氏体钢的室温放置时间和低温回火温度及时间有关。在 120 ℃以下温度回火,回火温度越高,回火时间越长,对残余奥氏体的稳定化效果越显著,残余奥氏体在深冷工艺处理过程中向马氏体转变越困难。为了使更多残余奥氏体在深冷工艺处理过程中发生马氏体相变,贝氏体钢应在等温淬火冷却到室温后尽快进行深冷工艺处理。

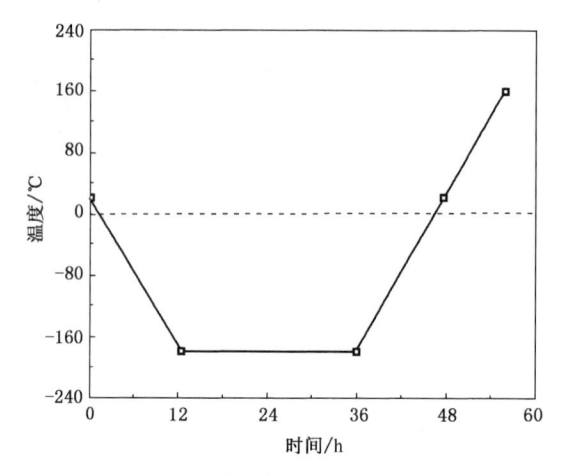

图 4-16　一种贝氏体钢深冷工艺曲线

图 4-17 给出了一组深冷处理实例的 TEM 结果。成分为 Fe-0.95C-0.91Si-1.3Mn-2.3Cr-0.99Mo-0.17Ti wt% 的高碳钢在 200 ℃ 等温 10 天后分别冷却至室温和冷却至 -196 ℃。可以看出,经过深冷处理后,有纳米尺度的碳化物析出,同时,块状奥氏体被冷却过程中生成的马氏体进一步分割,使其尺寸明显减小。图 4-18 为深冷处理和未深冷处理下残余奥氏体的体积分数及硬度变化情况。由于在等温 10 天处理未转变奥氏体内的碳含量很高,达到 1.56 ~ 1.79 wt%,其马氏体转变温度显著降低至 -204 ~ -288 ℃,导致在深冷处理时仅有少量的奥氏体发生了马氏体转变。这部分转变的马氏体提高了最终材料的硬度。

4.3　碳化物析出

在上贝氏体中,碳化物从富碳奥氏体中析出,析出的碳化物中最常见的是渗碳体。碳化物的析出会降低残余奥氏体中的碳含量,从而促进形成更多数量的铁素体。当高碳钢(> 0.45C wt%)在贝氏体温度范围内发生相变时,渗碳体会以薄膜状形态在奥氏体晶粒表面析出,从而破坏钢的韧性,一般可以通过降低相变温度来阻碍渗碳体长大。

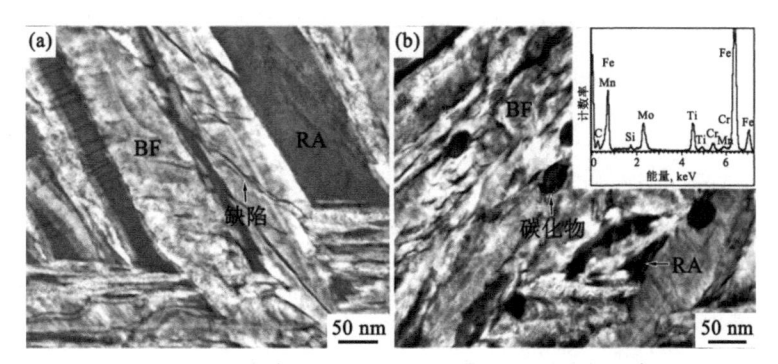

图 4-17 0.95C 高碳钢在 200 ℃等温 10 天后冷却至室温
(a)和深冷处理后(b)的贝氏体相变的 TEM 组织图

注：b 图中右上角为对碳化物的 EDS 分析结果。

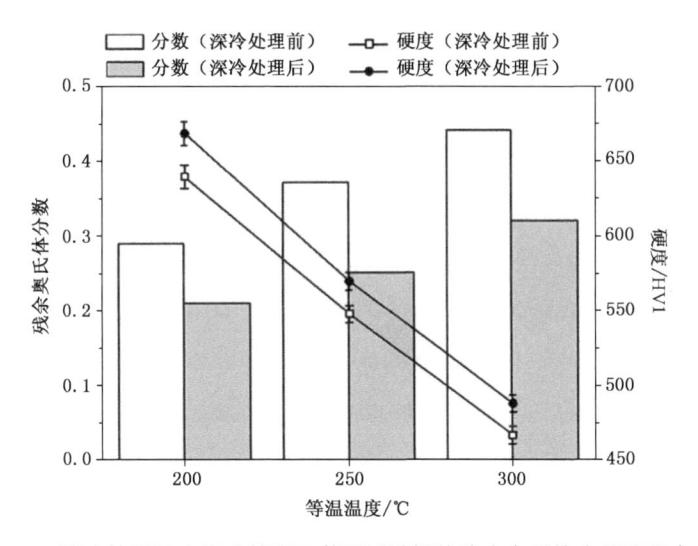

图 4-18 深冷处理及未深冷处理工艺下试验钢的残余奥氏体含量及硬度变化

在下贝氏体中，一些碳原子从过饱和铁素体中析出，还有一部分碳原子通过配分进入剩余的残余奥氏体中。因此，与上贝氏体相比，下贝氏体中从奥氏体析出的碳化物的数量较少。κ-碳化物是在高碳钢下贝氏体相变过程中发现的，在相变过程后期，它以过渡碳化物的形式从富碳残余奥氏体中析出。这种碳化物对硅的溶解度很高，在等温相变过程中，它将转变成 χ-碳化物，而 χ-碳化物最终也会被更加稳定的渗碳体所取代。

4.3.1 碳化物析出动力学

在贝氏体相变过程中,碳通过配分进入残余奥氏体中。根据理论计算得出的 $\gamma/(\gamma+\theta)$ 相界面结果,可以判定当奥氏体中的碳浓度 x_γ 超过其溶解极限时,就可能析出渗碳体。第 3 章中图 3-15 对此进行了说明,图中阴影区域表示的是奥氏体,其不稳定而析出渗碳体。由此判定,如果没有动力学障碍,并且相变温度在 T_c 温度以下,碳化物会随着上贝氏体的长大而析出。当未转变的残余奥氏体中的任何区域的碳浓度大于或者等于由 T_0' 曲线给出的碳浓度时,回火只能通过一种涉及碳原子扩散的机制来引起进一步转变。如果残余奥氏体中的碳浓度超过外推 $\gamma/(\gamma+$ 碳化物$)$ 相界面处的碳浓度时,残余奥氏体可能分解成铁素体和碳化物的混合组织。在铁素体基体上,较大的块状奥氏体形成具有细小的片层间距的珠光体团,然而,薄膜状奥氏体分解成离散分布的渗碳体颗粒。这些薄膜状奥氏体的厚度太薄,以至于不允许发生协同生长形成珠光体团。当回火温度较高时,可能不满足碳化物形成的 T_c 条件,在这种情况下残余奥氏体会转变成铁素体,尽管这并非通过贝氏体相变机制进行。在 B_s 温度以下,并且在初始等温转变温度以上进行回火,可以引起残余奥氏体向贝氏体的进一步转变。

贝氏体相变后,碳在残余奥氏体中的分布并不是均匀的。在贝氏体板条附近或者贝氏体板条之间,碳的富集程度较大。碳原子会引起奥氏体点阵膨胀,因此在某些情况下,在同一试样中会观察到残余奥氏体存在两种晶格参数,它们分别对应不同碳含量的非均匀奥氏体。由于薄膜状残余奥氏体碳含量相对较高,因而在回火过程中,渗碳体首先从薄膜状奥氏体中析出。相比块状残余奥氏体,薄膜状残余奥氏体对形变诱发马氏体相变具有更大的稳定性,但其回火热稳定性较低,见第 3 章中图 3-28。在相同的情况下,薄膜状残余奥氏体倾向于分解成离散的渗碳体或其他碳化物颗粒以及与相邻的贝氏体铁素体具有相同取向的铁素体。

对于下贝氏体转变,很有必要区分碳化物是从贝氏体铁素体中还是从富碳残余奥氏体中析出的。碳化物从贝氏体铁素体中的析出发生得很快,而由残余奥氏体分解的析出过程相对较慢。碳化物从奥氏体中的析出速率较慢,一方面是由于碳原子在奥氏体和铁素体内的扩散速率存在差异,另一方面是由于铁素体中碳的过饱和程度更大。

当贝氏体钢中 Si 含量很高时,会阻碍渗碳体的析出,从而获得一种仅由贝氏体铁素体和残余奥氏体组成的无碳化物显微组织。Si 在与奥氏体和铁素体共处平衡态的渗碳体中的溶解度非常低。图 4-19 表明,与 Mn 相比,就 Fe-C-Si 三元相图而言,所有连接渗碳体与奥氏体的连线都是从 Fe-C 轴附近的一小块区域内辐射出来的,然而,直到得到 Mn_3C,渗碳体才会很容易地容纳 Mn 原子。如果渗碳体在长大时,通过类平衡相变机制,被迫继承了基体中的 Si,那么析出的驱动力便大大降低,从而阻碍了析出反应。第 3 章中图 3-14 给出了在通常能够形成贝氏体的温度范围内,平衡相图和准平衡相图中富铁角鲜明的对比。奥氏体相区尺寸的显著增加使得系统被约束在准平衡相变条件之下。如此一来,Si 的加入可以使合金从在平衡条件下处于 $\gamma+\theta$ 相区变化为单相奥氏体区,此时渗碳体的长大过程无 Si 的配分。

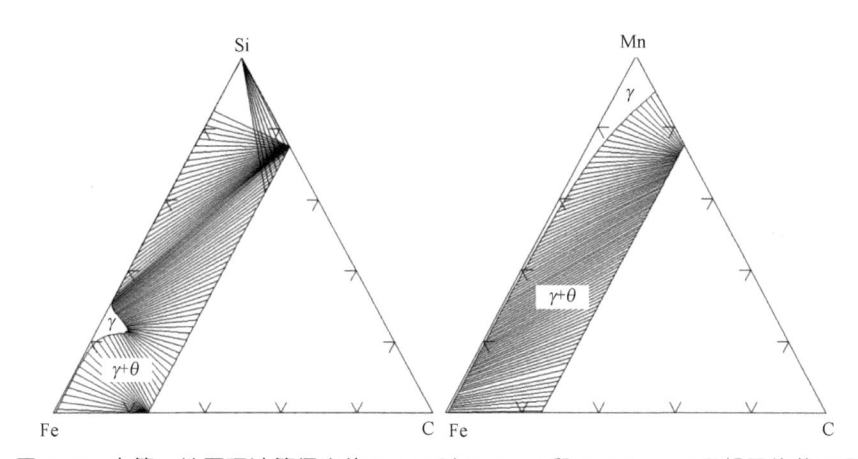

图 4-19　由第一性原理计算得出的 500 ℃时 Fe-Si-C 和 Fe-Mn-C 三元相图的截面图

Si 对碳化物从奥氏体中析出动力学的影响如图 4-20a 所示。考虑到"300M"钢本质上是"4340"钢的富 Si 版,相应地,除基体中碳含量也非常低之外,Si 对马氏体回火过程中渗碳体析出的影响非常小。这一点与经验相矛盾,但却与之前的一些研究工作是一致的;一旦认识到从过饱和铁素体中析出的驱动力很大,就可以理解这种反常现象。然而,如果马氏体中的碳原子在位错处钉扎,那么便会降低可用于析出的碳原子数量,此时,Si 的作用将会更大,如图 4-20b 所示(图中较低碳含量的钢)。

研究人员曾一度认为,碳化物析出反应的延迟是在牺牲渗碳体的情况下 Si 稳定了过渡碳化物,但现有实验结果表明,过渡碳化物中的 Si 含量并不是特别高。此外,固溶 Al 也滞后回火反应。虽然没有详细的溶解度数据,但往往认为 Al 的作用与 Si 基本相同。为汽车行业开发的一些新合金钢有时会利用溶质中的磷来阻碍渗碳体的析出,但这种现象的发生机制尚不清楚。

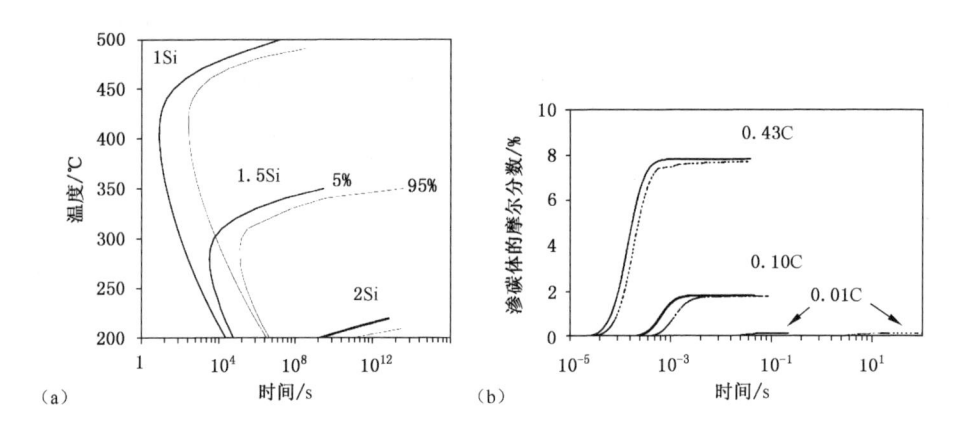

图 4-20 (a)计算得到的类平衡渗碳体从奥氏体中析出的"时间-温度-析出"图,所用钢为 Fe-1.2C-1.5Mn-1.5Si wt%;(b)4340 钢(图中实线,0.43C wt%)和 300M 钢(图中虚线)在 315 ℃下,渗碳体从马氏体中准平衡析出的动力学

在上贝氏体和下贝氏体中,碳化物的析出反应都是在贝氏体铁素体长大之后发生的。在某些合金,尤其是那些含有大量 Si 或 Al 的合金钢中,碳化物的析出反应非常缓慢,这就导致在实际应用中贝氏体只由贝氏体铁素体和富碳的残余奥氏体组成。

4.3.2 回火过程碳化物的析出

0.46C 中碳贝氏体钢在不同回火温度下试样的 TEM 照片如图 4-21 和 4-22 所示。240 ℃、320 ℃和 400 ℃回火后的基本组织为薄膜状的残余奥氏体或平行于或呈一定角度分布于贝氏体铁素体板条之间。在回火温度为 320 ℃时,根据衍射花样,组织中存在未转变完的块状残余奥氏体(图 4-21c)。当回火温度为 400 ℃时,组织中并未观察到碳化物的析出(图 4-21d)。当回火温度继续增加到 450 ℃时,可以看出基体中存在着较细小的碳化物,尺寸为 25 ± 5 nm,从其析出的位置可以推断这些碳化物既有在板条界面处的薄膜状的残余奥氏体分解得到的(图4-22a),也有从贝氏体铁素体中析出的(图4-22b)。

图 4-21 0.46C 中碳贝氏体钢经 240 ℃(a)、320 ℃(b,c)和 400 ℃(d)回火后的 TEM 组织图

注:材料成分同图 4-2。

400 ℃回火后虽然在 TEM 观察中并未看到碳化物,但由于在此温度下碳的扩散系数较高,很可能会有十分少量的碳化物析出,从而保证了其较高的强度。一些研究者的工作也表明在回火温度达到 400 ℃时,残余奥氏体热稳定性下降,块状奥氏体会发生分解,生成不稳定的碳化物或渗碳体。细小弥散分布的碳化物可与位错相互作用,提高材料的屈服强度。当回火温度达到 450 ℃时,贝氏体铁素体板条发生明显的宽化现象,降低了屈服强度,而在贝氏体铁素体板条界面处从组织中分解或析出的碳化物颗粒也保证了其较高的抗拉强度和硬度,但也明显降低了总延伸率。

碳化物会作为滑移的障碍,提供潜在的断裂路径,裂纹可在碳化物-基体的界面上开裂。400 ℃回火试样虽然具有较优异的拉伸性能,但其韧性突然降低,这与其较明显宽化的贝氏体铁素体板条尺寸(>100 nm)以及其中可能析出的碳化物有关。450 ℃回火试样由于贝氏体铁素体板条的明显宽化和碳化物的析出最终韧性很低。

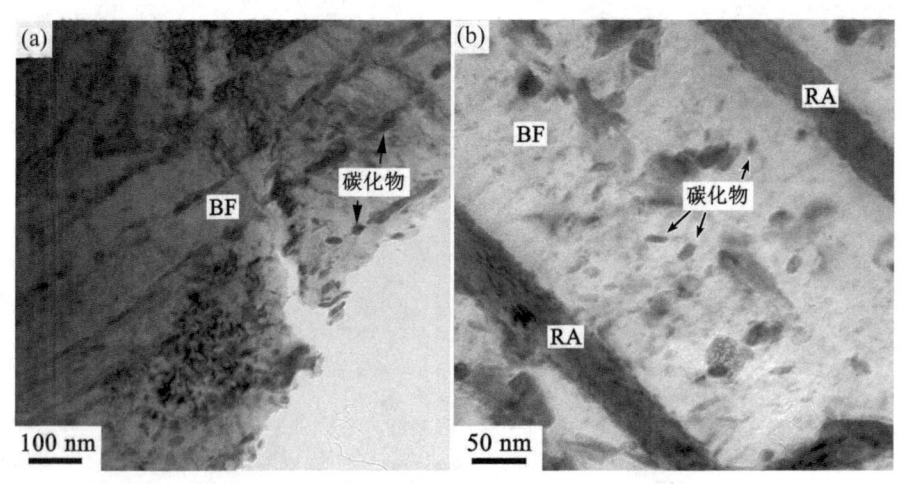

图4-22　0.46C贝氏体钢经450 ℃回火后的TEM组织图,其中
(a)为薄膜状奥氏体分解成的碳化物,(b)为从贝氏体铁素体中析出的碳化物

注:材料成分同图4-2。

利用APT技术对纳米贝氏体在回火时原子的再分布进行表征后发现:在达到完全平衡的相变前,板条界面处的残余奥氏体会在回火过程中分解;而渗碳体则会通过准平衡机制从过饱和的贝氏体铁素体中或在贝氏体铁素体-残余奥氏体界面上析出;钢中的Si则会在回火过程迅速被排斥到周围的相中,可抑制ε-碳化物向渗碳体转变,从而延迟了渗碳体的形核和长大。

无碳化物贝氏体钢中由于高的Si含量,碳化物的析出被抑制,其相变机制一般被认为是与马氏体相变类似的切变机制,为不完全相变,当残余奥氏体中的碳含量达到T_0'曲线时,转变即会停止。在回火过程中,碳原子会继续从贝氏体铁素体中向残余奥氏体中配分,贝氏体铁素体板条也会发生缓慢的宽化进程,这意味着贝氏体铁素体的宽化程度与碳的活度,也就是扩散系数有关。Park 利用 Wells 等人提出的奥氏体中碳的扩散系数与温度的关系公式 $D_C^\gamma = 0.12 \times e^{-32\,000/RT}$($R$ 为气体常数,T 为实际温度)得到的计算结果表明,回火温度在400 ℃之前时,碳的扩散系数变化十分平缓,当温度超过 400 ℃ 后,碳的扩散系数会急剧增加。因此 0.46C 贝氏体钢经 450 ℃ 回火后,组织中细小的渗碳体和明显宽化的贝氏体铁素体板条必定与在此温度下高的碳扩散系数有关。结合图 4-3 可知,当回火温度超过 400 ℃ 后,碳的扩散系数会急剧增加,薄膜状的残余奥氏体由于其中的高碳含量,与向贝氏体转变相比,会优先分解生成碳化物,最终使得残余奥氏体的体积分数减少,残余奥氏体中的碳含量也下降。

图 4-23 给出了 0.46C 贝氏体钢分别经不同温度回火后的 EBSD 组织表征。下贝氏体相变时由于转变温度较低,相变驱动力大,所造成的塑性变形较大,贝氏体束主要以没有孪晶关系的 N-W/N-W 关系为主,故形成随机分布的大角晶界的几率较大。240 ℃ 回火(图 4-23b)和 320 ℃ 回火(图 4-23d)的贝氏体束的错配角分布比例类似,都是在 40°～50°和 55°错配角度处存在尖峰,但 320 ℃ 回火试样的 40°～50°错配角所占分数有轻微的下降。当回火温度增加到 450 ℃ 时(图 4-23f),55°错配角所占分数未变,而 40°～50°错配角所占分数明显减小,30°～40°错配角所占分数增大,这可能是由于在回火过程中残余奥氏体分解成碳化物,贝氏体铁素体板条合并,最终造成贝氏体束的大角晶界的分布更为随机。这也说明了试验用钢中贝氏体束的 40°～50°错配角是不稳定的,尤其是当回火温度较高时,其在组织中所占分数会明显降低。

对一低碳无碳化物贝氏体钢在 450 ℃ 进行长时间的回火处理后发现,回火的早期阶段只析出少量的渗碳体,但由于渗碳体的析出会使基体局部贫碳而导致奥氏体变得不稳定,不稳定的奥氏体在冷却过程中生成了未回火的马氏体和更多的渗碳体。在纳米贝氏体钢中由于富碳的残余奥氏体多位于板条界面中,其经回火分解生成的密集的碳化物析出也在边界上,故可阻止贝氏体铁素体的粗化。

对纳米结构贝氏体钢的回火稳定性和碳化物析出行为进行的研究表明,回火初期残余奥氏体分解成细小的碳化物,纳米结构贝氏体钢具有明显的回火抗性,高温和长时间回火,碳化物聚集长大,会降低残余奥氏体的体积分数和碳含量,使其稳定性下降。同时,有研究表明在纳米结构贝氏体钢的回火过程中,没有发现碳从过饱和贝氏体铁素体向富碳残余奥氏体中扩散,其中稳定性较低的块状残余奥氏体(低碳含量)分解成细珠光体,而稳定性较高的薄膜状残余奥氏体(高碳含量)分解成铁素体和渗碳体。

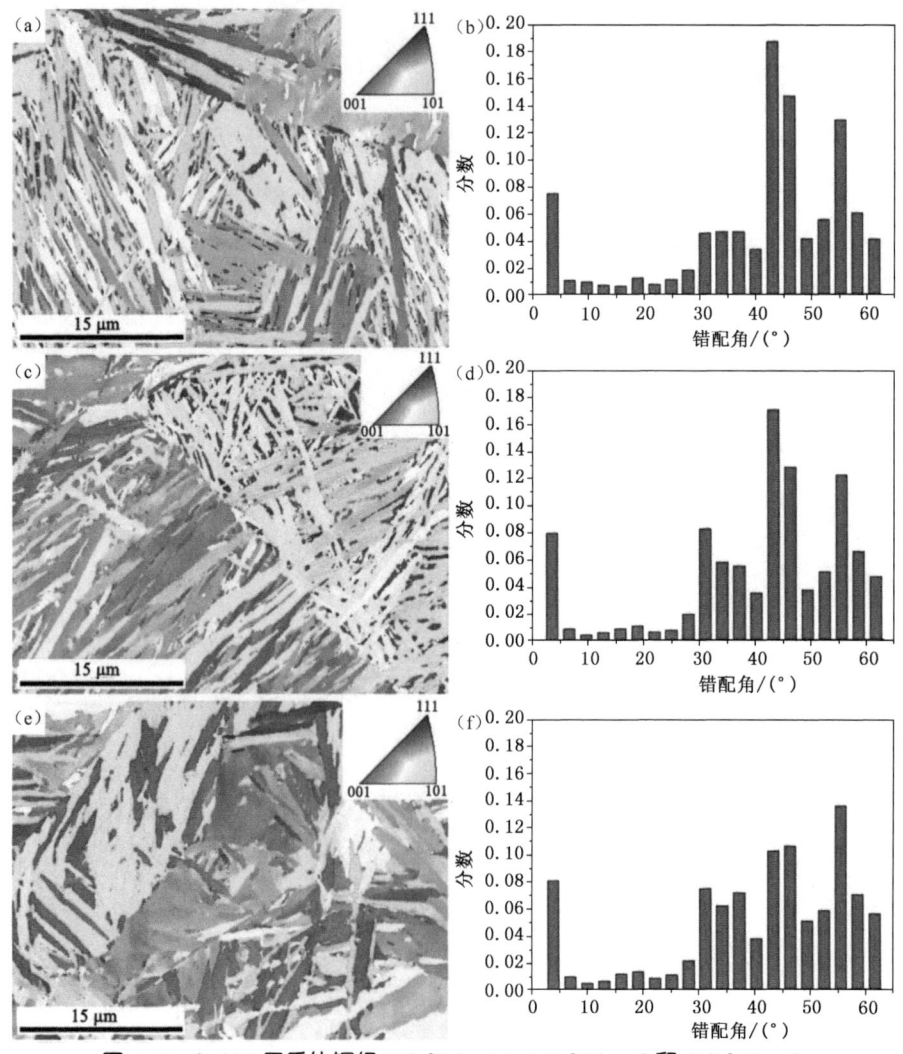

图 4-23　0.46C 贝氏体钢经 240 ℃(a,b)、320 ℃(c,d)和 450 ℃(e,f)回火后的 EBSD 组织表征结果:取向成像图(左)和错配角分布图(右)

注:材料成分同图 4-2。

参考文献

[1] 赵乃勤. 热处理原理与工艺[M]. 北京:机械工业出版社,2011.

[2] Hase K, Garcia-Mateo C, Bhadeshia H K D H. Bimodal size-distribution of bainite plates[J]. Materials Science and Engineering A,2006,438-440:145-148.

[3] Wang X L, Wu K M, Hu F, et al. Multi-step isothermal bainitic transformation in medium-carbon steel[J]. Scripta Materialia,2014,74:56-59

[4] Caballero F G, Yen H W, Miller M K, et al. Three phase crystallography and solute distribution analysis during residual austenite decomposition in tempered nanocrystalline bainitic steels[J]. Materials Characterization,2014,88:15-20.

[5] Caballero F G, Miller M K, Garcia-Mateo C, et al. Redistribution of alloying elements during tempering of a nanocrystalline steel[J]. Acta Materialia,2008,56(2):188-199.

[6] 康杰. 铁路辙叉用合金钢的组织和性能研究[D]. 秦皇岛:燕山大学,2016.

[7] You Y, Shang C, Chen L, et al. Investigation on the crystallography of the transformation products of reverted austenite in intercritically reheated coarse grained heat affected zone[J]. Materials and Design,2013,43:485-491.

[8] Zajac S, Schwinn V, Tacke K H. Characterisation and quantification of complex bainitic microstructures in high and ultra-high strength linepipe steels[J]. Materials Science Forum,2005,500-501:387-394.

[9] Kang J, Zhang F C, Yang X W, et al. Effect of tempering on the microstructure and mechanical properties of a medium carbon bainitic steel[J]. Materials Science and Engineering A,2017,686:150-159.

[10] Hu F, Wu K M, Hodgson P D, et al. Refinement of retained austenite in super-bainitic steel by a deep cryogenic treatment[J]. ISIJ International,2014,54:222-226.

[11] Garcia-Mateo C, Peet M, Caballero F G, et al. Tempering of hard mixture of bainitic ferrite and austenite[J]. Metal Science Journal,2004,20(7):814-818.

[12] Hasan H S, Peet M J, Bhadeshia H K D H. Severe tempering of bainite generated at low transformation temperatures[J]. International Journal of Materials Research, 2012, 103:1319-1324.

[13] Caballero F G, Miller M K, Clarke A J, et al. Examination of carbon partitioning into austenite during tempering of bainite[J]. Scripta Materialia, 2010, 63(4): 442-445.

[14] Podder A S, Bhadeshia H K D H. Thermal stability of austenite retained in bainitic steels[J]. Materials Science and Engineering A, 2010, 527(7): 2121-2128.

[15] Wang M M, Lv B, Yang Z N, et al. Wear resistance of bainite steels that contain aluminium[J]. Materials Science and Technology, 2016, 32:282-290.

[16] Yang J, Wang T S, Zhang B, et al. Sliding wear resistance and worn surface microstructure of nanostructured bainitic steel[J]. Wear, 2012, 282-283(1): 81-84.

[17] 胡锋,张国宏,万响亮,等. 微纳结构贝氏体钢中残留奥氏体的调控及其对稳定性的影响[J]. 材料热处理学报,2017,38(4):15-24.

[18] 胡锋. 纳米结构双相钢中残留奥氏体微结构调控及其对力学性能的影响[D]. 武汉:武汉科技大学,2014.

[19] Timokhina I B, Beladi H, Xiong X Y, et al. Nanoscale microstructural characterization of a nanobainitic steel[J]. Acta Materialia, 2011, 59(14):5511-5522.

[20] Zhang F C, Long X Y, Kang J, et al. Cyclic deformation behaviors of a high strength carbide-free bainitic steel[J]. Materials and Design, 2016, 94:1-8.

[21] Yang J, Wang T S, Zhang B, et al. High-cycle bending fatigue behaviour of nanostructured bainitic steel[J]. Scripta Materialia, 2012, 66(6):363-366.

[22] Jeddi D, Lieurade H P. Effect of retained austenite on high cycle fatigue behavior of carburized 14NiCr11 steel[J]. Procedia Engineering, 2010, 2:1927-1936.

[23] Bhadeshia H K D H. Steels for bearings[J]. Progress in Materials Science, 2012, 57(2):268-435.

[24] García-Mateo C, Caballero F G. The role of retained austenite on tensile properties of steels with bainitic microstructures[J]. Materials Transactions, 2005, 46: 1839-1846.

[25] Solano-Alvarez W, Pickering E J, Bhadeshia H K D H. Degradation of nanostructured bainitic steel under rolling contact fatigue[J]. Materials Science and Engineering A, 2014, 617: 156-164.

[26] Gao G H, Zhang H, Gui X L, et al. Enhanced ductility and toughness in an ultra-high-strength Mn-Si-Cr-C steel: the great potential of ultrafine filmy retained austenite[J]. Acta Materialia, 2014, 76: 425-433.

[27] Guo H R, Gao G H, Gui X L, et al. Structure-property relation in a quenched-partitioned low alloy steel involving bainite transformation[J]. Materials Science and Engineering A, 2016, 667: 224-231.

[28] Bhadeshia H K D H. Bainite in steels: theory and practice[M]. 3rd ed. Leeds, UK: Maney Publishing, 2015.

[29] Peet M. Transformation and tempering of low-temperature bainite[D]. Cambridge: University of Cambridge, 2010.

[30] Lee Y K, Shin H C, Jang Y C, et al. Effect of isothermal transformation temperature on amount of retained austenite and its thermal stability in a bainitic Fe-3% Si-0.45% C-X Steel[J]. Scripta Materialia, 2002, 47: 805-809.

[31] Wang Y H, Zhang F C, Wang T S. A novel bainitic steel comparable to maraging steel in mechanical properties[J]. Scripta Materialia, 2013, 68: 763-766.

[32] 张福成, 杨志南, 康杰. 铁路辙叉用贝氏体钢研究进展[J]. 燕山大学学报, 2013, 37(1): 1-7.

[33] Hu F, Wu K M, Hodgson P D. Effect of retained austenite on wear resistance of nanostructured dual phase steels[J]. Materials Science and Technology, 2016, 32: 40-48.

[34] De Cooman B C. Structure-properties relationship in TRIP steels containing carbide-free bainite[J]. Current Opinion in Solid State and Materials Science,

2004,8:285-303.

[35] Kang J,Zhang F C,Long X Y,et al. Low cycle fatigue behavior in a medium-carbon carbide-free bainitic steel[J]. Materials Science and Engineering A,2016, 66:88-93.

[36] Soliman M,Palkowski H. Development of the low temperature bainite[J]. Archives of Civil and Mechanical Engineering,2016,16:403-412.

[37] Zheng C L,Lv B,Zhang F C,et al. A novel microstructure of carbide-free bainitic medium carbon steel observed during rolling contact fatigue[J]. Scripta Materialia,2016,114:13-16.

[38] Feng X Y,Zhang F C,Kang J,et al. Sliding wear and low cycle fatigue properties of new carbide free bainitic rail steel[J]. Materials Science and Technology,2014,30:1410-1418.

[39] Yi H L,Lee K Y,Bhadeshia H K D H. Mechanical stabilisation of retained austenite in δ-TRIP steel[J]. Materials Science and Engineering A,2011,528: 5900-5903.

[40] 刘宗昌,任慧平. 贝氏体与贝氏体相变[M]. 北京:冶金工业出版社,2009.

[41] Ryu J H,Kim D I,Kim H S,et al. Strain partitioning and mechanical stability of retained austenite[J]. Scripta Materialia,2010,63:297-299.

[42] Zhang S,Findley K O. Quantitative assessment of the effects of microstructure on the stability of retained austenite in TRIP steels[J]. Acta Materialia,2013,61: 1895-1903.

[43] Kang J,Zhang F C,Long X Y,et al. Low cycle fatigue behavior in a medium-carbon carbide-free bainitic steel[J]. Materials Science and Engineering A, 2016,66:88-93.

[44] Zhang F C,Lv B,Zheng C L,et al. Microstructure of the worn surfaces of a bainitic steel railway crossing[J]. Wear,2010,268:1243-1249.

[45] Wang K K,Tan Z L,Gao G H,et al. Ultrahigh strength-toughness combination in bainitic rail steel: the determining role of austenite stability during tempering

[J]. Materials Science and Engineering A,2016,662:162-168.

[46] 武东东. 新型纳米贝氏体轴承用钢研究[D]. 秦皇岛:燕山大学,2016.

[47] 王艳辉. 大功率风电轴承用纳米贝氏体钢化学成分设计与组织性能调控[D]. 秦皇岛:燕山大学,2017.

[48] 赵雷杰. 低碳超细贝氏体钢的制备、组织调控与力学性能的研究[D]. 秦皇岛:燕山大学,2017.

[49] 李艳国. 铁路轨道用含铝无碳化物贝氏体钢的组织和性能研究[D]. 秦皇岛:燕山大学,2017.

[50] 张春雨. 70Si3Mn 无碳化物贝氏体钢的变形行为研究[D]. 秦皇岛:燕山大学,2018.

[51] 赵敬. 变形奥氏体的纳米贝氏体转变行为及组织与力学性能[D]. 秦皇岛:燕山大学,2017.

[52] Arijit S P. Tempering of a mixture of bainite and retained austenite[D]. Cambridge:University of Cambridge,2011.

第5章

残余奥氏体对贝氏体钢力学性能的影响

贝氏体相变的不完全特性决定其组织中含有一定量的残余奥氏体,这些残余奥氏体在室温下为亚稳相。在一定的外加应力/应变的作用下,稳定性低的残余奥氏体会转变为高强度、高脆性的马氏体,而稳定性高的部分则会发挥其高塑韧性的特性,两种过程均显著影响材料力学性能。本章主要阐述残余奥氏体对强度、塑性和韧性等常规力学性能,以及对耐磨性能、疲劳性能及氢脆性能的影响规律。

5.1 对常规力学性能的影响

贝氏体组织中残余奥氏体作为面心立方结构相,具有比铁素体相更加优异的加工硬化能力。在纳米贝氏体钢中,强度主要是由纳米尺度的贝氏体铁素体相控制,而韧性则主要受残余奥氏体相控制。残余奥氏体应变诱发马氏体转变,是提高材料强韧性的一个主要原因。除此之外,也有研究结果表明,纳米贝氏体钢在变形过程中,薄膜状的残余奥氏体会吸收临近贝氏体铁素体中的位错,使得贝氏体铁素体保持在非加工硬化状态,可以有效协调贝氏体铁素体的变形,从而提高纳米贝氏体钢的强度和塑性。这一观点在普通的下贝氏体钢中也得到了证明。

5.1.1 对强度的影响

依据现在广泛应用的混合修正原则(如公式(5-1)),残余奥氏体作为贝氏体钢多相组织结构中的重要组成部分,其自身的强度对贝氏体钢的整体强度有一定的影响,因此有必要准确地了解残余奥氏体的强度。

$$\sigma = V_A \times \sigma_A + V_B \times \sigma_B \tag{5-1}$$

式中 V_A 和 V_B 分别为组分 A 和 B 的体积分数，σ_A，σ_B 分别代表组分 A 和 B 的强度。

前面第 2 章中已经介绍了贝氏体组织内主要有两种类型的残余奥氏体：块状和薄膜状。这两类残余奥氏体的差异不仅体现在形状和尺寸上，在固溶碳含量上也有明显的不同。通常，经过热处理后，块状残余奥氏体内的碳含量要低于薄膜状残余奥氏体内的碳含量。但也有一些研究结果显示，通过一定的处理工艺，可以使块状残余奥氏体内固溶的碳含量高于薄膜状残余奥氏体。因此，这一点在计算时要特别注意。

由于尺寸小，现今的技术手段还难以单独测试出贝氏体钢中残余奥氏体的力学性能，因此，只能通过计算估算出强度值。对于残余奥氏体，需要考虑到合金元素的固溶强化、位错强化、尺寸细化强化等因素。

对于固溶强化，Singh 和 Bhadeshia 给出了计算奥氏体钢的屈服强度的公式，如公式(5-2)：

$$\sigma_{固溶} = 15.4 \times (1 - 0.26 \times 10^{-2}T_r + 0.47 \times 10^{-5}T_r^2 - 0.326 \times 10^{-8}T_r^3) \times (4.4 + 23w_C + 1.3w_{Si} + 0.24w_{Cr} + 0.94w_{Mo}) \quad (5-2)$$

式中 $T_r = T - 25\ ℃$，T 为室温，通常取 25 ℃，w 为合金元素的质量分数。依据公式(5-2)可以计算得出固溶的合金元素对残余奥氏体强度的贡献数值。在这里，除碳元素的含量之外，块状残余奥氏体与薄膜状残余奥氏体内其他合金元素的含量相同，也与基体含量相同。两类残余奥氏体内的碳含量需要分别测算：可以利用三维原子探针技术，分别直接定量测得两类残余奥氏体内的碳元素及其他合金元素的含量；也可以利用同步加速 X 射线衍射测试，准确测量出衍射峰，由于块状残余奥氏体和薄膜状残余奥氏体内碳含量的差异，两种奥氏体的晶格常数不同，对应的衍射峰角度略有差异，从而可以对 FCC 结构的奥氏体衍射峰进行分峰处理，得到两种奥氏体的衍射峰及对应的晶格常数，进而获得不同奥氏体内的碳含量。

通过 X 射线衍射峰分析，可以得出残余奥氏体的位错密度 ρ，进而利用公式(5-3)，得到位错强化的贡献数值。

$$\sigma_{位错} = \alpha \mu b \sqrt{\rho_t} \quad (5-3)$$

式中 α、μ 和 b 分别为数量因子、切变模量和位错柏氏矢量。

尺寸细化强化部分,则需要通过对微观组织图片的统计分析,得出块状残余奥氏体以及薄膜状残余奥氏体的平均尺寸 t,进而利用尺寸效应公式(5-4),计算得出尺寸细化的影响。

$$\sigma_{细化} = \frac{\alpha M \mu b}{t_{RA}} \tag{5-4}$$

式中 M 为泰勒因子。块状残余奥氏体的尺寸对强度的贡献非常小,有时可以忽略。对于在 100 nm 以下的薄膜状残余奥氏体,其强度贡献甚至可以达到 ~200 MPa。

将固溶强化、位错强化、尺寸细化强化三部分进行组合,可以得到残余奥氏体的屈服强度。如需进一步计算得出抗拉强度,则需要考虑奥氏体的应变硬化指数,以及强度与指数之间的关系。通过大量统计,得出奥氏体钢屈服强度与抗拉强度之间差值与应变硬化指数之间的关系,如图 5-1 所示。通过该关系式,可以进一步计算得出残余奥氏体的抗拉强度值。

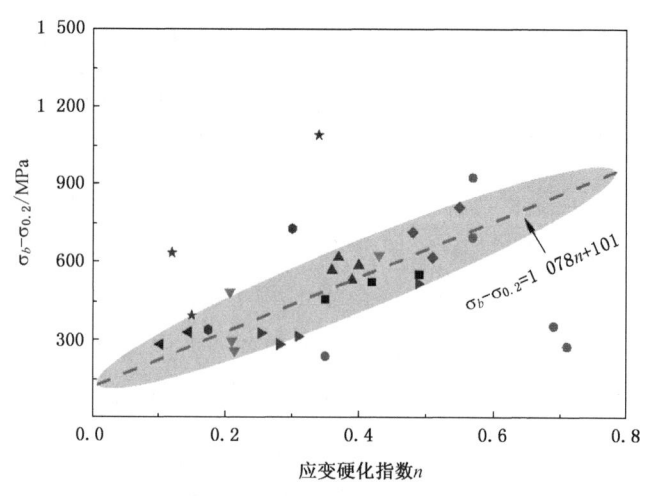

图5-1 奥氏体钢抗拉强度、屈服强度差值与应变硬化指数之间的关系

对残余奥氏体强度的估算,可以更加清晰地了解残余奥氏体的性能,有助于分析残余奥氏体对贝氏体钢强度、塑性和韧性的影响。在计算过程中,对残余奥氏体内碳含量、位错密度等微观结构信息表征的准确程度,直接影响计算结果的准确性。

通常,残余奥氏体的强度低于贝氏体铁素体基体的强度,在贝氏体钢中是作为强度较低的软相发挥其作用。但是当残余奥氏体的尺寸非常细小,其固溶碳含量又比较高时,这部分残余奥氏体的强度有可能超过贝氏体铁素体基体的强度。在常规情况下,由于残余奥氏体较低的强度,其含量的增加会降低贝氏体钢的强度,如图 5-2 所示。

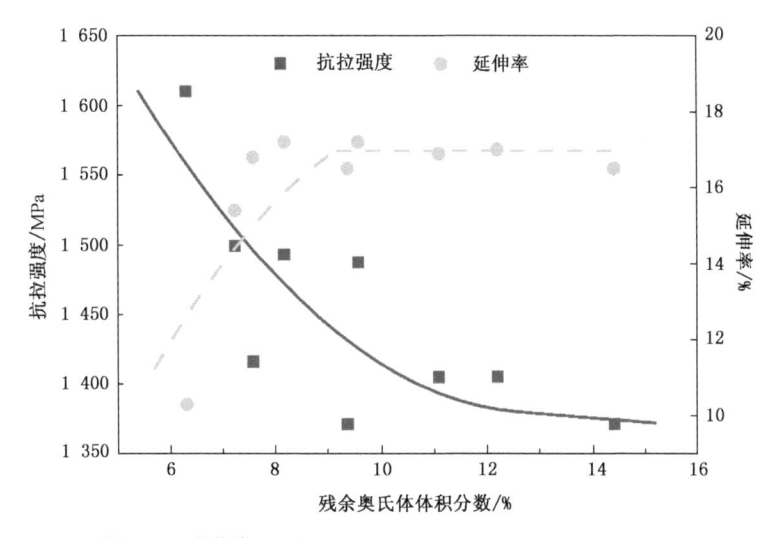

图 5-2 成分为 Fe-0.30C-1.58Mn-1.44Si-1.13Cr-0.45Ni-0.48Al-0.40Mo wt%的贝氏体钢强度和延伸率随残余奥氏体含量的变化规律

从另一个角度讲,低强度的残余奥氏体转变为高强度的马氏体,同时在切变相变过程中引入的形状变形会带来额外的硬化效应,从而使得贝氏体钢的强度增加。因此,较高体积分数的残余奥氏体转变会增加对贝氏体钢强度的贡献,在塑性失稳发生之前残余奥氏体的转变量越高,生成的高强度马氏体量越高,则带来的强度增量越大。

图 5-3 给出了一组无 Al 和含 Al 贝氏体钢的对比结果。无 Al 钢中的残余奥氏体含量高于含 Al 钢,因此前者的屈服强度明显略低于后者。但是无 Al 钢中的残余奥氏体内的碳含量更低,使其稳定性差。在变形初期,无 Al 钢中更多的残余奥氏体转变为马氏体,提高了材料的应变硬化率,如图 5-3b 所示,从而使得无 Al 钢获得了更高的抗拉强度。

5.1.2 对塑性的影响

残余奥氏体对贝氏体钢的影响,更为主要的是体现在对塑性和韧性的影响方面。在变形过程中,残余奥氏体的转变及对贝氏体铁素体的协调,使得材料保持较高的应变硬化能力,获得较高的塑性。在金属变形过程中,当外力超过屈服强度后,塑性变形并不像屈服平台那样持续流变下去,而需要不断增加外力才可继续进行,这就是材料的应变硬化性能。材料的应变硬化指数直接反应了材料抵抗继续塑性变形的能力,其指数 n 在数值上等于拉伸变形时的真实均匀应变量。因此有必要介绍一下残余奥氏体转变对应变硬化能力的影响。

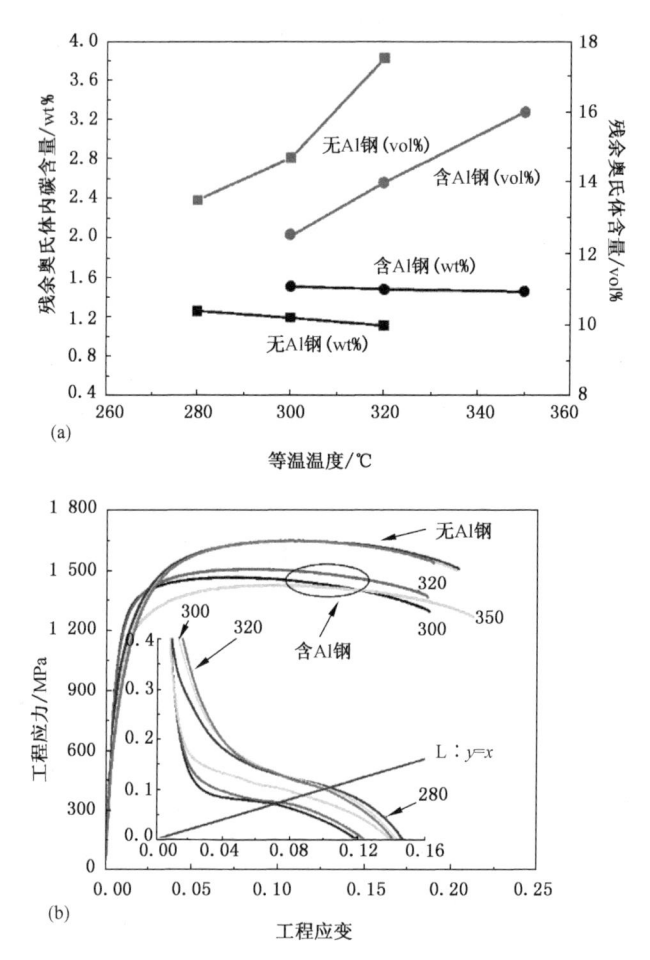

图 5-3 无 Al 贝氏体钢(成分为:Fe-0.27C-1.78Si-2.40Mn-1.81Cr-0.31Ni-0.34Mo-0.006Al,wt%)和含 Al 贝氏体钢(成分为:Fe-0.28C-0.82Si-2.14Mn-1.62Cr-0.33Ni-0.22Mo-1.21Al,wt%)经不同温度等温处理后组织中的残余奥氏体含量及其内含碳量(a),以及拉伸应力应变曲线(b)

贝氏体钢组织中,贝氏体铁素体内部含有较高密度的位错,同时由于位错在体心立方结构的铁素体内部运动速度较慢,使得贝氏体铁素体的应变硬化指数较低。图5-4给出了一组高碳无碳化物贝氏体钢的性能曲线及对应的均匀真应变与残余奥氏体含量之间的关系曲线。可以看出,随着残余奥氏体含量的降低,贝氏体钢的均匀真应变逐渐降低,说明材料的应变硬化能力降低。通过对曲线进行合理的外延至残余奥氏体含量为零,得出贝氏体铁素体的应变硬化指数仅为0.014 8。这也表明该成分下无残余奥氏体的贝氏体钢,其均匀真应变仅为0.014 8。而残余奥氏体自身具有高的应变硬化能力,其应变硬化指数可以达到0.44。因此,残余奥氏体的应变硬化能力对贝氏体钢的应变硬化及塑性具有显著的影响。

在变形过程中残余奥氏体的转变,对贝氏体钢的应变硬化行为影响最为显著。块状残余奥氏体由于稳定性较低,其在变形初期率先发生转变,生成高硬度的马氏体,对提高材料应变硬化能力起主要作用。而薄膜状残余奥氏体由于稳定性较高,在变形初期几乎不发生转变,因此对贝氏体钢变形前期应变硬化行为贡献较少。但在变形后期、块状残余奥氏体消耗完之后,薄膜状残余奥氏体的转变对贝氏体钢的应变硬化行为起主导作用。图5-3中的数据结果也表明了降低残余奥氏体内的碳含量后,降低无Al贝氏体钢内的残余奥氏体的稳定性,使其不仅具有初期的高应变硬化率,同时在整体变形过程中能够不断地转变为马氏体,延迟颈缩产生,从而使材料获得了高的均匀塑性。

残余奥氏体对贝氏体钢塑性影响主要是通过应力/应变诱发转变为马氏体的方式实现。贝氏体钢中亚稳态的残余奥氏体在变形过程中转变为马氏体。对于在室温下变形,由于变形温度相对较高,弹性应力不足以弥补发生马氏体相变缺少的部分驱动力,因此只有当塑性应变达到一定值后才能弥补缺少的驱动力,进而诱发残余奥氏体发生马氏体相变。因此,残余奥氏体在室温下的拉伸变形过程中一般发生的是应变诱发马氏体相变,而非应力诱发马氏体相变。

在应变的诱发作用下,变形过程中残余奥氏体逐渐转变为马氏体,可以有效地释放局部应力集中,并使微观应力重新分布,从而推迟颈缩的发生,使延伸率尤其是均匀延伸率增加。这种现象通常被称为相变诱发塑性(TRIP)效应。大量研究结果也证实,随着残余奥氏体含量的增加,贝氏体钢的抗拉强度逐渐降低,延伸率逐渐升高,示例如图 5-2 和图 5-5,说明残余奥氏体对材料的强度和塑性影响显著。

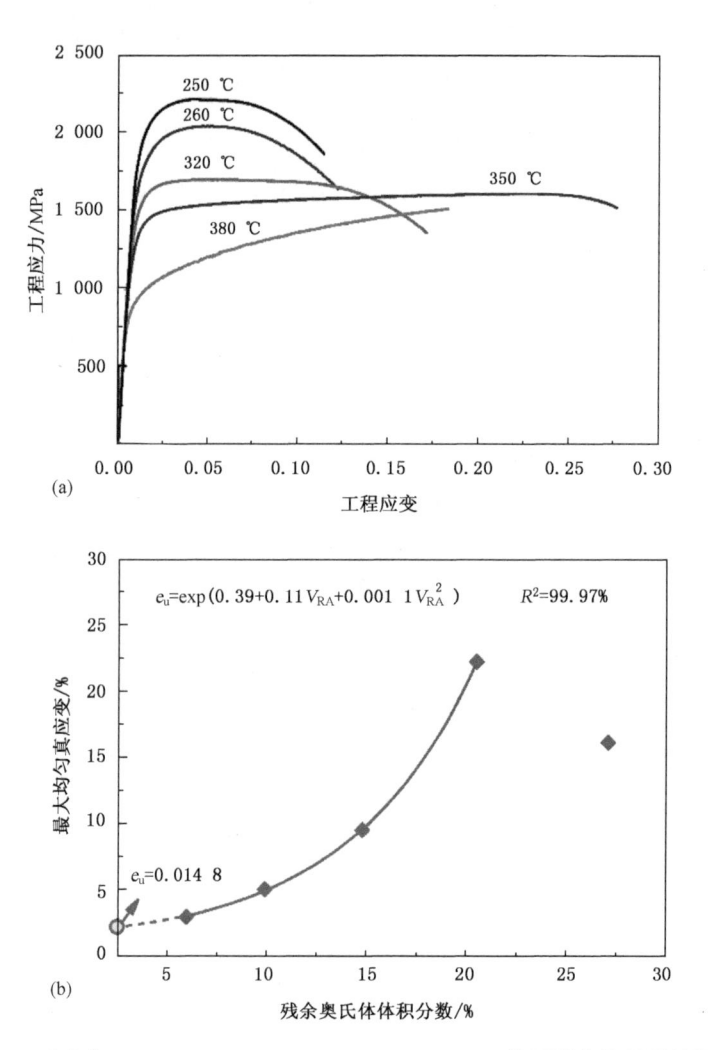

图 5-4 成分为 **Fe-0.70C-0.63Mn-2.59Si-0.64Cr wt%** 的无碳化物贝氏体钢经不同温度等温处理后的工程应力应变曲线以及均匀真应变 e_u 随残余奥氏体含量的变化规律

图 5-6 也给出了一组中碳贝氏体钢经不同热处理转变后残余奥氏体体积分数与延伸率的关系。从图中可以看出,随着残余奥氏体体积分数的增加,延伸率变化趋势略有不同。对于 30MnSiCrAlMoNi 钢,在残余奥氏体含量低于 10% 时,

其延伸率随残余奥氏体含量增加而提高,当残余奥氏体含量超过 10% 时,则延伸率基本保持不变。而对于不同 Mn 含量的贝氏体钢,其临界残余奥氏体含量为 8%,随后残余奥氏体含量的增加对塑性的提高作用大幅度减弱。当然,统计数据里也有一些不一致的特殊点的存在,需要单独考虑分析。

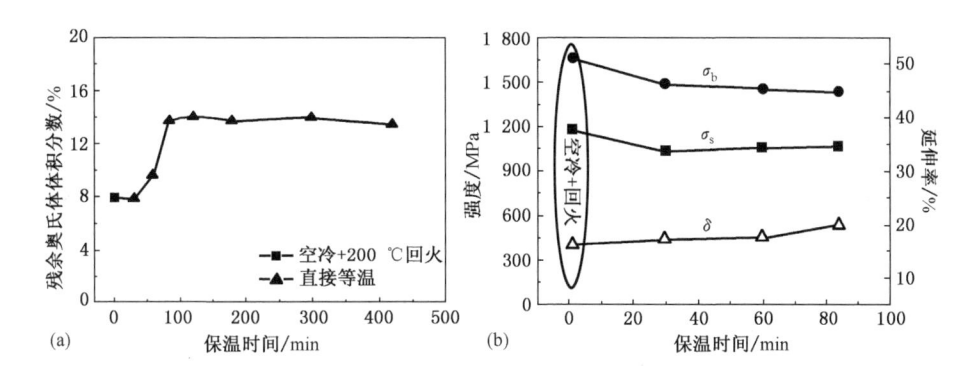

图 5-5 成分为 Fe-0.28C-1.96Mn-0.67Si-1.19Al-1.62Cr-0.34Ni-0.23Mo wt% 的贝氏体钢在 320 ℃等温不同时间后,残余奥氏体含量及力学性能变化规律

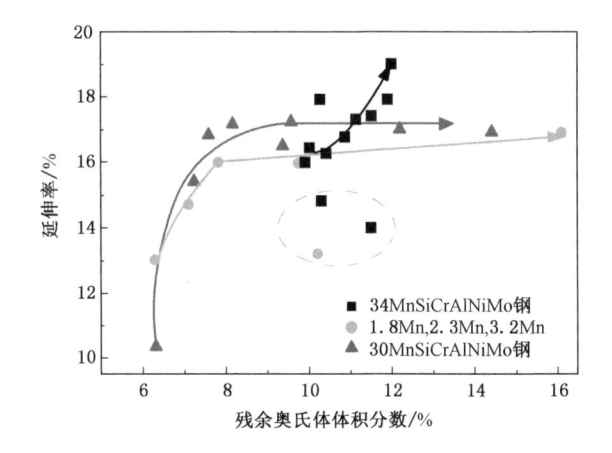

图 5-6 不同中碳贝氏体钢中残余奥氏体体积分数与延伸率的关系,其中 34MnSiCrAlMoNi 钢的成分为 Fe-0.34C-1.48Si-1.52Mn-1.15Cr-0.93Ni-0.40Mo-0.71Al wt%,30MnSiCrAlMoNi 钢的成分为 Fe-0.30C-1.58Mn-1.44Si-1.13Cr-0.45Ni-0.48Al-0.40Mo wt%,1.8Mn 钢的成分为 Fe-0.24C-1.40Si-1.80Mn-1.50Cr-0.80Ni-0.40Mo-0.70Al wt%,2.3Mn,3.2Mn 钢的主要化学成分为 Fe-0.27C-1.70Si-2.3/3.2Mn-1.90Cr-0.40Ni-0.40Mo-0.70Al wt%

残余奥氏体的 TRIP 效应很大程度上取决于自身的初始体积分数和机械稳定性。当残余奥氏体的初始体积分数过少时,TRIP 效应对力学性能提高的贡献有限。较少的 TRIP 效应导致颈缩过早产生,且局部应力集中严重,颈缩很大,强塑性很低。当残余奥氏体的初始体积分数过多时,大尺寸块状残余奥氏体含量会较高,同时这些稳定性较低的残余奥氏体有可能会在冷却过程中转变为高脆性的未回火马氏体,导致微裂纹过早萌生和扩展,在变形过程中试样不产生颈缩就过早断裂,以至于残余奥氏体可能只能转变一部分,获得低的强塑性。只有当残余奥氏体的初始体积分数处于一个合适的范围且具有比较适当的稳定性时,残余奥氏体的 TRIP 效应才能充分发挥,得到优异的塑性。

在贝氏体相变过程中引入磁场,一方面可以加速贝氏体相变,提高贝氏体生成量,另一方面可以促进碳原子从贝氏体铁素体中扩散进入残余奥氏体中。组织中贝氏体铁素体束的长度缩短,块状残余奥氏体尺寸以及薄膜状残余奥氏体的尺寸也得到细化,如图 5-7 所示。残余奥氏体稳定性的进一步提高,使得贝氏体钢的塑性,尤其是在较低温度下等温处理后材料的均匀塑性得到较大幅度提高,如图 5-8 所示。

结合对应变硬化能力的影响分析可知,残余奥氏体对塑性的影响,受转变速率的影响更为显著。在塑性失稳之前,残余奥氏体持续、较为缓慢地转变为马氏体,不断地释放局部应力集中,协调均匀变形过程,从而有利于提高均匀塑性。在塑性失稳发生之后,稳定性更高的残余奥氏体若能继续发生应变诱发马氏体相变,则可以增加颈缩部分的加工硬化能力,缓解塑性变形的局域化,延迟断裂,进一步增加断后延伸率。

对一种 0.27C 的无碳化物贝氏体钢进行原位拉伸变形过程研究。通过在不同应变下停止实验,进行 XRD 测试,发现随应变的增加残余奥氏体含量逐渐降低,且转变的速率逐渐降低,如表 5-1 所示。当应变量仅为 1% 时,就有 ~2.9% 的残余奥氏体转变为马氏体。同时还发现,在变形初期,贝氏体铁素体内的位错密度有小幅度的增加,随后逐渐降低,而残余奥氏体内的位错密度逐渐增加。这主要是由与贝氏体铁素体相邻的残余奥氏体吸收了其中的位错导致的。这使得贝氏体铁素体保持"软态"或"非加工硬化"状态,显著提高了贝氏体铁素体持续变形的能力,从而提高贝氏体钢的塑性。

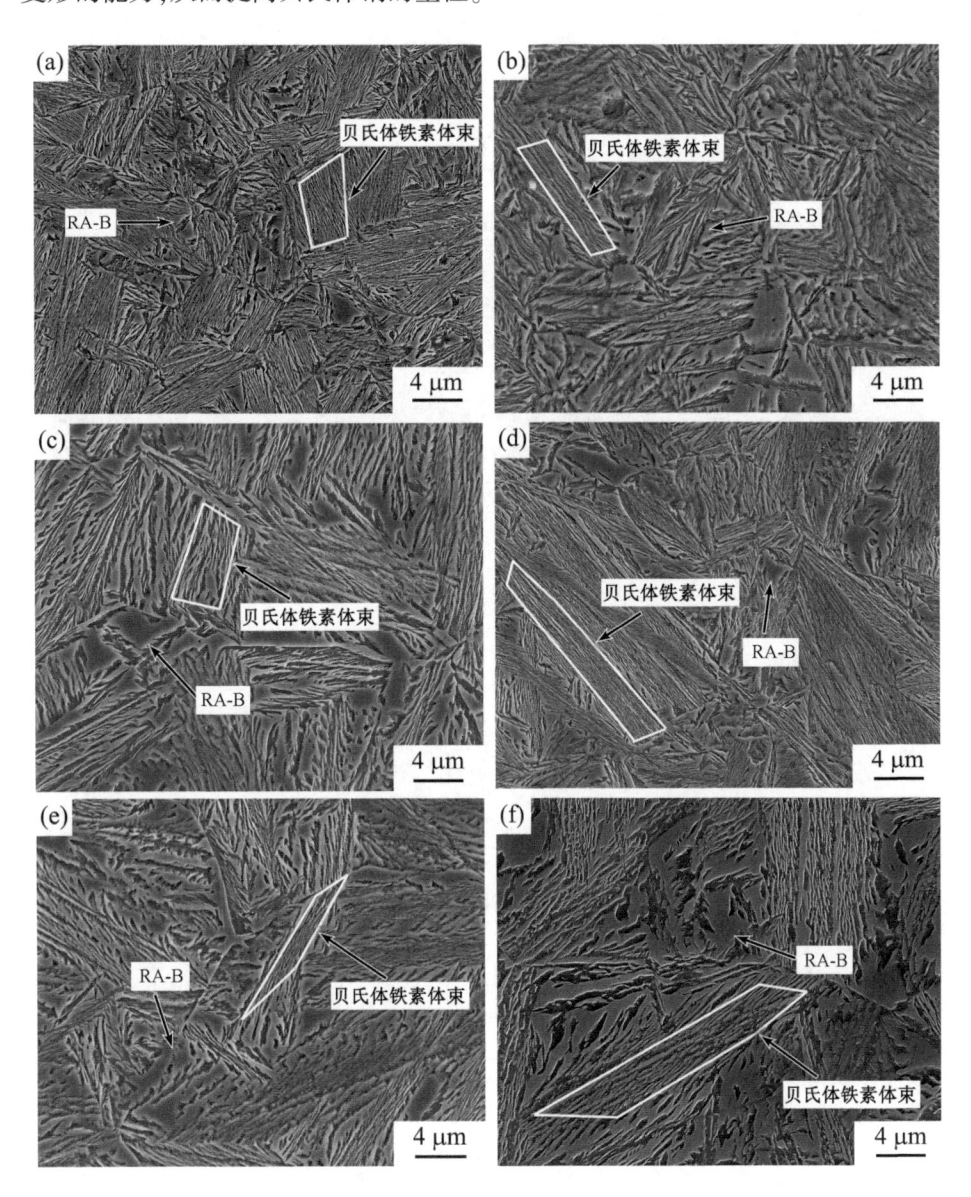

图 5-7 成分为 0.70C-0.63Mn-0.59Cr-2.60Si wt% 的纳米贝氏体钢在有磁场(a~c)和无磁场(d~f)环境下,经不同温度等温处理后的扫描电镜组织图:(a,d)330 ℃,(b,e)350 ℃,(c,f)370 ℃

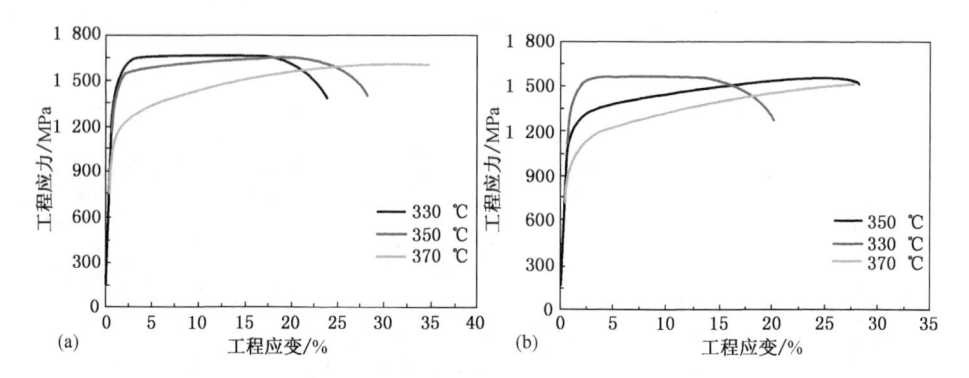

图 5-8 成分为 Fe-0.70C-0.63Mn-0.59Cr-2.60Si wt% 的纳米贝氏体钢在有磁场(a)和无磁场(b)条件下等温处理后的拉伸性能曲线

表 5-1 试验钢在不同应力(应变)处试样的残余奥氏体体积分数和各相内位错密度

应力	0 MPa	$>\sigma_{0.2}$	塑性阶段	σ_{max}	颈缩
对应的应变	0%	1.0%	3.0%	8.9%	16.7%
残余奥氏体体积分数/%	16.10	13.20	8.90	4.10	—
铁素体位错密度/ $\times 10^{15}$ m^{-2}	5.36	5.62	4.92	4.03	5.21
奥氏体位错密度/ $\times 10^{15}$ m^{-2}	3.42	4.41	5.67	5.98	—

注：试验钢的化学成分为 Fe-0.27C-1.70Si-2.3Mn-1.90Cr-0.40Ni-0.40Mo-0.70Al wt%。

对不同应变下的 0.27C 贝氏体钢微观结构进行表征，发现在不同应变条件下，残余奥氏体组织演变规律不同，如图 5-9 所示。应变为 1.0% 时，观察到块状的残余奥氏体诱发转变为马氏体，片状或者薄膜状残余奥氏体稳定未发生转变。在 1.0% 应变量时，组织中残余奥氏体转变了 2.9%，所以在开始应变诱发马氏体相变时，块状的残余奥氏体率先发生 TRIP 效应。事实上，在宏观塑性变形开始之前，残余奥氏体就已经开始发生变形。应变达到 3.0% 时，片条状(尺寸范围：100~300 nm)的残余奥氏体发生相变，该形态的残余奥氏体是贝氏体铁素体二次分割的结果，相比第一次三角区分割的块状残余奥氏体具有更高的碳含量，机械稳定性也相对较高。在应变 16.7% 时，纳米级的薄膜状残余奥氏体发生了马氏体转变。

原位观察的残余奥氏体转变过程，反映出材料的应变硬化行为。在变形初期，稳定性较差的残余奥氏体很快诱发转变为高强度马氏体，使得材料具有较高的应变硬化速率。随后,由于剩余残余奥氏体稳定性较高,需要更大的机械驱动力促使其转变,因此残余奥氏体转变速率降低,应变硬化速率也随之降低,最终导致塑性失稳,如图 5-10 所示。

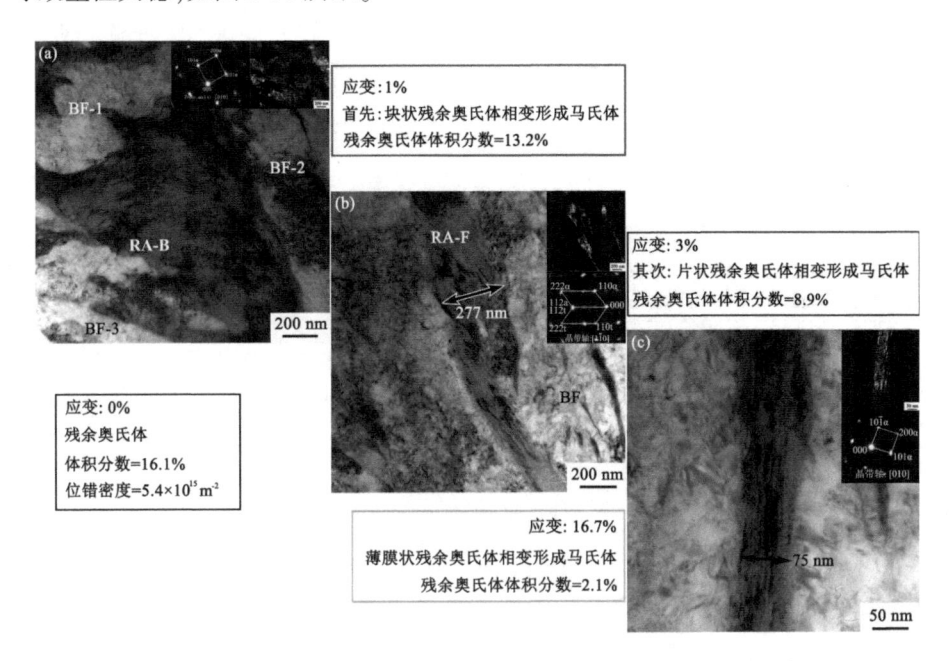

图 5-9　0.27C 贝氏体钢拉伸过程中不同应变处的组织的 TEM 组织图

注:材料成分同表 5-1。

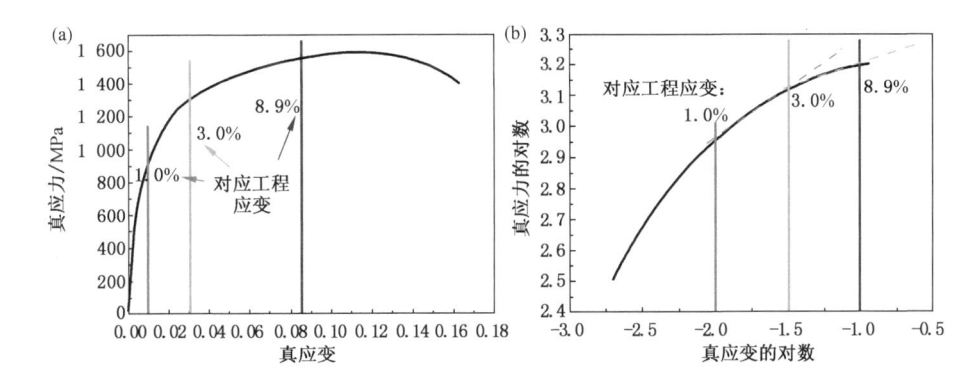

图 5-10　0.27C 贝氏体钢等温转变组织的真应力-应变曲线(a)和其双对数曲线(b)

注:材料成分同表 5-1。

在变形过程中,残余奥氏体的转变与其自身的稳定性特性有关,变形温度、变形速率等变形因素同样影响残余奥氏体的转变,从而进一步影响材料的力学性能。

随着温度的升高,残余奥氏体的吉布斯自由能降低,自身的稳定性得到提高。同时奥氏体/马氏体之间的自由能差减小,因而进一步减小马氏体相变的驱动力,从而降低残余奥氏体的转变速率和转变量,降低在较高温度下变形时贝氏体的强度和塑性。有意思的是,转变速率和转变量的降低,也有可能带来对力学性能积极的影响,如图5-11所示。与常温变形相比,在200 ℃下变形会使得热力学稳定的纳米贝氏体钢的强度和塑性得到同步提高。虽然残余奥氏体在200 ℃时的热稳定性要高于室温,它们仍然在变形过程中转变,生成马氏体,而且略微提高的稳定性,使得残余奥氏体能够以更为渐进的方式转变为马氏体,从而延迟塑性失稳,获得更高的强度和塑性。

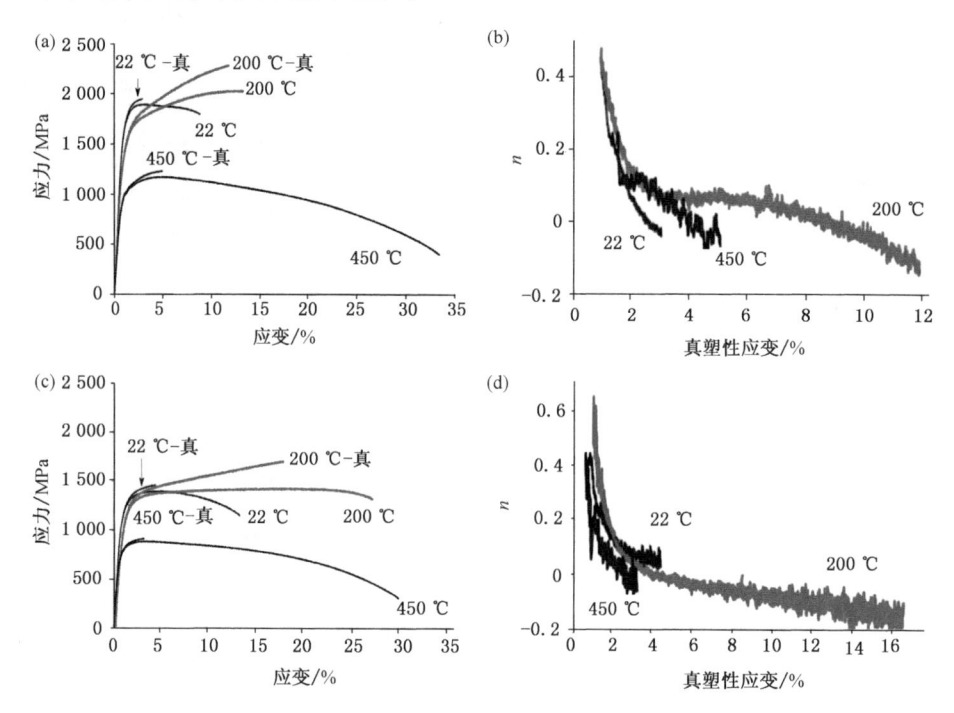

图 5-11　不同温度下纳米贝氏体钢的拉伸曲线:(a~b)材料的成分为 0.72C-3.87Si-3.40Ni-1.39Al-0.21Mo-0.22Mn wt%,(c~b)材料的成分为 0.45C-0.03Si-13.20Ni-2.63Al-0.30Mo-0.15Mn-3.99Co wt%

应变速率也显著影响残余奥氏体的转变,第3章中描述了不同应变速率下残余奥氏体复杂的转变机制。一方面在高应变速率变形过程中,产生的绝热温升会提高奥氏体的稳定性,减小自由能差,从而抑制残余奥氏体向马氏体的转变,最终降低材料的加工硬化能力。另一方面,高应变速率变形也会改变位错的滑移方式,从而影响诱发转变马氏体。在高应变速率变形过程中,择优滑移系会率先激活以协调高的变形速率,使得位错更趋向于平面滑移,从而降低加工硬化率。然而相反地,高应变速率以及伴随的绝热温升又可能提高层错能,降低不全位错间距,从而增加剪切带的交叉。这又会促进马氏体的形核,提高加工硬化率。此外,材料加工硬化率以及均匀塑性也受到基体组织如贝氏体铁素体、马氏体等位错滑移的影响。提高应变速率,会减少位错克服短程障碍的时间,从而导致流变应力的提高。针对金属材料中高应变速率对位错诱发塑性的影响,读者可以进一步阅读相关综述文献。

复杂的影响机制,使得不同材料的研究结果差异较大。有研究发现,在含有无碳化物贝氏体的TRIP钢中,随着应变速率的增加,残余奥氏体转变为马氏体的速率逐渐增加,最终导致材料加工硬化速率、强度、均匀应变以及断裂应变等性能指标同时增加;也有观察发现,贝氏体钢中在较高应变速率下变形时,残余奥氏体的转变速率加快,转变过程移向低应变区间,从而导致强度升高、塑性降低;还有报道指出,在双轴拉伸过程中,存在一个马氏体生成量饱和值,在变形过程中,一旦达到饱和值,应变硬化速率迅速降低,很快发生塑性失稳。

关于残余奥氏体的TRIP效应的理解,需要进一步明确。所谓TRIP,指的是相变诱发塑性,从而使材料具有高塑性。通常TRIP辅助钢有15%~30%的均匀拉伸应变;残余奥氏体被诱发分解为马氏体时产生的相变应变常常会使均匀延伸率发生相当大的变化。可以很容易地计算出来,全奥氏体拉伸试样完全转变为马氏体时,由相变引起的最大拉伸延伸率大约为15%。因此,当钢中含有5%~15%的残余奥氏体时,完全因相变诱发塑性对延伸率的贡献可由残余奥氏体的体积分数乘以全奥氏体试样的计算值得到,即0.75%~2.25%。这里假设相变过程中形成的均为最有利的马氏体变体,如果形成的变体是随机的,那么总应变会更小。

这也就表明,相变应变本身对整体均匀延伸率贡献很小。在变形过程中,残余奥氏体相变能够释放应力集中、相变引起应力重新分配，其自身还能够协同相邻基体相变形，这些作用保证组织中各组成能够有效地相协同变形，是TRIP辅助钢优异均匀延伸率的主要原因。

5.1.3 对韧性的影响

韧性是指金属材料断裂前吸收塑性变形功和断裂功的能力，或者材料抵抗裂纹扩展的能力。韧性又分静力韧性、冲击韧性、断裂韧性等。其中静力韧性指材料在静拉伸时单位体积材料断裂前所吸收的功，是评价材料强度和塑性的综合指标。材料在真应力-应变曲线下包围的面积为准确的静力韧性值。在工程上为了简化计算，通常采用材料的强度与延伸率的乘积来计算。残余奥氏体对贝氏体钢强度和塑性的影响，在前面章节已经介绍，因此本部分重点介绍残余奥氏体对冲击韧性及断裂韧性的影响。

5.1.3.1 冲击韧性

通常观点认为，材料冲击韧性与塑性指标如延伸率和断面收缩率的变化一致，均反映的是裂纹形核与扩展所需要的能量，残余奥氏体含量的提高有利于提高韧性，如图5-5与图5-12所示。早在1968年，Webster就提出了马氏体板条间的残余奥氏体可以阻碍裂纹扩展、提高断裂所需能量的观点。这一观点至今一直被研究者引用，来解释韧性的变化规律。

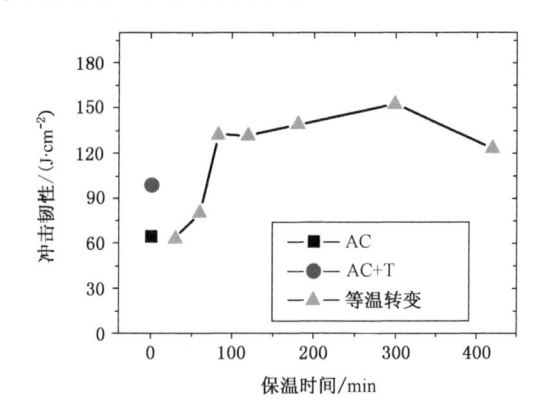

图5-12 成分为Fe-0.28C-1.96Mn-0.67Si-1.19Al-1.62Cr-0.34Ni-0.23Mo wt%的贝氏体钢在320 ℃等温不同时间后，残余奥氏体含量及冲击韧性变化规律. AC工艺为：920 ℃奥氏体化后空冷至室温；ACT工艺为：AC工艺处理后，在220 ℃回火2 h

残余奥氏体的形态对冲击韧性有显著的影响。大量研究结果证实稳定性较差的块状残余奥氏体在冲击变形过程中,很容易转变为脆性马氏体。这些由块状残余奥氏体转变的马氏体极易诱发裂纹形核,且对裂纹的扩展阻碍作用低,因此对冲击韧性具有明显不利的作用。研究也发现在 385 ℃ 以上温度等温获得的上贝氏体组织中,块状残余奥氏体的体积分数明显增多,导致韧性低于较低温度获得的贝氏体组织,如图 5-13 所示。细化残余奥氏体尺寸,或增加薄膜状残余奥氏体的含量,可以更有效地钝化裂纹,阻碍裂纹扩展,有利于提高冲击韧性。

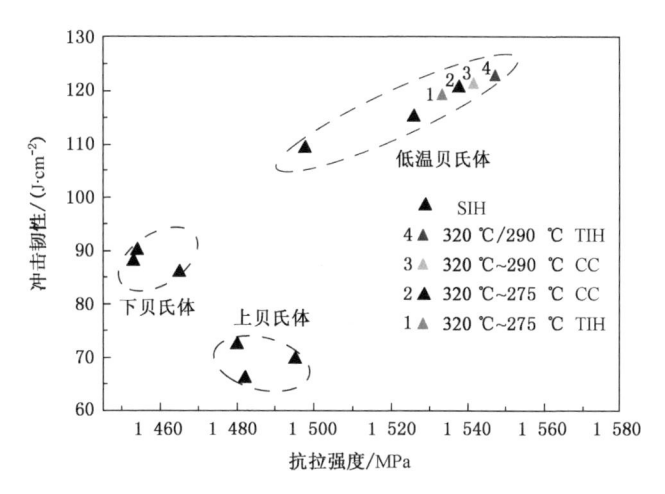

图 5-13　成分为 Fe-0.34C-1.52Mn-1.48Si-0.93Ni-1.15Cr-0.40Mo-0.71Al wt% 的贝氏体钢经不同工艺处理后强度韧性的指标,其中 SIH、TIH 和 CC 分别指单阶等温、双阶等温及连续冷却工艺

图 5-14 给出了一组不同温度等温处理后高碳纳米贝氏体钢中残余奥氏体含量的变化规律以及对应韧性的变化规律。随着等温温度的升高,组织中的残余奥氏体含量逐渐升高。而随着等温温度的升高,材料的冲击功呈现先升高,300 ℃ 时达到峰值 62 J,随后冲击功逐渐降低,当等温温度为 380 ℃ 时,冲击功最低,仅为 8 J。当等温温度低于 300 ℃ 时,随着等温温度的升高,残余奥氏体内的碳含量也逐渐升高,提高了残余奥氏体的稳定性,从而提高了韧性。当温度继续升高后,虽然残余奥氏体内的碳含量仍然高于 240 ℃ 等温时残余奥氏体内的碳含量,但是组织内的块状残余奥氏体的尺寸和含量都明显提高,导致冲击韧性变差。

贝氏体钢经过回火后,组织中残余奥氏体量会降低,其中块状残余奥氏体在回火过程中会率先再次发生相变,转变为贝氏体。另外,在回火过程中,贝氏体铁素体内过饱和的碳原子会继续扩散进入相邻残余奥氏体中,从而提高残余奥氏体的稳定性。图 5-15 给出了一组不同温度回火处理高碳贝氏体钢的冲击性能结果。回火处理提高了贝氏体钢的冲击韧性,提高幅度随着随回火温度的升高逐渐降低。当回火温度达到 450 ℃时,出现了回火脆性。

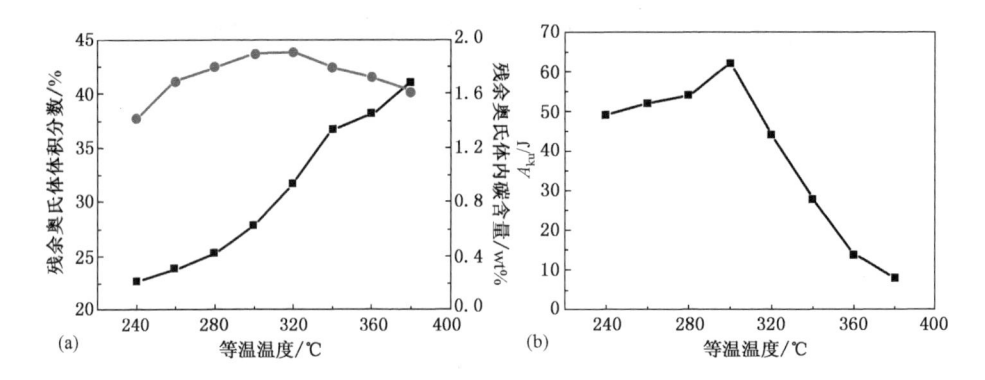

图 5-14　高碳纳米贝氏体钢(成分为:Fe-0.66C-1.92Si-1.08Mn-1.03Cr-1.05Ni-1.14Al-0.91W,wt%)经不同温度等温处理后贝氏体组织中的残余奥氏体含量及内部碳含量变化规律(a),以及夏比 U 形缺口试样冲击功变化规律(b)

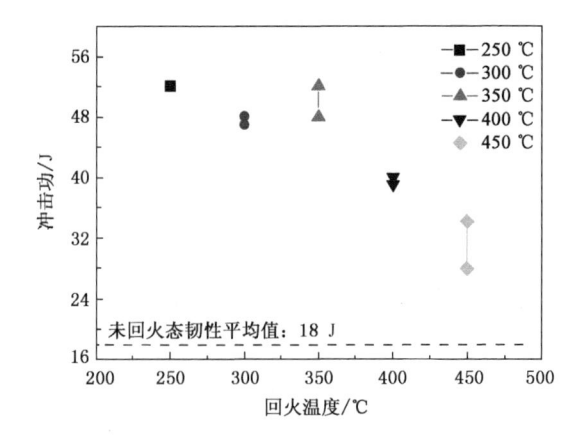

图 5-15　320 ℃等温处理后的高碳纳米贝氏体钢(成分为: Fe-0.66C-1.92Si-1.08Mn- 1.03Cr-1.05Ni-1.14Al-0.91W wt%)经不同温度回火处理后的冲击韧性变化规律

注:与图 5-15 中初始状态不同,该实验为在奥氏体化过程中施加 30% 变形,再在 320 ℃进行等温处理。

残余奥氏体对韧性的影响规律与对塑性的影响规律存在差异。这可能是由光滑拉伸试样和缺口冲击试样中诱发残余奥氏体发生马氏体相变的塑性变形方式不同造成的：拉伸试验过程中残余奥氏体的马氏体相变由缓慢匀速的轴向塑性应变诱发，而冲击试验过程中残余奥氏体的马氏体相变由瞬间的非轴向塑性应变诱发，所以应变诱发马氏体相变对这两种试样的作用程度不一样。此外，光滑拉伸试样和缺口冲击试样的变形断裂机制也不同：缺口冲击试样的变形断裂主要由缺口前端的塑性变形和微裂纹的萌生与扩展两部分控制，且微裂纹的萌生与扩展占主导地位；而光滑拉伸试样的变形断裂主要由塑性变形控制。

在冲击变形初期，试样缺口位置的残余奥氏体会率先发生应变诱发马氏体相变，吸收一部分能量。这些转变的马氏体为未回火的高碳硬脆马氏体，微裂纹极易在此处形核。因此，变形初期残余奥氏体转变为马氏体所吸收的能量在裂纹形核所需能量中占比较大。如果贝氏体组织中块状残余奥氏体含量较高，由于其稳定性较低，在较低的冲击能量下即可实现转变，并生成尺寸较大的硬脆马氏体或马氏体/奥氏体组织，裂纹优先在这些与马氏体相相邻的硬脆界面处形核，并且沿着这些相界面快速扩展，如图5-16a所示。最终形成包含一些浅韧窝的准解理断裂断口形貌，如图5-17a所示。而当稳定性较高的薄膜状残余奥氏体含量高时，在冲击初期，残余奥氏体很难发生转变，或发生诱发马氏体相变所需的能量显著提高，从而提高裂纹形核功。另外，由于新形成的未回火马氏体尺寸细小，不会引起微裂纹的立刻萌生与快速扩展。对于常见的细小残余奥氏体不发生马氏体相变的情况，微裂纹如若能频繁通过这些未转变的细小残余奥氏体，它们由于自身良好的变形能力，可以显著抑制微裂纹的扩展，使其扩展路径为小的锯齿状，显著增加裂纹扩展所需能量，如图5-16b所示。大量未转变的细小残余奥氏体，尤其是薄膜状残余奥氏体，由于自身良好的塑性，可以在断裂路径附近得到充分塑性变形，使得断口形貌表现为韧窝占主导的韧性断口，如图5-17b所示。

另外，与前面所述温度和应变速率对强塑性的影响规律相似，冲击速率提高，也会产生绝热温升，提高残余奥氏体的稳定性，降低/延迟残余奥氏体向马氏体的转变，从而对冲击韧性产生影响。图5-18给出了一组低碳无碳化物贝氏体钢不同速率的冲击结果。可以看出，随着冲击速率的提高，裂纹形核功以及裂纹扩展功均增加,最终带来总冲击吸收功的增加。随着冲击速率的提高,残余奥氏体的转变量和转变速率也逐渐降低,如图 5-19 所示。通常,由于 TRIP 效应,转变量的提高会增加断裂吸收功,而这一结果则与之相反。实验材料组织中存在着较多的块状残余奥氏体,这些残余奥氏体转变的块状高碳马氏体组织会降低裂纹形核功以及加速裂纹扩展。因此,提高冲击速率后,产生的较高温度起到了增加层错能的作用,从而抑制了剪切带的形成,降低了马氏体的形核点,导致这些块状残余奥氏体转变量降低,提高了裂纹形核功,降低了裂纹扩展速率,最终提高冲击韧性。

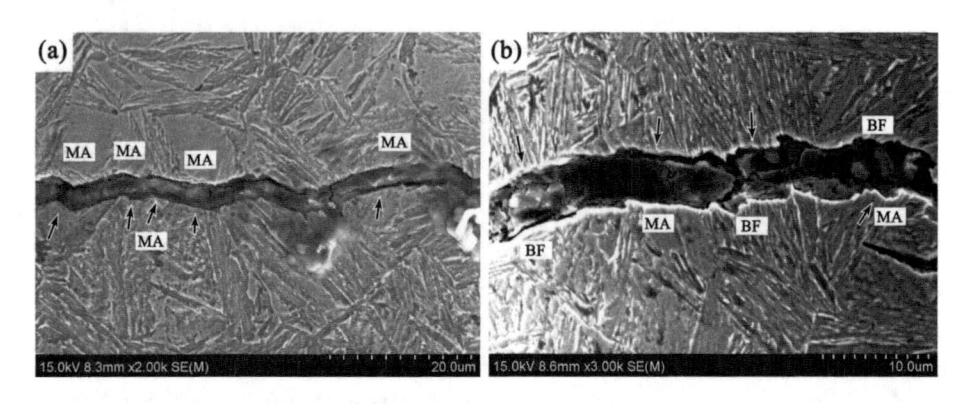

图 5-16 含较多大尺寸块状残余奥氏体的无 Al 贝氏体钢(a)和以细小残余奥氏体为主的 1.19Al 贝氏体钢(b)的冲击试样二次裂纹扩展路径图。MA 和 BF 分别表示块状马氏体/奥氏体,以及贝氏体铁素体束

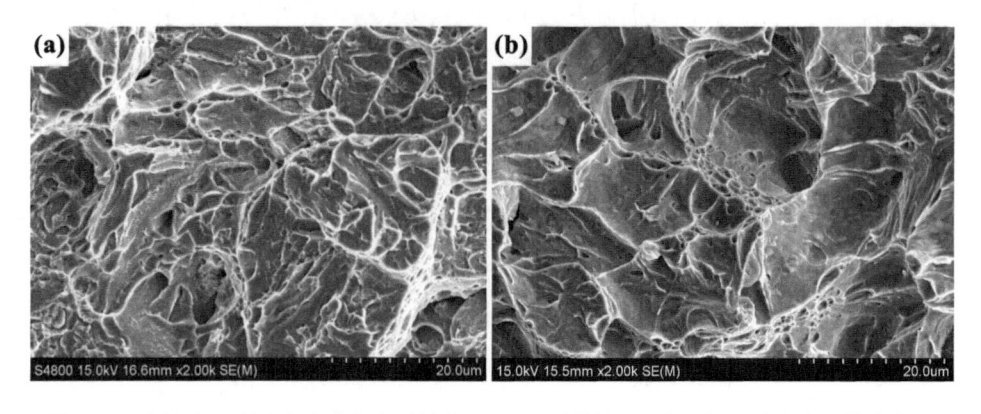

图 5-17 含较多大尺寸块状残余奥氏体的无 Al 贝氏体钢(a)和以细小残余奥氏体为主的 1.19Al 贝氏体钢(b)的冲击试样断口形貌

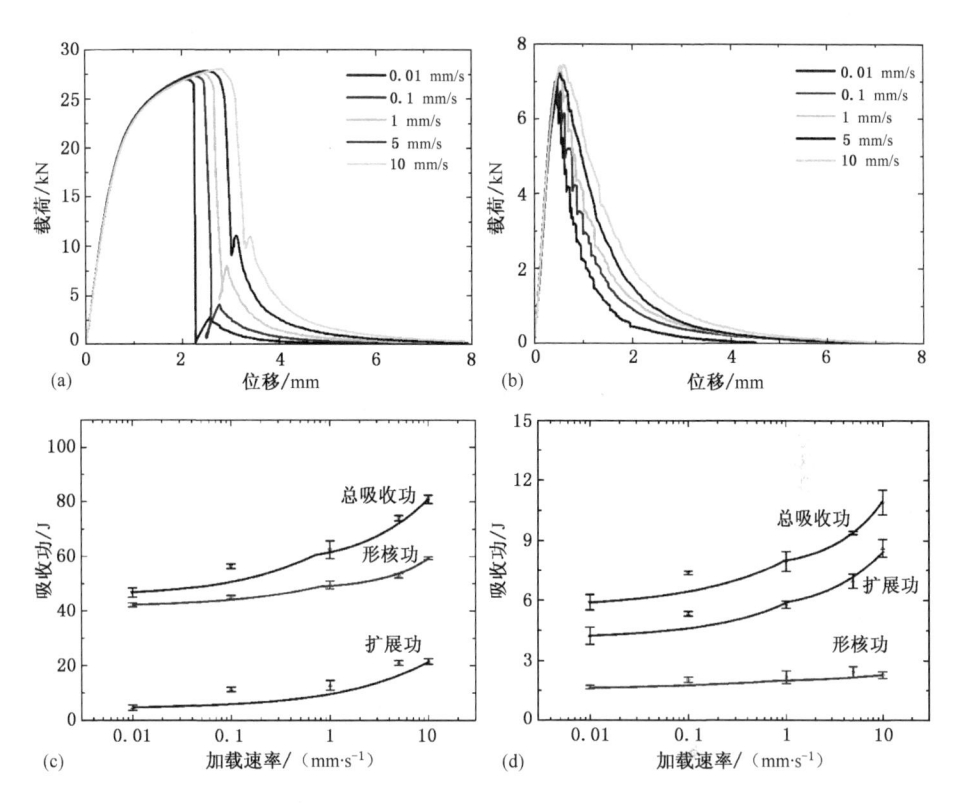

图 5-18 U 形缺口(a,c)以及预制裂纹(b,d)试样不同速率冲击结果：
载荷-位移曲线(a,b)；断裂吸收能量(c,d)

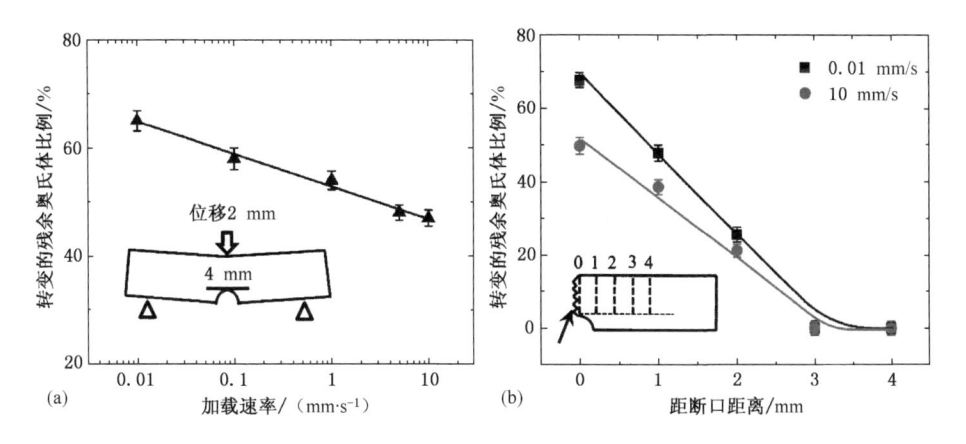

图 5-19 U 形试样残余奥氏体转变情况：(a)位移为 2 mm,缺口底端；
(b)断裂试样,距断口不同位置处

对于低温冲击，由于在冷却过程中，稳定性较低的残余奥氏体会转变为脆性的马氏体，因而降低冲击韧性。图 5-20 给出了一组数据，随着残余奥氏体含量的提高，在冷却过程中转变的马氏体含量增多，进而导致冲击韧性逐渐降低。

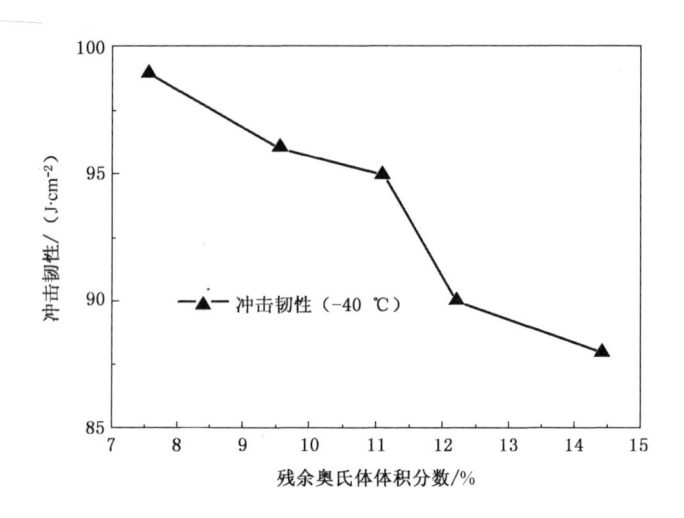

图 5-20 成分为 Fe-0.30C-1.58Mn-1.44Si-1.13Cr-0.45Ni-0.48Al-0.40Mo-0.004S-0.005P wt%的贝氏体钢在 −40 ℃的低温夏比 U 形缺口冲击韧性随残余奥氏体含量的变化规律

图 5-21 为 34MnSiCrAlNiMo 钢经不同等温温度处理后贝氏体板条厚度和残余奥氏体的厚度与材料的抗拉强度和冲击韧性的关系图。可以很明显看出，随着贝氏体铁素体板条和残余奥氏体厚度的增加，试验钢的抗拉强度和冲击韧性均降低。在较高温度下生成的组织中，残余奥氏体尺寸较粗大，降低了冲击韧性。

由此可以看出，由于残余奥氏体含量增加，TRIP 效应随之增加，往往会提高塑性和韧性，但残余奥氏体的尺寸、形态也很重要。大块状残余奥氏体在小塑性应变下容易发生应变诱发马氏体相变，这有助于增加初始拉伸变形阶段的应变硬化，而小尺寸的残余奥氏体趋向于在大塑性应变下发生变形，这保证了后期加载阶段的持续加工硬化。所以，多尺度的残余奥氏体有助于拉伸变形过程中光滑拉伸试样获得持续高的应变硬化率和高的强塑性。但机械稳定性较低的大块状残余奥氏体在冲击变形过程中极易快速向硬脆、高碳未回火马氏体转变，引起微裂纹的较早萌生和快速扩展,显著减小吸收的冲击功,不利于冲击韧性提高。而机械稳定性更高的薄膜状残余奥氏体或小尺寸块状残余奥氏体由于自身良好的变形能力,能显著抑制钝化裂纹,有利于冲击韧性的提高。因此,更深入地挖掘残余奥氏体对强塑性和冲击韧性的影响,定量研究残余奥氏体在外加应变和不同受力状态下发生马氏体相变的临界尺寸,具有重要意义。

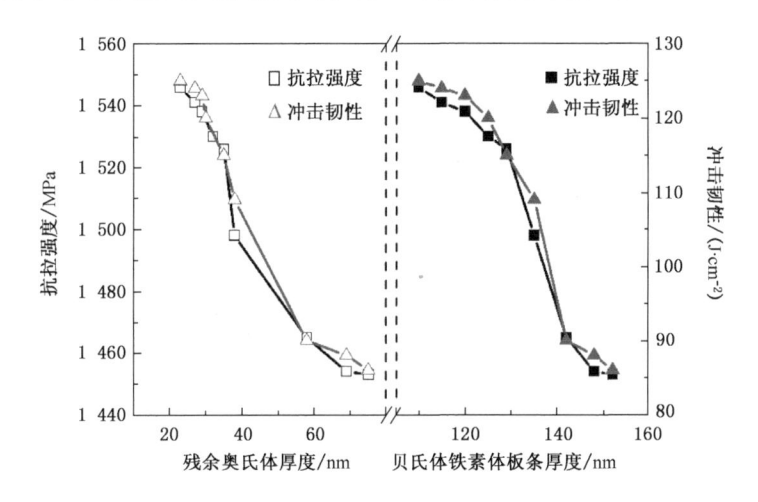

图 5-21 34MnSiCrAlNiMo 钢(成分为:Fe-0.34C-1.48Si-1.52Mn-1.15Cr-0.93Ni-0.40Mo-0.71Mo wt%)不同温度等温处理后贝氏体铁素体板条和残余奥氏体的厚度与抗拉强度和冲击韧性的关系

还有一点值得注意:冲击试样缺口的制作过程中,会引起缺口根部的残余奥氏体转变为马氏体,从而降低冲击韧性。这一点影响在高碳纳米贝氏体钢中表现尤为明显,会使其冲击功数值仅为 4~7 J。因此,在分析高碳纳米贝氏体钢的韧性时,要特别注意。

5.1.3.2 断裂韧性

残余奥氏体对贝氏体钢断裂韧性的影响,与其对冲击韧性的影响存在一定的差异。早期观点认为,稳定性较差的块状残余奥氏体的存在会恶化断裂韧性,高稳定性的薄膜状残余奥氏体可以钝化扩展的裂纹,从而有利于提高断裂韧性,而且推断这一积极作用与变形诱发马氏体转变无直接关系。但有研究发现块状残余奥氏体也能够阻止二次解理裂纹扩展。也有观点认为断裂韧性受控于裂纹尖端前沿很小范围内(1~2 倍临界裂纹张开位移)微观组织的微观塑性,而稳定的薄膜状残余奥氏体分割贝氏体板条形成超细化亚单元增加了材料的微观塑性,从而提高裂纹前端临界断裂应变值,达到提高断裂韧性的效果。

表 5-2 和表 5-3 给出了一组不同温度等温后纳米贝氏体钢的断裂韧性结果,表明:残余奥氏体的厚度增加、体积分数增加以及稳定性下降,虽然带来强度降低,但是提高了纳米贝氏体钢的断裂韧性。在疲劳裂纹尖端的塑性变形区域,残余奥氏体转变为马氏体,引起体积膨胀,从而在裂纹尖端位置引入压应力。这种压应力能够使得裂纹尖端闭合,降低裂纹长大速率。等温温度提高后,残余奥氏体的尺寸和含量均得到提高,增加了裂纹与残余奥氏体的接触概率与接触时间。同时,残余奥氏体内的碳含量降低,降低了稳定性,使其更易转变为马氏体,引入压应力。

表 5-2 成分为 Fe-0.85C-1.3Si-1.92Mn-0.44Al-2.05Co-0.29Mo wt% 的
贝氏体钢在不同温度等温处理后的组织结构参数

NB 钢	T_α/nm	T_γ/nm	C_γ	V_α	V_γ	$\rho_\alpha / \times 10^{15} \mathrm{m}^{-2}$
NB250	37 ± 9	22 ± 7	1.87	81.6	18.4	11.1 ± 4.6
NB300	47 ± 12	45 ± 12	1.66	70.6	29.4	6.1 ± 2.8
NB350	101 ± 44	177 ± 31	1.52	51.1	48.9	3.5 ± 1.9

注:NB 表示纳米贝氏体,250、300 和 300 均表示等温温度℃,T_α、V_α 和 ρ_α 分别表示贝氏体铁素体的厚度、体积分数以及位错密度,T_γ、C_γ 和 V_γ 分别表示残余奥氏体的厚度、碳含量以及体积分数。

表 5-3 成分为 Fe-0.85C-1.3Si-1.92Mn-0.44Al-2.05Co-0.29Mo wt% 的
贝氏体钢在不同温度等温处理后的力学性能

NB 钢	YS/MPa	UTS/MPa	TE/%	$K_{IC}/(\mathrm{MPa} \cdot \mathrm{m}^{-1/2})$	冲击功/J	硬度/HV
NB250	1 560 ± 32	1807 ± 156	7.2 ± 0.16	29.1 ± 1.2	6.5 ± 0.7	650 ± 7
NB300	1 382 ± 20	1676 ± 7	14.1 ± 2	37.1 ± 2.8	11 ± 1.4	558 ± 15
NB350	1 028 ± 52	1 285 ± 27	25.7 ± 3.65	45.6 ± 1.8	14.75 ± 0.35	421 ± 21

注:NB 表示纳米贝氏体,250、300 和 300 均表示等温温度℃,YS、UTS、TE、K_{IC} 等分别表示屈服强度、抗拉强度、总延伸率和断裂韧性。

从疲劳扩展路径(如图 5-22 所示)观察发现:残余奥氏体含量较低的试样中

裂纹扩展路径平直,几乎没有任何偏转;而残余奥氏体含量高的试样中裂纹扩展呈现明显的"Z"字形路径,断裂面更为粗糙。很明显,含有大量残余奥氏体且尺寸较为粗大的组织能够偏转裂纹扩展路径,降低 I 型裂纹扩展的驱动力。

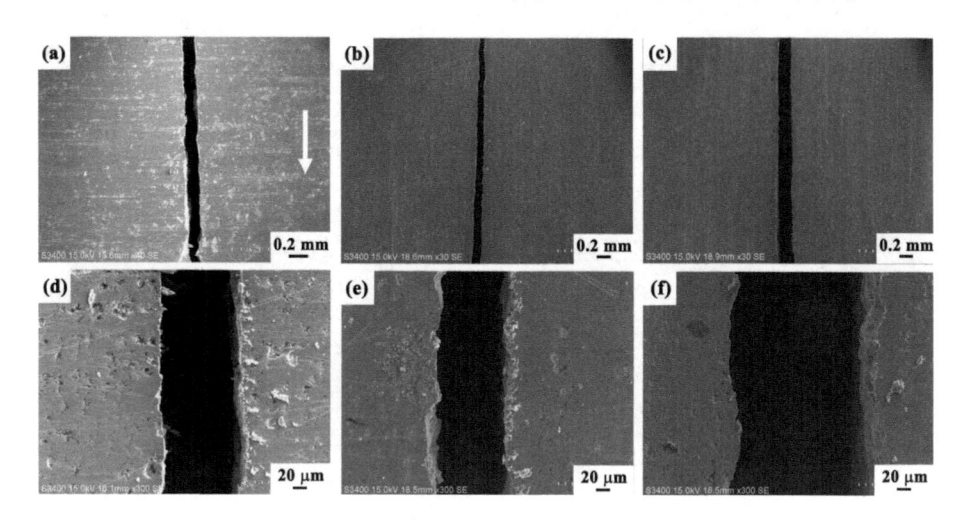

图 5-22　裂纹扩展路径扫描电镜图:(a,d)NB250,(b,e)NB300,(c,f)NB350

注:NB 表示纳米贝氏体,250、300 和 350 均表示等温温度℃。

另外,残余奥氏体还能够降低环境因素对开裂的影响(主要为氢脆的作用)。残余奥氏体作为一种氢原子陷阱,可以固溶更多的氢原子。同时氢原子在 FCC 残余奥氏体中的扩散速率比在 BCC 贝氏体铁素体里的扩散速率要慢 3~4 个数量级,因此大幅度降低氢原子在裂纹尖端前沿的扩散速率,提高裂纹扩展阻力。具体影响详见 5.4 小节。

5.1.4　对裂纹扩展的影响

残余奥氏体和贝氏体铁素体的相界面,对在变形过程中的裂纹扩展行为具有显著的影响,进而影响力学性能。为了研究 α/γ 界面对裂纹扩展的影响,利用分子动力学模拟了在拉伸加载下,两相的相界面对不同方向上裂纹扩展的影响。首先在初始模型中从 8 个方向上构建原始微裂纹,分别描述为方向 A、方向 B、…、方向 G 和方向 H,详细描述如图 5-23 和表 5-4 所示。

对垂直于裂纹界面方向施加拉伸载荷,不同位向关系下不同方向的微裂纹的扩展情况各不相同。

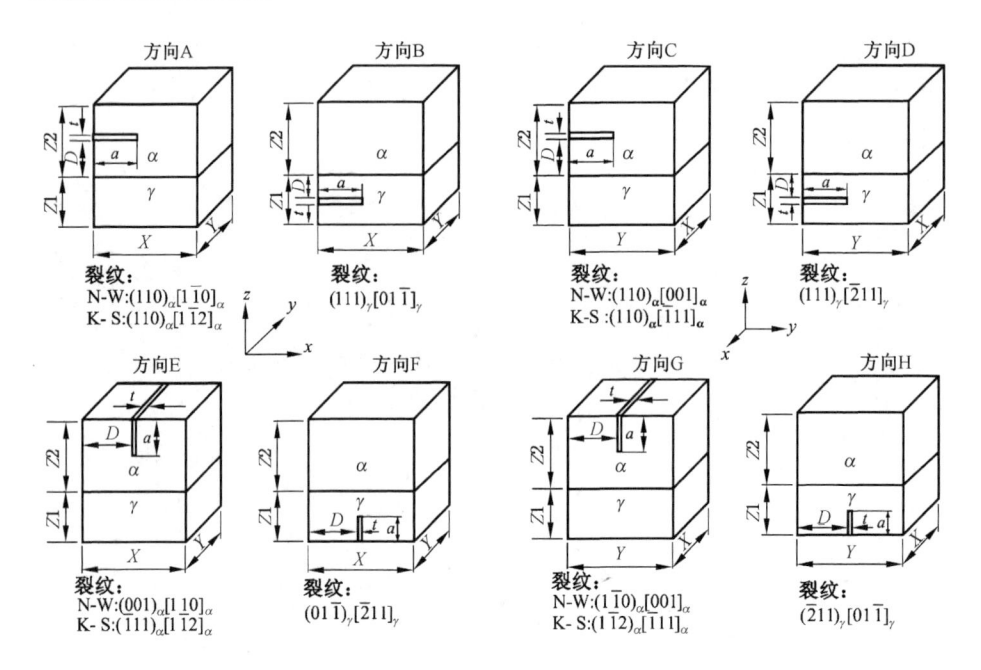

图 5-23　8 种方向的初始裂纹模型

方向 A、B、C 和 D 的裂纹与相界面平行,通过模拟发现,这些方向的原始裂纹有收缩的趋势。经过 2 500 步模拟后,α 相的 A 方向和 C 方向的裂纹最后形成了一个空洞,如图 5-24 所示。而在 B 方向和 D 方向 γ 相的裂纹最终形成了位错,如图 5-25 给出了 N-W 关系和 K-S 关系下 D 方向裂纹经过 3 皮秒加载后的结果。在 K-S 关系中,在拉伸载荷作用下,相界面处出现了结构台阶。

表 5-4　具有初始裂纹的模拟单元数据

裂纹取向	加载方向	模型尺寸/Å					裂纹尺寸/Å		原子数量	
		X	Y	Z1	Z2	D	长度 a	厚度 t	N-W	K-S
A	σ_{zz}	200	200	90	150	70	50	5	811 156	807 228
B	σ_{zz}	200	200	90	150	40	50	5	811 156	807 228
C	σ_{zz}	200	200	90	150	70	50	5	811 066	807 189
D	σ_{zz}	200	200	90	150	40	50	5	812 866	808 966
E	σ_{xx}	200	200	90	150	98	75	4	810 859	807 183
F	σ_{xx}	200	200	90	150	98	45	4	813 547	809 647
G	σ_{yy}	200	200	90	150	98	75	4	813 745	807 999
H	σ_{yy}	200	200	90	150	98	45	4	813 645	809 745

方向A　N-W关系　　　　　　　　　　　方向A　K-S关系

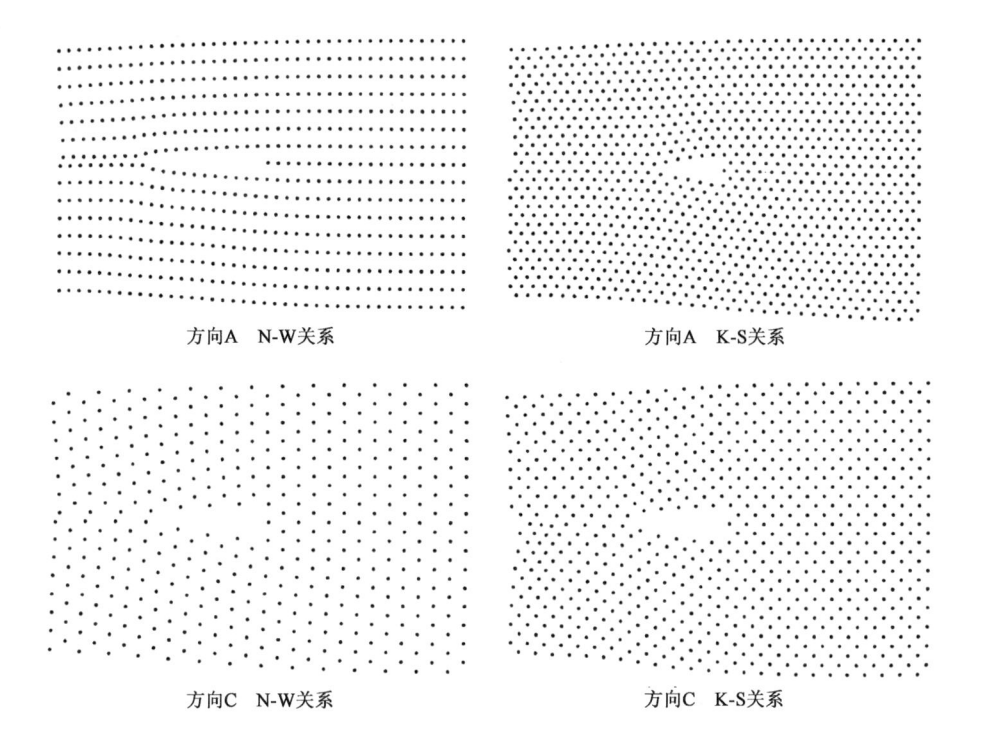

方向C　N-W关系　　　　　　　　　　　方向C　K-S关系

图 5-24　方向 A 和方向 C 裂纹的模拟结果

方向 E、F、G 和 H 的裂纹与相界面垂直,这些方向的原始裂纹都有扩展的趋势。经过 2 500 步模拟后,上述方向的裂纹都有不同程度的扩展。α 相内的裂纹出现分支,并沿着密排面上的密排方向扩展,如 N-W 模型下的方向 E,扩展方向为 $[\bar{1}\,1\,1]_\alpha$ 和 $[\bar{1}\,\bar{1}\,1]_\alpha$,如图 5-27a 所示。在这两个密排方向上的滑移均非常明显。强烈的塑性变形能够使得裂纹尖端钝化,提高强塑性。如果裂纹尖端方向附近没有密排方向,则裂纹扩展程度较小,很快在界面处出现颈缩现象,如 K-S 模型下的方向 E,如图 5-27b 所示。另外,在 γ 相内都可以看到剪切应力作用下产生的层错。对于方向 F,在 FCC 结构 γ 相内的裂纹,在裂纹尖端沿着密排方向 $[101]_\gamma$ 和 $[110]_\gamma$ 发生位错滑移,并且由于位错和层错的作用,产生了新的裂纹,如图 5-28 所示。

应力-应变曲线模拟结果显示,裂纹在 γ 相内时,方向 F 裂纹试样的屈服应力要明显高于裂纹在 α 相内的方向 E 裂纹试样,如图 5-28 所示。同时,从曲线上还可以看出,在 x 方向的正应力下,N-W 关系试样的脆性明显高于 K-S 关系试样。

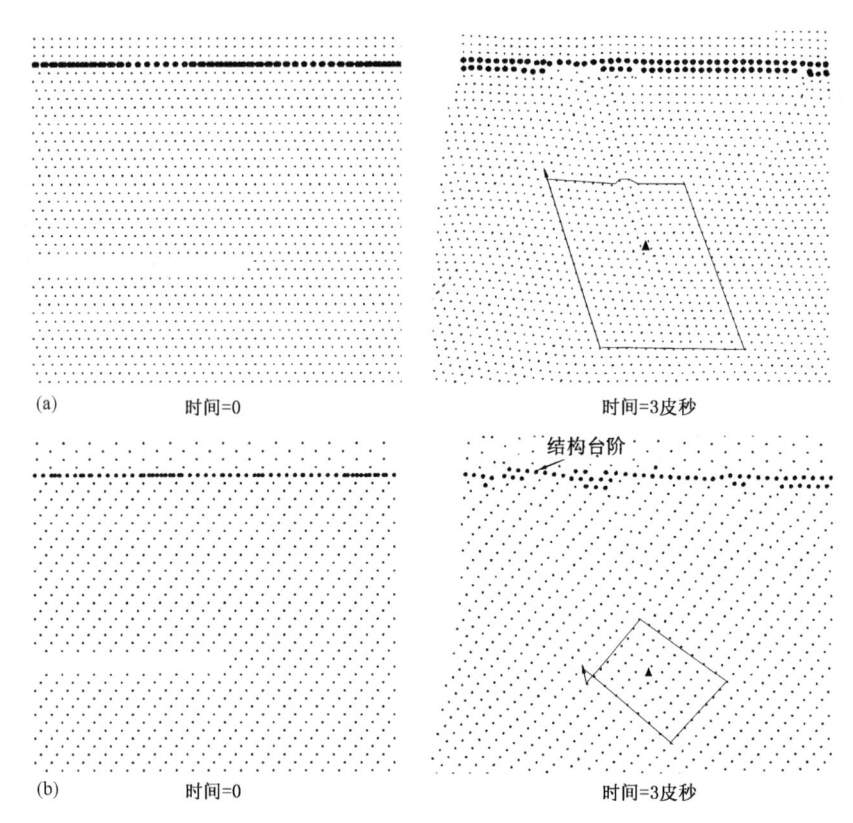

图 5-25 方向 D 裂纹在 N-W 关系(a)和 K-S 关系(b)中,经过 3 皮秒拉伸加载后的模拟结果

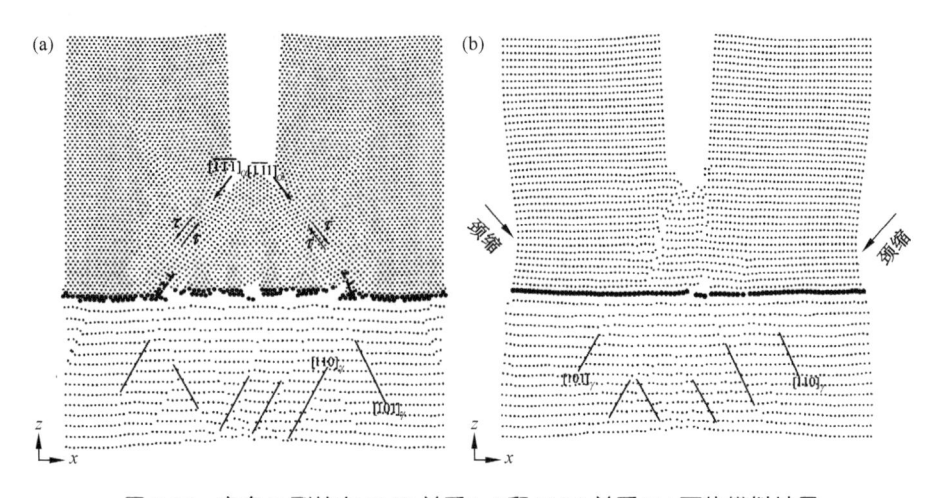

图 5-26 方向 E 裂纹在 N-W 关系(a)和 K-W 关系(b)下的模拟结果

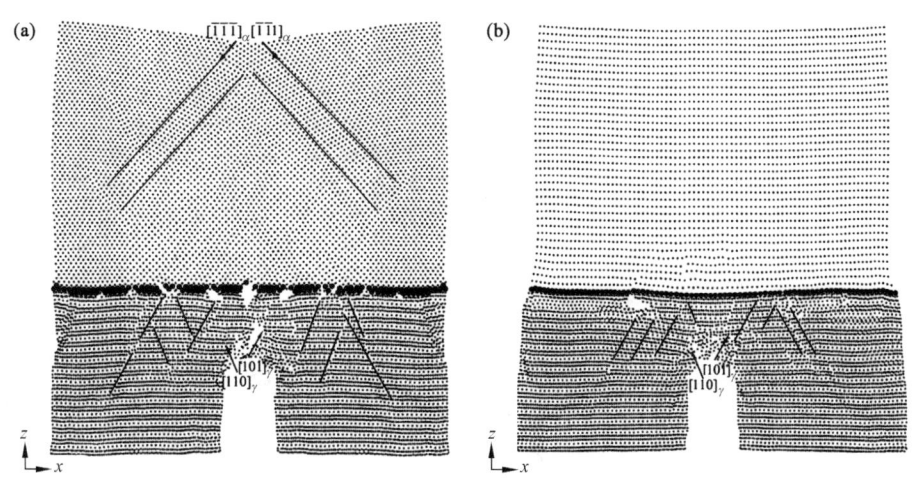

图 5-27 方向 F 裂纹在 N-W 关系(a)和 K-W 关系(b)下的模拟结果

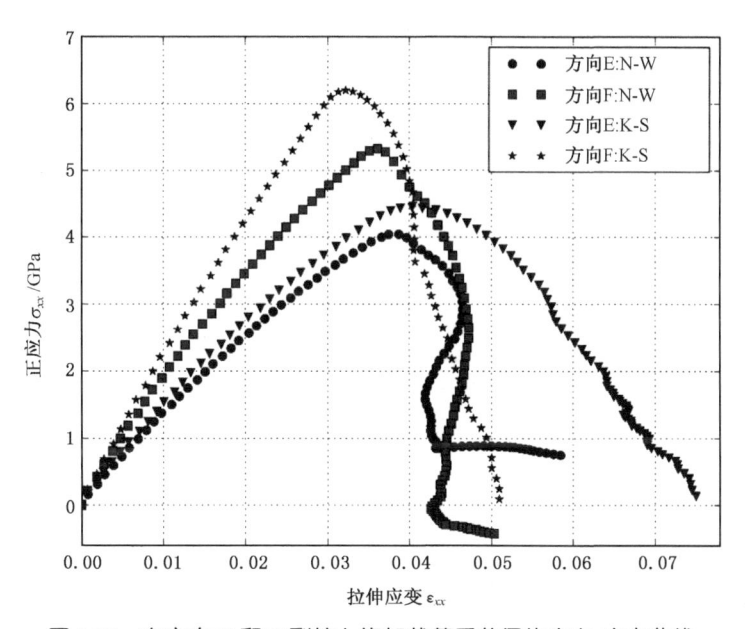

图 5-28 在方向 E 和 F 裂纹上施加载荷后获得的应力-应变曲线

在 N-W 关系下,方向 G 和 H 的裂纹试样在加载过程中,γ 相内均未发现有位错滑移。对于方向 G,在裂纹尖端的前方缺少激活的滑移系,使得初始裂纹在加载 2.5ps 后就停止扩展,随后产生颈缩,如图 5-29a 所示。而对于方向 H 的裂纹,开始阶段沿着密排方向 $[011]_\gamma$ 扩展,但是由于在 α 相内没有与 $[011]_\gamma$ 方向相近的滑移系,滑移很快在相界面处停止扩展,如图 5-29b 所示。

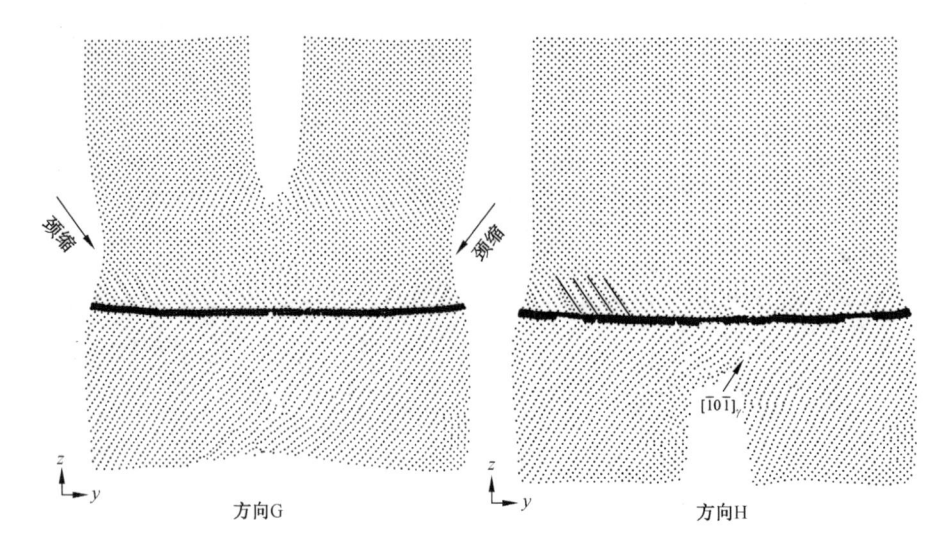

图 5-29 在 N-W 关系下,方向 G(a)和 H(b)裂纹在拉伸加载 3 皮秒之后的模拟结果

按照 N-W 关系,BCC 相与 FCC 相只有 12 种晶体学取向,而按照 K-S 关系,两者有 24 种不同的晶体学取向。在 K-S 关系中,除了相互平行的密排面之外,其他密排面之间的夹角如表 5-5 所示。

表 5-5 K-S 关系中 24 种晶体学取向的密排面间夹角

γ 相密排面	α 相密排面	夹角	γ 相密排面	α 相密排面	夹角
$(111)_\gamma$	$(110)_\alpha$	0°	$(\bar{1}11)_\gamma$	$(110)_\alpha$	70.52°
	$(1\bar{1}0)_\alpha$	90°		$(1\bar{1}0)_\alpha$	57.02°
	$(101)_\alpha$	60°		$(101)_\alpha$	10.52°
	$(\bar{1}01)_\alpha$	60°		$(\bar{1}01)_\alpha$	83.94°
	$(011)_\alpha$	60°		$(011)_\alpha$	63.97°
	$(01\bar{1})_\alpha$	60°		$(01\bar{1})_\alpha$	35.26°
$(\bar{1}11)_\gamma$	$(110)_\alpha$	70.52°	$(11\bar{1})_\gamma$	$(110)_\alpha$	70.52°
	$(1\bar{1}0)_\alpha$	66.76°		$(1\bar{1}0)_\alpha$	21.14°
	$(101)_\alpha$	76.02°		$(101)_\alpha$	76.02°
	$(\bar{1}01)_\alpha$	14.21°		$(\bar{1}01)_\alpha$	68.66°
	$(011)_\alpha$	50.45°		$(011)_\alpha$	45.79°
	$(01\bar{1})_\alpha$	54.9°		$(01\bar{1})_\alpha$	54.9°

从表 5-5 可以看出，在 K-S 关系中，密排面 $(\bar{1}11)_\gamma$ 与 $(101)_\alpha$ 的夹角非常小，只有 10.52°，因此相界面能够沿着 $(01\bar{1})_\gamma/(\bar{1}11)_\alpha$ 滑移并形成结构台阶。图 5-30 和 5-31 给出了 K-S 关系下方向 G 和 H 加载不同时间后的模拟结果。可以看到从台阶上发射出来的层错。在裂纹尖端产生的位错沿着密排面 $(01\bar{1})_\gamma/(\bar{1}11)_\alpha$ 穿越相界面，并与由结构台阶发射出来的层错相互作用，使得产生的孔洞跨越了界面。

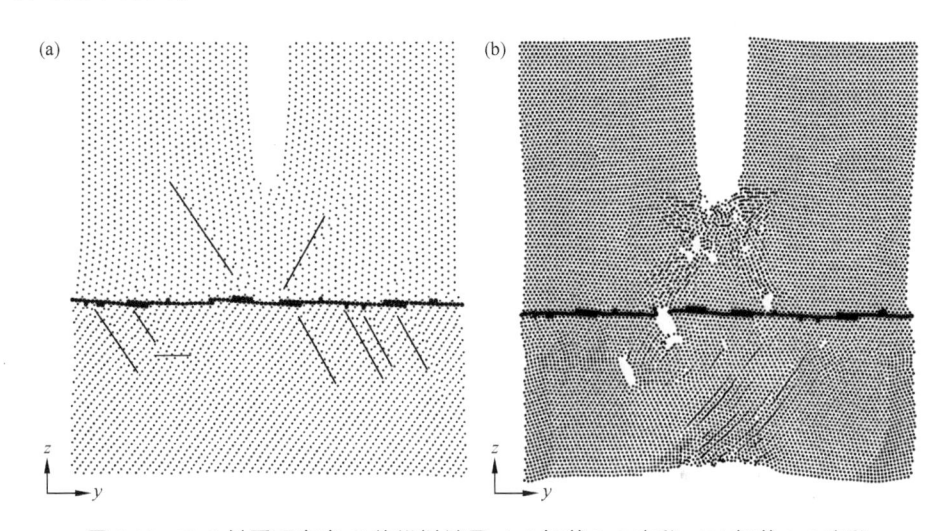

图 5-30 K-S 关系下方向 G 的模拟结果：(a) 加载 2.5 皮秒；(b) 加载 3.0 皮秒

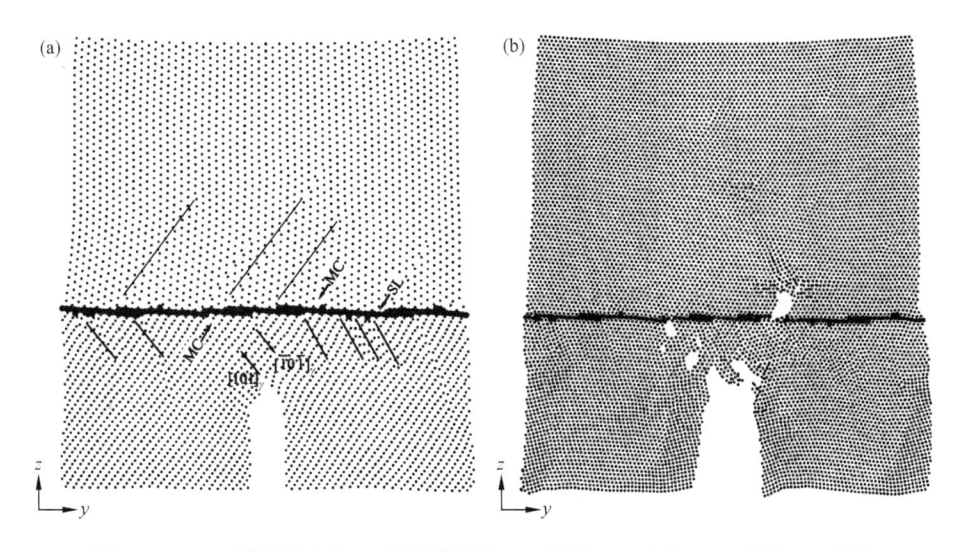

图 5-31 K-S 关系下方向 H 的模拟结果：(a) 加载 2.5 皮秒；(b) 加载 3.0 皮秒

方向 G 和 H 的应力-应变曲线模拟结果如图 5-32a 所示。在 K-S 关系中，$(1\bar{1}1)_\gamma$ 与 $(101)_\alpha$ 的密排面接近，因此，K-S 关系中的屈服应力要低于 N-W 关系中的应力，但是前者明显具有更高的塑性。进一步，计算裂纹表面两侧的平均宽度随加载时间的变化情况，如图 5-32b 所示。可以看出，K-S 关系中，方向 G 和 H 的裂纹扩展速率最快，这很可能是由于在裂纹扩展过程中，相界面不能有效地阻碍沿密排面 $(01\bar{1})_\gamma/(\bar{1}11)_\alpha$ 的滑移。另外，N-W 关系中方向 G 裂纹扩展速率最慢，在 2.5 皮秒后就停止扩展。方向 E 裂纹的扩展速率几乎与方向 H 相同。

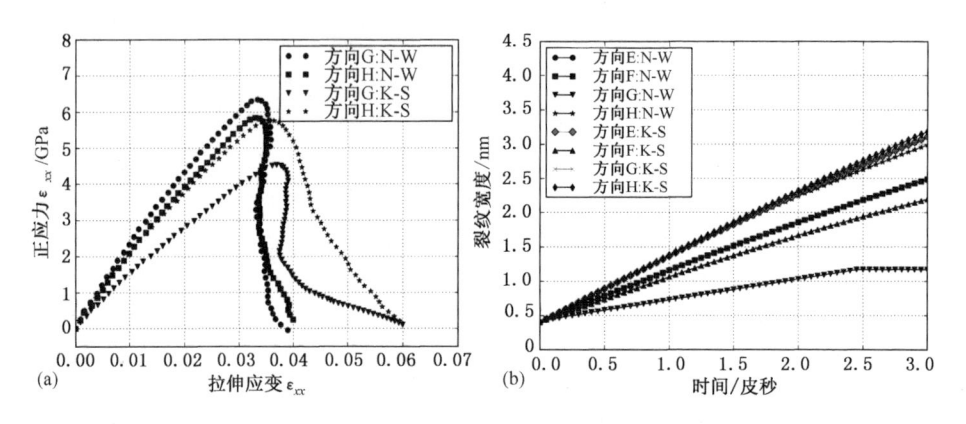

图 5-32 在方向 G 和 H 裂纹上施加载荷后获得的应力-应变曲线（a）和裂纹表面两侧的平均宽度随加载时间的变化规律（b）

通过分子动力学模拟清晰地看出，残余奥氏体与贝氏体铁素体的相界面可以有效地阻碍位错的滑移，如同晶界一样。相界面的阻碍作用使得新的微裂纹往往在界面处形核。模拟结果也证明了在贝氏体钢中，尤其是纳米贝氏体钢中，残余奥氏体与贝氏体铁素体的相界面对材料的强化起着重要的作用。

5.1.5 残余奥氏体的设计

从前面内容可以看出，残余奥氏体对贝氏体钢的强度、塑性和韧性均有明显的影响，但影响规律又存在区别。要获得高强度、高塑性、高韧性的贝氏体钢，就要对残余奥氏体的含量、形态及稳定性等方面进行合理设计。

残余奥氏体的含量是影响力学性能的关键因素之一，但非单一决定性因素。从如图 5-33 中可以看出，虽然随着等温温度的升高，残余奥氏体含量逐渐升高,材料的抗拉强度和屈服强度均逐渐降低,但是延伸率并未一直升高。350 ℃等温获得的贝氏体组织中含有 22.5% 的残余奥氏体,具有最高的延伸率 31.5% 和最高的强塑积 48.9 GPa%。通过对薄膜状和块状残余奥氏体尺寸的详细表征(如图 5-34 所示)可以看出,350 ℃等温处理得到的薄膜状残余奥氏体尺寸 ~40 nm,而块状残余奥氏体的尺寸范围则为 0.5 ~ 5 μm,尺寸分布范围明显大于其他温度等温处理获得的残余奥氏体。贝氏体组织内残余奥氏体呈现多尺度尺寸分布,其稳定性也存在差异,保证在变形过程中,残余奥氏体逐渐地转变为马氏体,有效地延迟塑性失稳的发生,充分发挥残余奥氏体的积极作用。

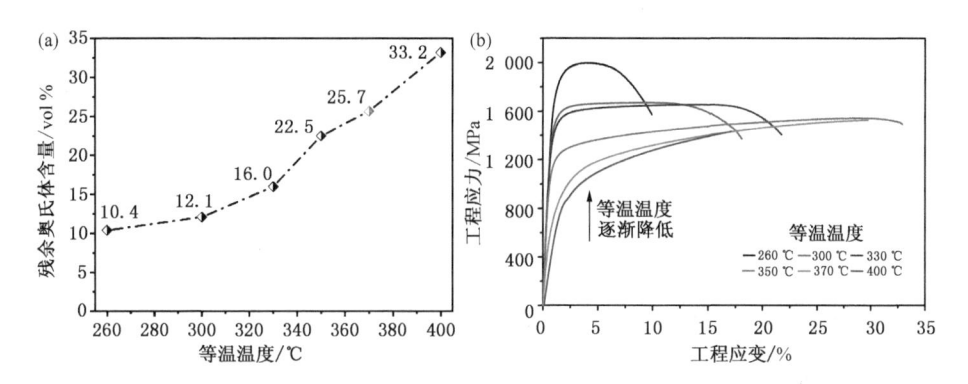

图 5-33 70Si3MnCr 钢(成分为 Fe-0.70C-2.59 Si-0.63Mn-0.59Cr wt%)不同温度等温处理后的残余奥氏体含量(a)及拉伸性能曲线(b)。图中 YS,TS,UE,TE,**PSE** 等分别表示屈服强度、抗拉强度、均匀延伸率、总延伸率、断面收缩率、强塑积

依据 70Si3MnCr 钢的研究结果,构建了含有多尺度残余奥氏体的贝氏体钢在拉伸变形过程中的组织演化示意图,如图 5-35 所示,以更好地理解多尺度残余奥氏体对贝氏体钢强塑性的影响。在早期的拉伸变形阶段,大块状残余奥氏体部分、选择性地转变为马氏体。随着塑性应变的增加,小块状残余奥氏体和薄膜状残余奥氏体也逐渐转变为马氏体。持续、渐进的马氏体相变保证了 TRIP 效应得到充分发挥,使贝氏体钢获得高的强塑性。在拉伸变形过程中,由于应变诱发马氏体的塑性约束,碳含量接近准平衡铁素体碳含量的长纳米贝氏体板条韧性较好,能够发生显著的塑性变形。在拉伸变形的最后阶段,这些长纳米贝氏体板条有效抑制了微裂纹的扩展,也对高塑性做出了贡献。

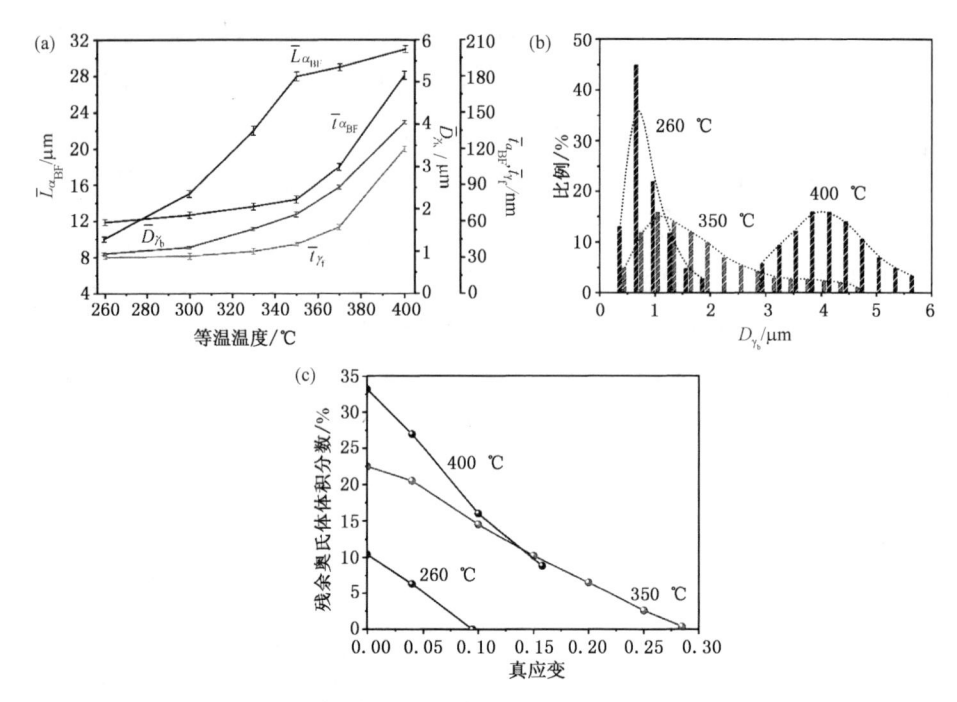

图 5-34 70Si3MnCr 钢（主要化学成分为 Fe-0.70C-2.59 Si-0.63Mn-0.59Cr wt%）的组织结构参数及剩余残余奥氏体体积分数随应变的变化。图中 $\bar{L}_{\alpha_{BF}}$ 和 $\bar{t}_{\alpha_{BF}}$、$\bar{D}_{\gamma_b}$ 和 D_{γ_b}、$\bar{t}_{\gamma_f}$ 分别表示贝氏体铁素体的平均长度和厚度、块状残余奥氏体的平均尺寸和具体尺寸、薄膜状残余奥氏体的平均厚度

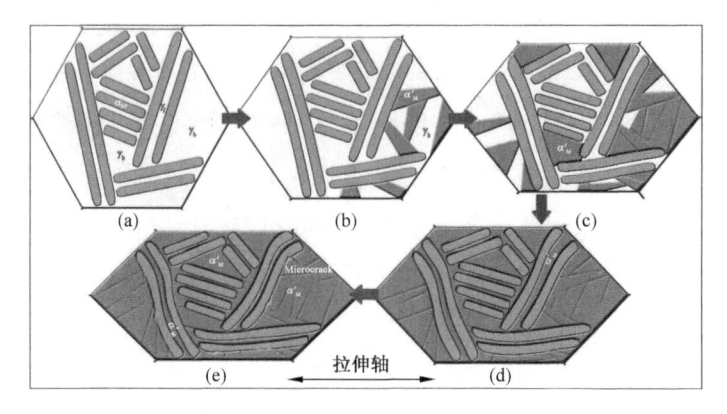

图 5-35 含有多尺度残余奥氏体的贝氏体钢在拉伸变形过程中的组织演化示意图。γ_b 代表块状残余奥氏体，γ_f 代表薄膜状残余奥氏体，α_{BF} 代表贝氏体铁素体板条，$\alpha_{M'}$ 代表应变诱发马氏体

如上所述,对于常规拉伸性能来讲,不能仅追求残余奥氏体的高稳定性。图 5-36 给出了一组对比结果,可以看出:Al 含量为 0.02 wt% 的钢中含有大量的稳定性较低的块状残余奥氏体,而 Al 含量为 1.19 wt% 的贝氏体组织中的残余奥氏体以薄膜状高稳定性残余奥氏体为主。在变形前期,1.19Al 钢中残余奥氏体转变为马氏体的量及速率明显低于 0.02Al 钢,从而导致 1.19Al 钢的加工硬化率显著低于 0.02Al 钢。尽管 0.03Al 中稳定性较低的块状残余奥氏体含量高,但是为前期材料高加工硬化率变形提供了条件,且组织中存在一定量的薄膜状残余奥氏体,在后期变形过程中也能够持续地发挥释放应力集中、协调应力分配及延迟局部塑性变形发生等积极的作用。

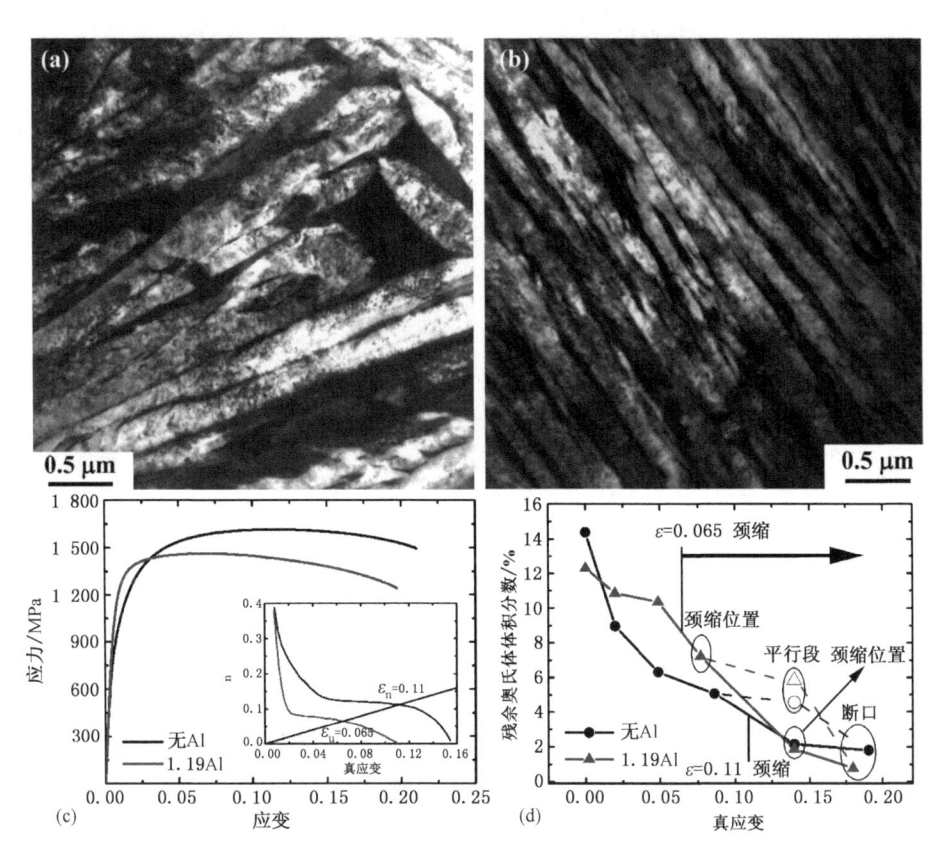

图 5-36 成分分别为 Fe-0.28C-1.71Si-2.04Mn-1.64Cr-0.36Ni-0.36Mo-0.02Al wt% 和 Fe-0.28C-0.67Si-1.96Mn-1.62Cr-0.34Ni-0.23Mo-1.19Al wt% 的无碳化物贝氏体钢的组织 TEM 组织图(a,b)、工程应力应变曲线(c)及残余奥氏体含量变化规律(d)

也有研究给出一个定量的比例,要获得优异的性能,薄膜状残余奥氏体与块状残余奥氏体分数的比例需要超过 0.9,如公式(5-5)所示。

$$\frac{V_{\text{RA-F}}}{V_{\text{RA-B}}} = \frac{V_{\alpha b}}{6 - 7.7 V_{\alpha b}} > 0.9 \tag{5-5}$$

表 5-6 给出了 46SiMnCrAlMoNi1 中碳钢经不同工艺处理后的力学性能,对应的表 5-7 给出了相应的组织结构参数。随贝氏体等温转变温度的提高,抗拉强度降低、总延伸率和均匀延伸率均逐渐增加,但韧性逐渐降低。从组织结构参数可以看出,残余奥氏体含量提高是其塑性提高的主要原因。然而,残余奥氏体内平均碳含量降低、平均尺寸增大均表明其稳定性下降。残余奥氏体稳定性一定程度的下降,有利于其在整体拉伸变形过程中逐渐地转变为马氏体,能够更为有效地促进应力的再分配,延迟局部塑性变形的发生。而残余奥氏体稳定性的降低,尤其是块状残余奥氏体体积分数的提高,则明显不利于冲击韧性。

表 5-6 46SiMnCrAlMoNi1 钢经贝氏体等温转变后的力学性能

等温工艺	σ_b/MPa	σ_s/MPa	δ_t/%	δ_u/%	Ψ/%	$a_{ku}/(\text{J} \cdot \text{cm}^{-2})$
270 ℃ ×2 h	1 842	1 122	15.4	7.7	49.6	64.9
350 ℃ ×2 h	1 556	862	19.2	15.5	32.8	60.6
370 ℃ ×2 h	1 537	1 014	20.4	18.2	31.0	45.1

表 5-7 46SiMnCrAlMoNi1 钢经不同贝氏体等温转变处理后的组织特征参数

等温工艺	V_γ/%	C_γ/wt%	$V_{\gamma b}$/%	$t_{\gamma f}$/nm	$t_{\alpha b}$/nm	$L_{\alpha b}$/nm
270 ℃ ×2 h	7.39	1.28	2.1 ±0.5	40 ±2.3	76 ±3.4	15 ±0.4
350 ℃ ×2 h	17.26	0.83	3.5 ±0.5	96 ±6.5	120 ±5.1	22 ±1.3
370 ℃ ×2 h	15.87	0.88	4.2 ±1.2	75 ±5.6	122 ±4.5	21 ±0.6

注:46SiMnCrAlMoNi1 钢的成分为 0.46C-1.55Si-1.59Mn-1.24Cr-0.81Ni-0.40Mo-0.62Al wt%。

在变形过程中,残余奥氏体的转变,包括转变量、转变速率等,都直接影响着材料的强度、韧性和塑性等性能。如果残余奥氏体稳定性较差,则会在变形初期就很容易地发生转变,导致塑性降低也会导致韧性的降低,但会提高材料初期的应变硬化能力,有利于提高强度;相反,如果残余奥氏体的稳定性很高,而不能转变为马氏体,则无法发挥残余奥氏体相变诱发塑性的效果,降低其对强度和塑性的积极作用,但对提高韧性又非常有利。基于残余奥氏体对强度、塑性和韧性影响的差异,在残余奥氏体的设计中,需充分考虑所追求的首要性能指标和具体应用条件。

5.2 对耐磨性能的影响

磨损是一个复杂的系统工程,影响耐磨性的因素主要有:1)外部因素,包括磨损方式、载荷、磨粒状态及环境温度等;2)材料特性,包括材料的综合性能和组织结构。在一定外部条件下,材料自身特性决定耐磨性能。在最初磨损研究中,人们简单地认为硬度是影响耐磨性的决定性因素,而忽略了韧性等性能参数对耐磨性的影响。在贝氏体钢中,残余奥氏体是保证材料韧性的关键组分,其稳定性和含量对耐磨性有显著的影响。

在磨损过程中,磨损试样表层在纯剪切力的作用下发生塑性变形,从而表层及亚表层内的残余奥氏体在应力/应变的作用下,诱发转变成高硬度的马氏体,一方面提高磨损表面及亚表层的硬度,另一方面在残余奥氏体在向马氏体转变的过程中吸收能量,延迟裂纹扩展,提高了耐磨性。另外,分布于贝氏体铁素体之间的薄膜状残余奥氏体还能有效地延迟裂纹的扩展,降低磨损速率。

图 5-37 给出了一组低温贝氏体钢与马氏体钢耐磨性对比结果。虽然低温贝氏体渗碳钢表层的初始硬度为 625 HV,明显低于马氏体渗碳钢表层硬度 725 HV,但是在 50 N 低载荷下,两种材料的耐磨性相当,随着载荷的增加,最终低温贝氏体组织的耐磨性超过马氏体组织耐磨性。对磨损后的试样截面分析发现,低温贝氏体试样表层的硬度提高幅度要明显大于马氏体渗碳钢试样的增加幅度。低温贝氏体试样经过磨损后,贝氏体铁素体板条和残余奥氏体薄膜的相间结构的原始组织明显细化,板条状组织演变为细颗粒状组织。马氏体试样的原始组织为片状马氏体,经磨损后磨面组织也得到了细化,但其细化程度远远低于低温贝氏体,摩擦磨损造成的组织细化是磨面硬度升高的原因之一。更为主要的是,低温贝氏体原始试样表面含有 31.4% 的残余奥氏体,马氏体原始试样表面含有 6.5% 的残余奥氏体,这些残余奥氏体相在磨损过程中全部转变成了马氏

体相，这直接导致低温贝氏体试样经磨损后硬度升高的幅度较大。这也解释了大载荷条件下磨损初期低温贝氏体耐磨性低于马氏体的结果。

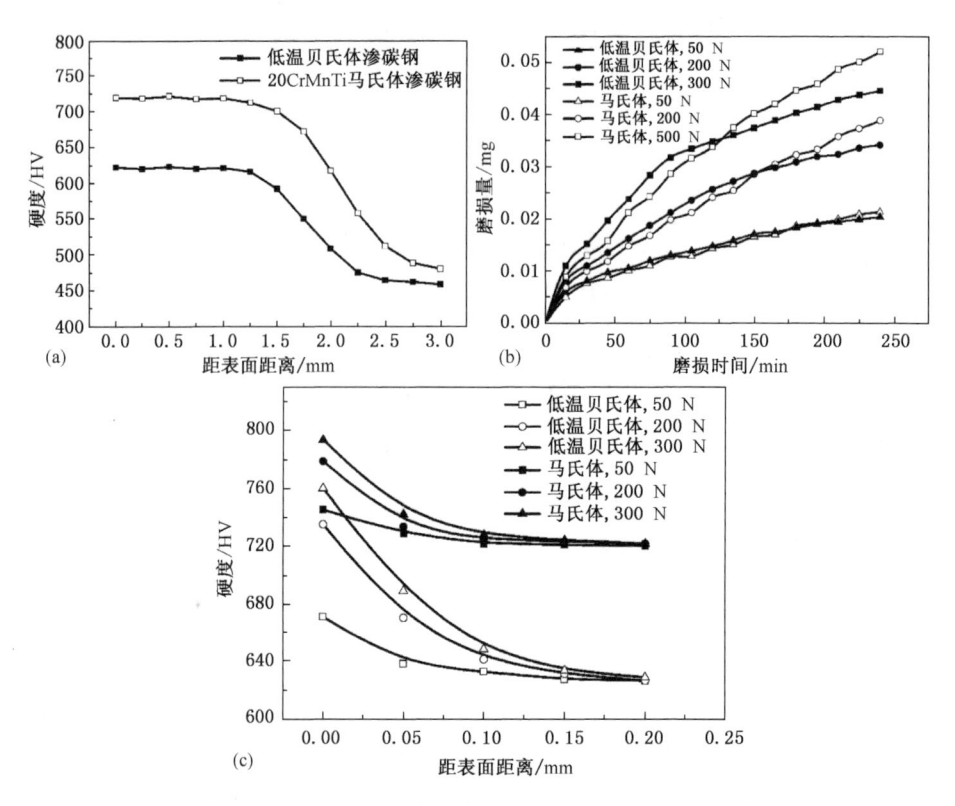

图 5-37 低温贝氏体渗碳钢与马氏体渗碳钢耐磨性对比：(a)磨损前截面初始硬度分布；
(b)不同载荷下的耐磨性对比；(c)磨损后截面硬度分布

当磨损环境中含有氢，或者材料内部氢含量较高时，氢原子会对残余奥氏体产生影响，进而对磨损性能产生一定影响。图 5-38 给出了一组辙叉用贝氏体钢与高锰钢的耐磨性对比结果，可以发现充氢处理后，贝氏体钢辙叉的耐磨性得到明显提高，且贝氏体钢的耐磨性要高于高锰钢。充氢处理虽然不会使得残余奥氏体发生转变，但氢降低了贝氏体辙叉钢中残余奥氏体的稳定性，在摩擦磨损过程中，氢促进贝氏体辙叉钢中的残余奥氏体发生应变诱发马氏体相变，使贝氏体辙叉钢摩擦磨损表面的硬度显著提高，在加工硬化和应变的共同作用下，增强了贝氏体辙叉钢的抗摩擦磨损的能力。但大量的马氏体出现，将会降低钢的表面韧性，提高贝氏体辙叉钢的服役脆性，从而导致贝氏体辙叉钢的抗冲击和滚动接触疲劳性能降低。

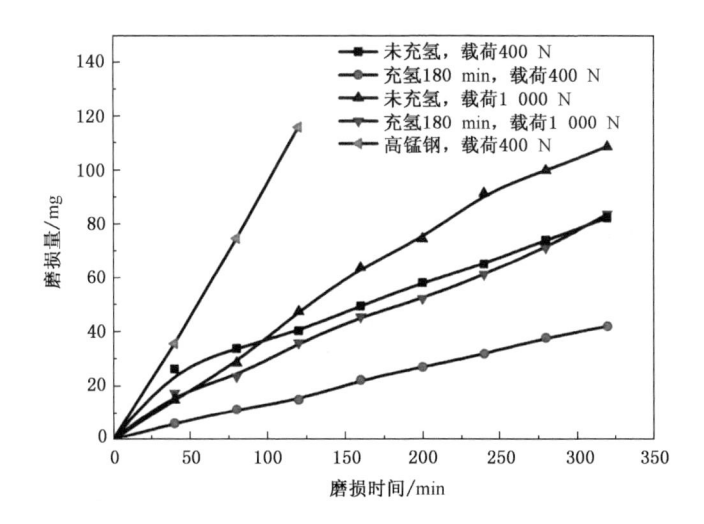

图 5-38　不同状态下贝氏体辙叉钢的耐磨性对比

残余奥氏体的稳定性对贝氏体钢的耐磨性有显著影响。对于稳定性较差的块状残余奥氏体,在磨损初期很容易转变为硬脆马氏体。随着磨损的进行,在块状残余奥氏体中形成的高碳马氏体与相界面位置,极易引起应力/应变的集中,从而在此位置优先促使裂纹形核,沿磨损方向裂纹扩展,最后形成剥落。因此,稳定性低的块状残余奥氏体含量越高,对贝氏体钢的耐磨性越不利。而在磨损过程中,较高稳定性的残余奥氏体转变为马氏体可以有效地吸收能量,从而缓解如微裂纹和孔洞等缺陷的形成。除吸收能量缓解缺陷形成、降低应力集中等作用之外,残余奥氏体在向马氏体转变过程中引起的体积膨胀,能够有效地闭合裂纹,从而降低裂纹扩展速率,提高耐磨性。这一作用效果在断裂韧性一节中也有阐述。

图 5-39 给出了一组不同等温温度获得贝氏体组织在冲击磨损前的残余奥氏体情况,以及冲击磨损之后截面从表层向亚表层残余奥氏体转变量的变化规律。可以看出,随着残余奥氏体稳定性的提高,冲击磨损过程中转变为马氏体的量会降低。当残余奥氏体稳定性提高至很难发生马氏体转变,如图 5-39 中 B220 试样(即 220 ℃等温处理获得的组织),则其在对阻止裂纹扩展方面作用就很弱,也因此对耐磨性不利。综合考虑耐磨性、韧性以及加工硬化能力随残余奥氏体的稳

定性的变化(如图5-40),可以看出,随着残余奥氏体稳定性的提高,材料的耐磨性首先提高至一最高值,随稳定性进一步提高,则因闭合裂纹作用无法发挥,耐磨性下降。另外,也看出材料的硬度和断裂韧性是影响耐磨性的最主要的两个因素。

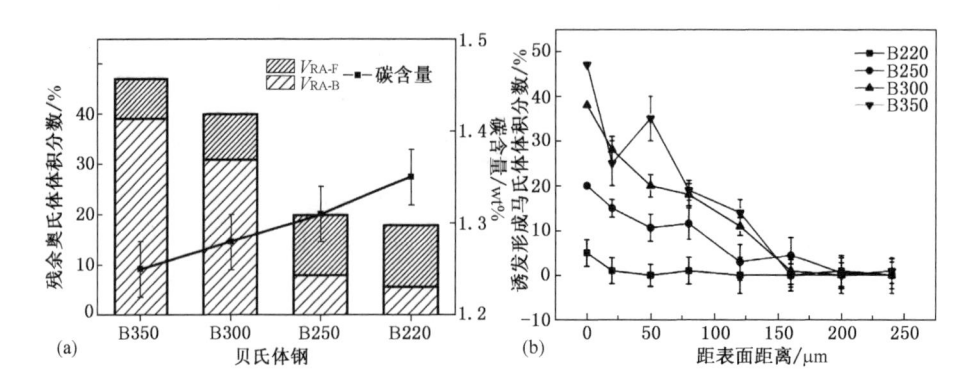

图5-39 成分为0.95C-2.90Si-0.75Mn-0.52Cr-0.25Mo-0.03Nb-0.012Ti-Fe wt%的钢经不同温度等温处理后的残余奥氏体体积分数和碳含量(a),以及磨损后截面硬度变化情况(b)。图a中横坐标B350表示在350 ℃等温获得的贝氏体组织

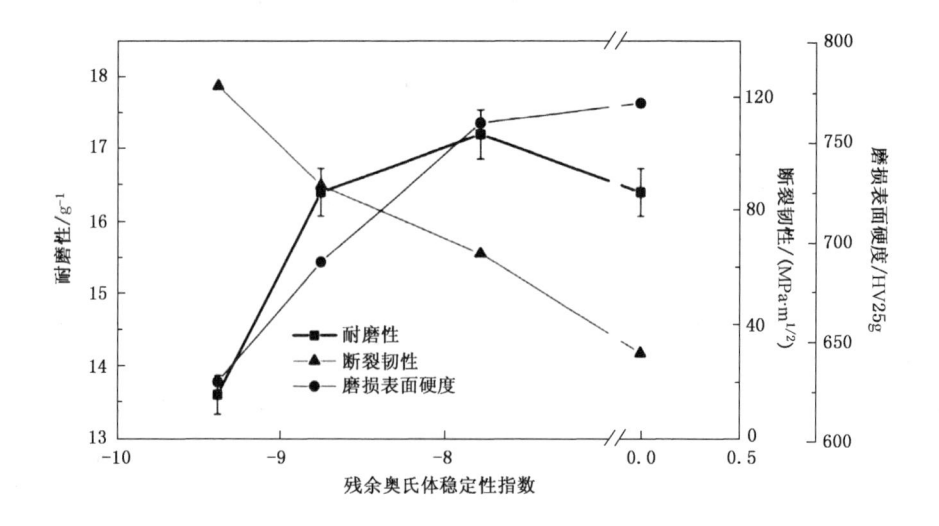

图5-40 成分为0.95C-2.90Si-0.75Mn-0.52Cr-0.25Mo-0.03Nb-0.012Ti-Fe wt%的钢中残余奥氏体的稳定性与耐磨性、断裂韧性及磨损后表面硬度的关系

有研究发现,残余奥氏体稳定性比残余奥氏体含量对耐磨性的影响更大。

利用滚动/滑动磨损方式,对比了纳米贝氏体组织与淬火-回火处理后组织的耐磨性,发现虽然淬火-回火处理后组织中的残余奥氏体含量最高,但是其耐磨性最低。经220 ℃等温48 h处理获得的纳米贝氏体组织中残余奥氏体含量较高、稳定性最高,这些残余奥氏体在磨损过程中能够吸收更多的能量,才转变为马氏体,因此该组织结构具有高的加工硬化能力。这使得磨损后表面硬度最高、变形层深最大,耐磨性最高,如图5-41所示。有针对纳米结构超级贝氏体钢开展磨粒搅拌磨损的研究,也证明了更高体积分数的奥氏体转变为马氏体提升TRIP作用,带来更深的变形层,从而有利于提高贝氏体钢的耐磨性。

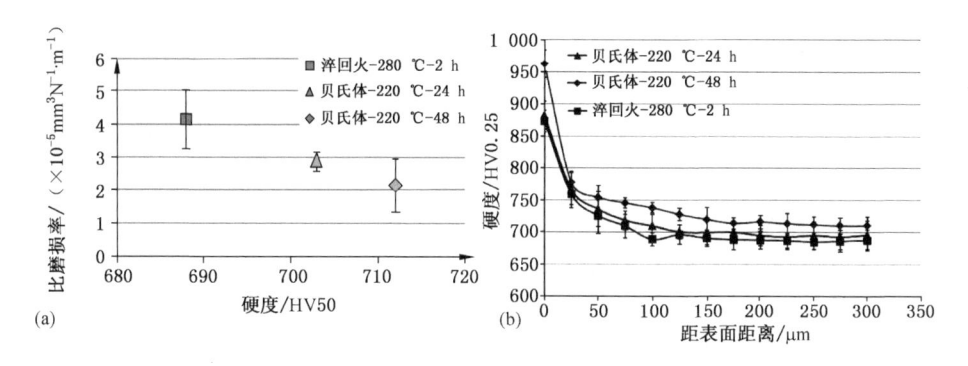

图5-41 100CrSiMn6-5-4 钢(主要成分为:Fe-1.0C-1.25Si-0.96Mn-1.39Cr-0.03Mo wt%)经不同工艺处理后的耐磨性(a)以及磨损后截面硬度分布(b)。图中淬回火-280 ℃-2 h表示工艺为淬火后在280 ℃回火2 h,贝氏体-220 ℃-24 h/48 h表示工艺为在220 ℃等温24 h和48 h

也有观点认为含有一定量的稳定残余奥氏体,可以保持磨损表层的塑性和韧性,从而有利于提高耐磨性能。如图5-42a对比了几种无碳化物贝氏体钢的滚动/滑动磨损性能,发现含有一定量高稳定性残余奥氏体的纳米贝氏体钢的耐磨性最佳。在磨损过程中表面残余奥氏体的含量仅从27.9%降低至17.3%,保留有大量残余奥氏体稳定未转变。在磨损过程中,塑性变形首先使得残余奥氏体发生机械稳定化。诱发转变马氏体仅率先在块状残余奥氏体内局部区域发生,因此这些转变的马氏体能够进一步细化残余奥氏体尺寸,降低其M_s温度,从而使稳定性得到提高。这些稳定的奥氏体有利于增加表层的塑性和韧性,从而提升耐磨性能。

另外,根据 Hertzian 理论,在滚动/滑动磨损过程中,最大的剪切应力出现在亚表层,图 5-42b 的纳米压痕测试数据进一步证实这一理论。因此,显微裂纹往往更易在亚表层形成,并向表面扩展,最后形成剥落。然而,亚表层内的残余奥氏体在应力的诱发下转变为高硬度马氏体,一方面提高亚表层的硬度,另一方面这些在薄膜状残余奥氏体内转变的更为细小尺寸的马氏体能够抑制开裂的发生,从而提高滚动接触应力下破坏的阻力。因此,在考虑残余奥氏体应力/应变诱发转变的马氏体对开裂的影响时,也应该考虑到残余奥氏体尺寸的影响。

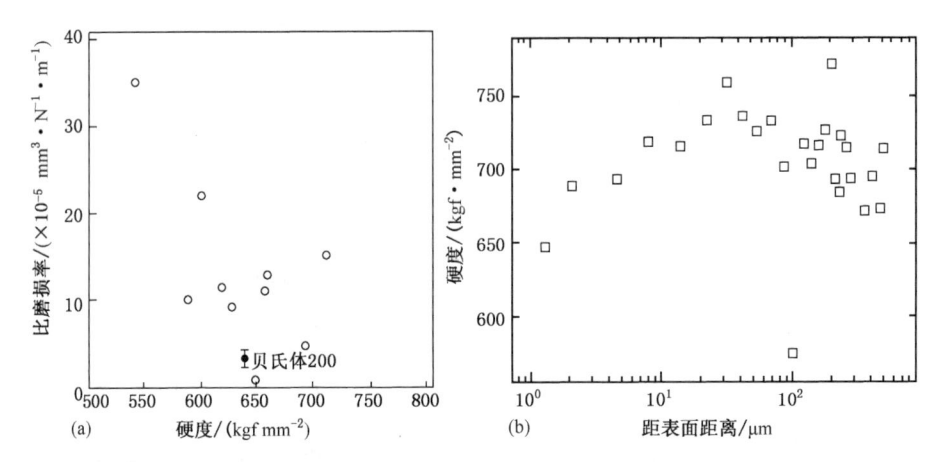

图 5-42 成分为 Fe-0.83C-2.28Mn-1.9Si-1.44Cr-0.24Mo-0.11V-1.55Co-0.044Al-0.019Sn-0.023Nb wt% 的纳米贝氏体钢的干滚动/滑动磨损性能与其他无碳化物贝氏体钢的耐磨性对比(a),以及实验钢磨损后截面纳米压痕测试的硬度分布(b)。图 a 中贝氏体 200 数据点为实验钢的磨损速率,表示在 200 ℃等温获得的贝氏体,其余圆圈数据点为从相应文献中引用的对比数据

5.3 对疲劳性能的影响

金属疲劳是工件最主要的失效形式之一,是一种材料在远低于正常强度情况的往复交替和周期循环应力作用下产生逐渐扩展的脆性裂纹导致最终断裂的倾向。轴承、弹簧、齿轮等的疲劳占失效的 80% 左右,疲劳破坏之前并没有明显的塑性变形,所以破坏具有突然性。疲劳失效过程经历疲劳裂纹的形成、扩展和断裂三个阶段。在这些阶段中,残余奥氏体都产生一定的影响。疲劳失效的方式有很多种,本节主要介绍残余奥氏体对贝氏体钢拉-压疲劳、超声疲劳、接触疲

劳、弯曲疲劳等性能影响规律。

5.3.1 拉压疲劳

拉压疲劳是最常见的疲劳测试方式,主要有低周疲劳和高周疲劳。

低周疲劳是一种应变控制的疲劳,判断疲劳循环失效的标准为试样断裂或最大拉应力降低为原值的 25%。图 5-43 是一组典型的中碳无碳化物贝氏体钢循环硬化/软化曲线。从图中可以看出不同形态贝氏体组织循环疲劳硬化、软化的规律相似,在各总应变幅下,随着循环次数的增加循环应力幅逐渐增加,表现为循环硬化行为。随着循环次数的继续增加,循环应力幅保持平衡(称为循环饱和阶段),或者循环应力幅逐渐减小,表现为循环软化行为。在这个循环硬化、循环饱和以及最后循环软化过程中,残余奥氏体均发挥了一定的作用。

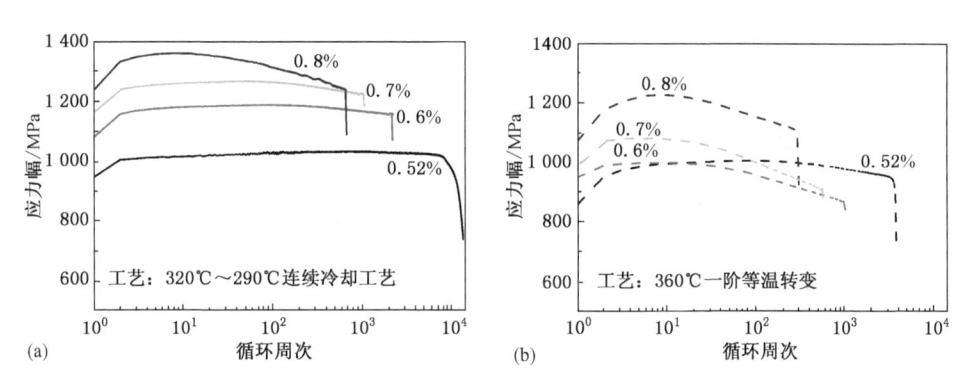

图 5-43 成分为 Fe-0.34C-1.52Mn-1.48Si-0.93Ni-1.15Cr-0.40Mo-0.71Al wt% 的中碳无碳化物贝氏体钢不同工艺处理后在不同总应变幅下的循环硬化/软化曲线 (a) 连续冷却工艺,(b) 一阶等温工艺

5.3.1.1 对循环应力的反应

在循环变形过程中,不稳定的残余奥氏体塑性变形诱发马氏体相变。图 5-44a 给出两个等温工艺处理的 0.28C 贝氏体钢在疲劳失效后残余奥氏体含量随应变幅的变化曲线。可以看出,随着总应变幅的增加,350 ℃ 等温淬火钢中的残余奥氏体含量有较大幅度降低,而 300 ℃ 等温淬火钢中残余奥氏体的减少量很小。对于 350 ℃ 等温淬火钢,在 0.012 应变幅下第一周拉伸加载后就有 3.3% 的残余奥氏体转变成了马氏体,在之后周次的循环过程中,仅有

约1.5%的残余奥氏体转变为马氏体。同样,在0.005 5应变幅下,第一周拉伸加载后,约1.7%残余奥氏体转变成了马氏体,之后循环过程中,残余奥氏体稳定保持不变。300 ℃等温淬火钢也是在第一周次残余奥氏体转变量较大,之后基本保持不变。这一结果说明:在高、低两种总应变幅下,残余奥氏体的转变主要发生在循环变形的第一周拉伸加载部分;在随后循环到疲劳失效的整个过程中,残余奥氏体转变量很小。这一结果也在其他贝氏体钢的研究中得到证实。

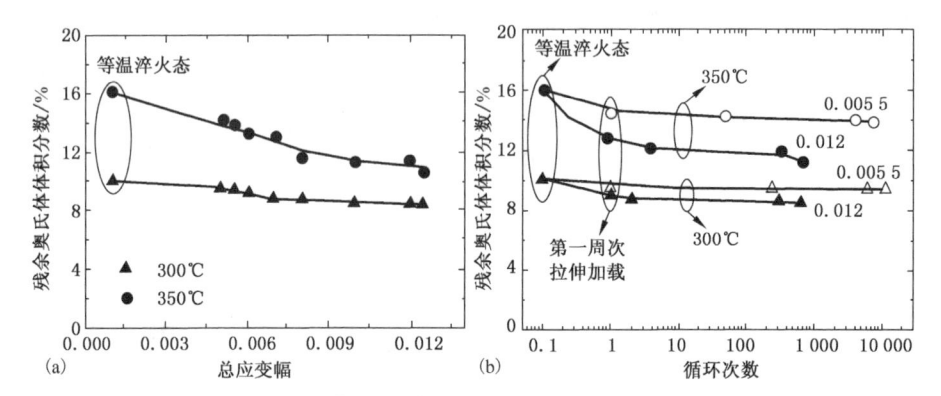

图5-44 0.28CSiMnCrNiMoAl钢(成分为 Fe-0.28C-0.67Si-1.96Mn-1.62Cr-0.34Ni-0.23Mo-1.19Al wt%)两种等温工艺处理后,在各总应变幅下疲劳失效后试样中残余奥氏体含量的变化曲线(a),以及分别在0.005 5和0.012两种应变幅下经不同循环次数后试样中残余奥氏体含量的变化曲线(b)

进一步微观结构表征发现,350 ℃等温处理试样在两种给定总应变幅下循环变形后,组织中均有从块状残余奥氏体转变而来的孪晶马氏体,如图5-45a、b和c所示。在最大循环应力处,所观察到的孪晶马氏体也均是由尺寸较大、块状残余奥氏体转变而来的。这表明不稳定的块状残余奥氏体在循环硬化阶段优先发生马氏体相变。还可以看出,350 ℃等温处理试样疲劳失效后,贝氏体铁素体区域的位错结构出现了重排,形成胞状位错结构,如图5-45d所示。利用EBSD分析疲劳前后的取向关系,对比发现,循环变形之后组织中的小角度错配角占比明显增大,这主要是由于循环变形过程中变形孪晶亚结构比例增大造成的。组织中取向角在42.8°和46°之间比例的增加,主要是由于残余奥氏体与变形诱发马氏体之间符合K-S和N-W关系,如图5-46所示。

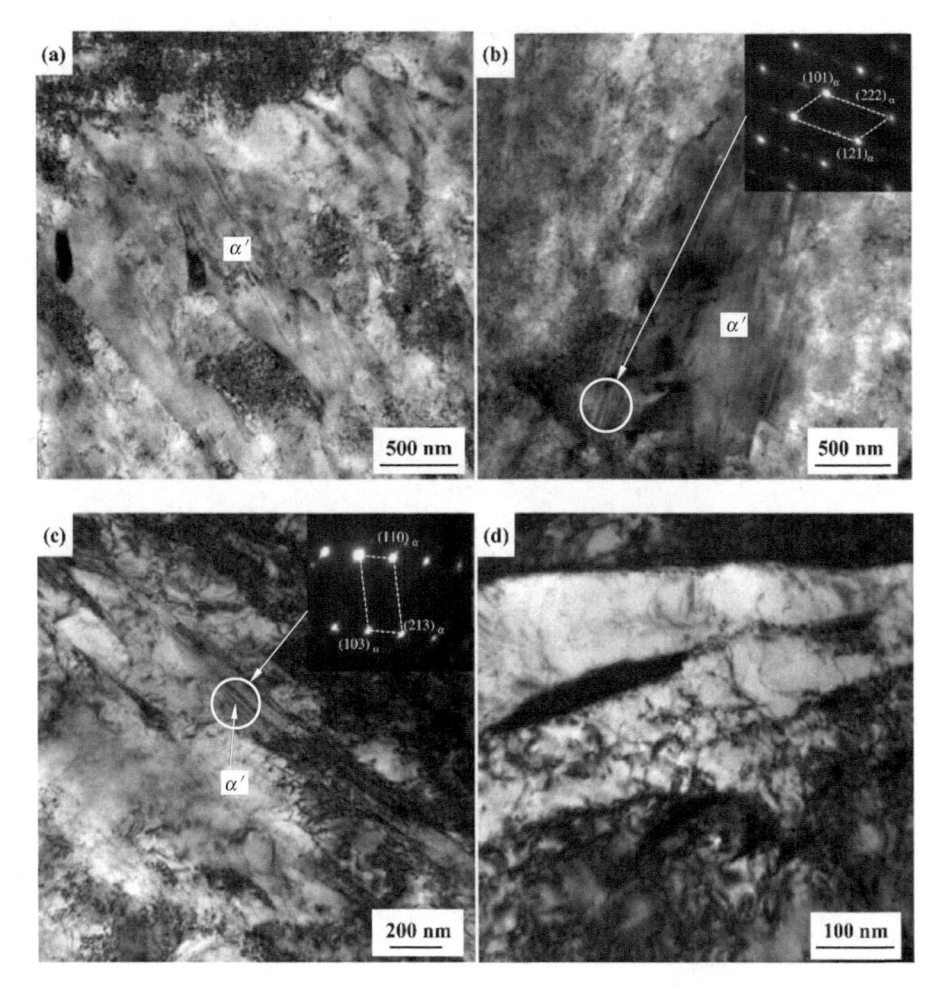

图 5-45 0.28CSiMnCrNiMoAl 钢 350 ℃等温淬火钢不同循环次数后疲劳试样的 TEM 组织图:
(a) 最大循环应力状态,0.005 5 应变幅;(b) 最大循环应力状态,0.012 应变幅;
(c)、(d) 失效状态,0.012 应变幅,其中 α' 代表孪晶马氏体

注:材料成分同图 5-44。

5.3.1.2 对循环硬化的贡献

在拉伸过程中发生屈服之前位错已经开始了移动,并引起少量塑性变形,称为屈服前的微应变。因此,把发生微应变的起始点作为位错状态变化和塑性变形的起始点,定义引起塑性变形的最小应力值为塑性应力门槛值 σ_{th}。通过低周疲劳第一周滞后回线的拉伸加载部分可以得到 350 ℃和 300 ℃等温淬火钢的 σ_{th}

值,如图5-47所示。进一步,得到第一周次的应变硬化值$\Delta\sigma_{hard}$。350 ℃等温工艺试样在应变幅为0.005 5和0.012时的$\Delta\sigma_{hard}$值分别为210 MPa和473 MPa;对应300 ℃等温淬火钢的分别为190 MPa和564 MPa。可以看出两种等温淬火钢在第一周次均发生显著的应变硬化。

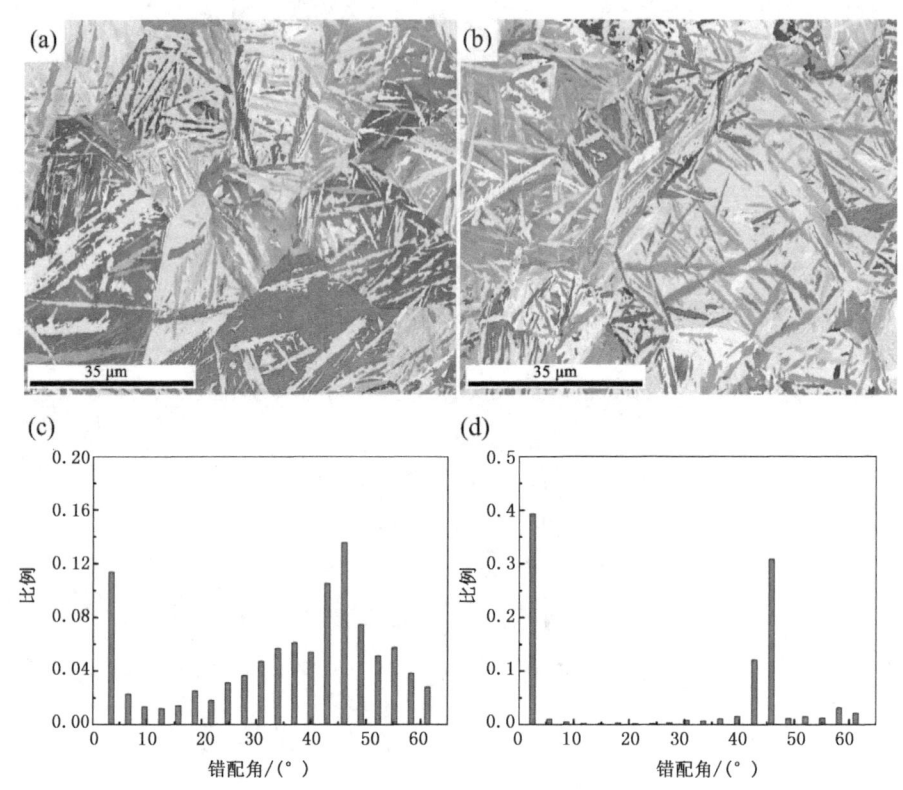

图5-46 主要化学成分为Fe-0.92C-0.66Mn-1.56Si-0.29Ni-1.68Cr-0.26Mo-0.11Al-0.017N wt%的高碳贝氏体钢循环变形前(a,c)后(b,d)微观组织取向图和错配角分布

马氏体对应变硬化的贡献$\Delta\sigma_m$与塑性应变ε_p之间满足Swift关系式:

$$\Delta\sigma_m = a(b+\varepsilon_p)^N \tag{5-6}$$

其中a、b、N均为常数,对于马氏体:$a=2\ 498$ MPa,$b=10^{-7}$,$N=0.29$。假设第一周拉伸加载过程中产生的相变马氏体的体积分数为f_m,则这部分相变马氏体对应变硬化的贡献$\Delta\sigma'_m$可以用公式(5-7)表示。依据图5-44a中的残余奥氏体含量变化,对应得出在应变为0.005 5和0.012时,350 ℃等温淬火试样马氏体对应变硬化的贡献分别为~7 MPa和~21 MPa,300 ℃等温淬火试样中马氏体的贡献

分别为~2 MPa 和~6 MPa。这表明第一周拉伸加载过程中残余奥氏体转变为马氏体,对循环硬化的贡献极其微小。整体的应变硬化过程是由其他因素带来的。分析认为加载过程中高密度位错交互作用使得可动位错密度的大幅度降低,是应变硬化的主要原因。

$$\Delta \sigma'_m = f_m a(b + \varepsilon_p)^N \tag{5-7}$$

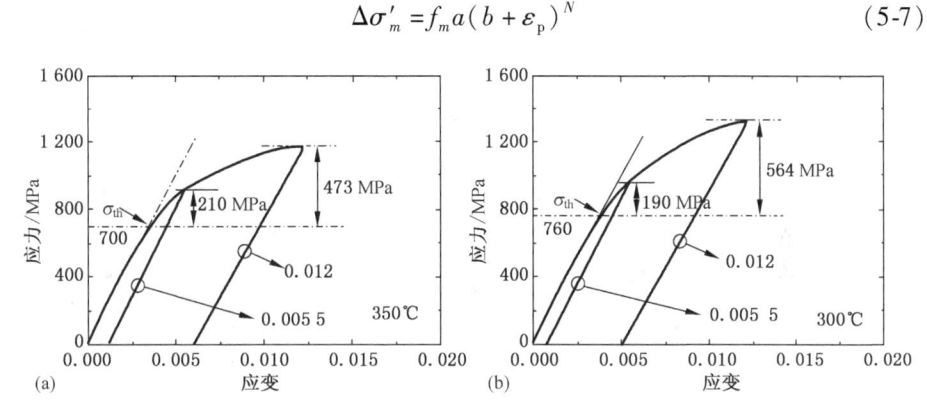

图 5-47 0.28CSiMnCrNiMoAl 钢在 0.005 5 和 0.012 两种应变幅下第一周拉伸加载-卸载的应力应变曲线:(a) 350 ℃等温淬火工艺;(b) 300 ℃等温淬火工艺

注:材料成分同图 5-44。

5.3.1.3 对疲劳裂纹萌生与扩展的影响

低周疲劳条件下,疲劳裂纹扩展阶段占据主要的循环变形过程。通常疲劳裂纹起源于试样表面,常在缺口、裂纹、刀痕等缺陷处,除此之外,在循环加载过程中,在粗大的贝氏体铁素体亚单元与变形早期生成的马氏体间的相界上也容易萌生显微裂纹。尤其是块状残余奥氏体在早期转变为马氏体,会加速疲劳裂纹的扩展,降低疲劳性能。

另外,通常块状残余奥氏体内的碳元素是分布不均匀的,而碳又是稳定残余奥氏体的重要合金元素。这种不均匀性使得在循环加载过程中,块状残余奥氏体并非全部同时转变为马氏体,而是在内部稳定性更低的位置率先转变。生成的孪晶马氏体周围仍然被高塑性的残余奥氏体所包围,如图 5-48 所示。残余奥氏体能够有效地协调循环变形过程中孪晶马氏体的微观变形行为,因此在这些小块马氏体位置不会造成大的应力集中,也就不易成为微裂纹和微孔的形核点。而如果相变停止后延长高温保温时间,使得块状残余奥氏体内部的碳含量趋于均匀,则容易造成整体转变为孪晶马氏体,如图 5-49a 所示。这些高脆性的孪晶马氏体与周围贝氏体铁素体基体界面非共格,且无高塑性残余奥氏体协调,使得两相之间的应力/应变不易协调。两个相邻的高强度相间变形的不协调,使得在 α_M/α_{BF} 相界面处容易产生应力集中,从而促进微裂纹的形成与扩展。图 5-49c、d 中 α_M/α_{BF} 非共格相界面处的大量微裂纹进一步证实该结论。这就使得贝氏体相变停止后,继续延长等温时间,会降低这类贝氏体钢的低周疲劳寿命。

图 5-48　成分为 Fe-0.70C-2.59Si-0.63Mn-0.59Cr wt%的高碳钢 350 ℃等温 0.5 h 试样在总应变幅为 1.0×10^{-2} 时,断口处(a)应变诱发马氏体的 TEM 明场像和(b)相界面的衍射斑点,以及微裂纹扩展路径的(c)低倍和(d)高倍 SEM 图

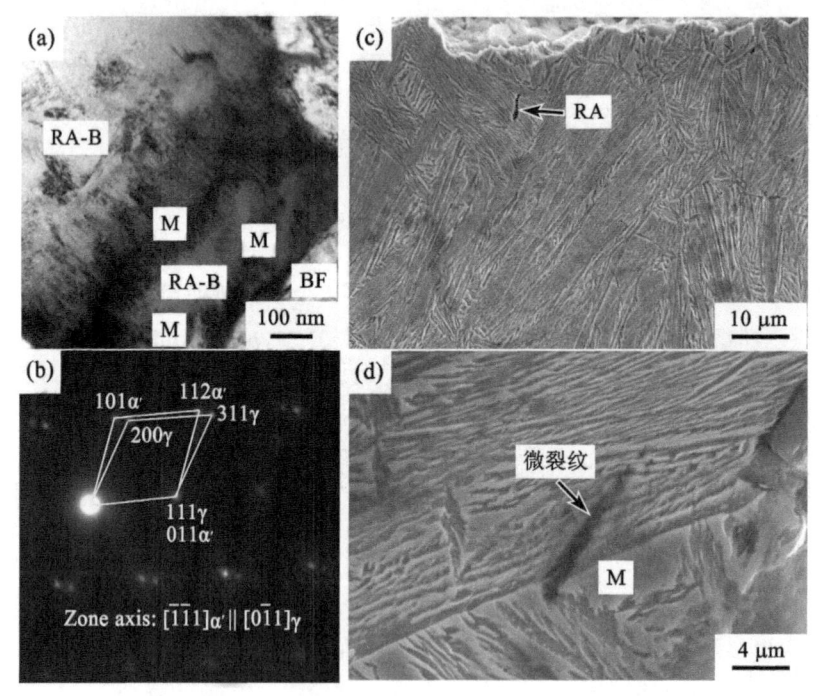

图 5-50 给出了含碳化物贝氏体钢与无碳化物贝氏体钢疲劳裂纹扩展途径示意图。无碳化物贝氏体组织中残余奥氏体间隔平行分布于贝氏体铁素体之间,在变形时会发生马氏体相变,引起微观体积膨胀,释放应力集中,钝化裂纹尖端,借此降低裂纹的扩展速率,阻碍裂纹的扩展;另外,无碳化物贝氏体组织更加细小,造成在裂纹扩展过程中的途径更加曲折,进而消耗更多的能量,延

缓裂纹的扩展,有利于提高总应变幅下的疲劳寿命。而碳化物则可作为裂纹源,并且在应力作用下,碳化物与贝氏体铁素体的界面首先分离,产生微裂纹,进而裂纹扩展。碳化物越多,则碳化物之间的间距越小,裂纹就越容易连通扩展,降低疲劳寿。

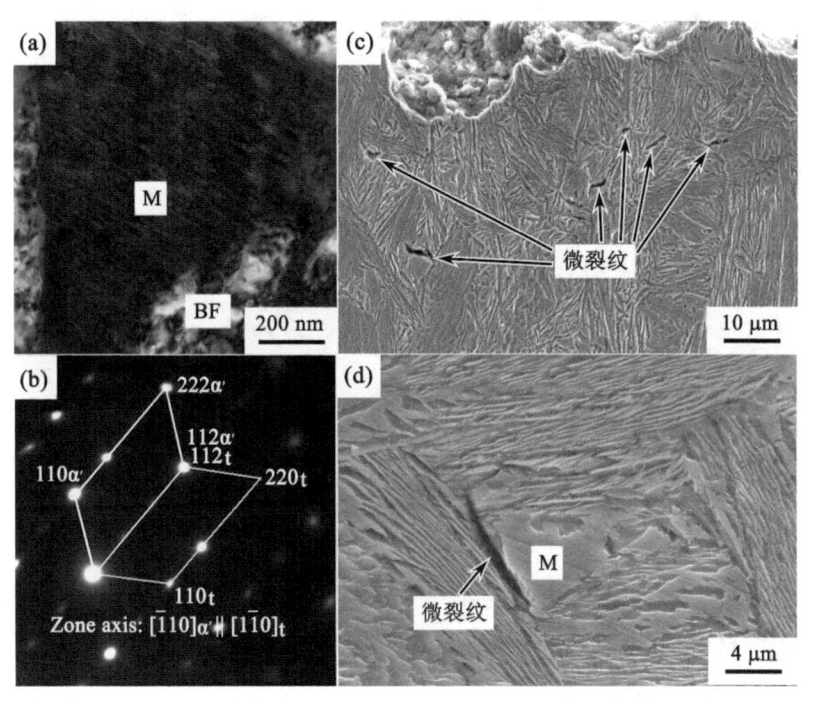

图5-49 成分为Fe-0.70C-2.59Si-0.63Mn-0.59Cr wt%的高碳钢350 ℃等温4 h试样在断口处总应变幅为1.0×10^{-2}时,断口处(a)应变诱发马氏体的TEM明场像和(b)相界面的衍射斑点,以及微裂纹扩展路径的(c)低倍和(d)高倍SEM图

高周拉压疲劳为应力控制的疲劳模式。残余奥氏体对高周疲劳性能的影响规律与对低周疲劳的影响总体规律类似。但是高周疲劳所施加的循环应力要低于低周疲劳,残余奥氏体的转变会有一些变化,因此对疲劳性能的影响会有差异。针对Si-Mn无碳化物贝氏体钢疲劳裂纹扩展行为的研究发现,组织中残余奥氏体含量增加,会提高疲劳裂纹扩展门槛值,从而降低疲劳裂纹扩展速率。在应力强度因子低时,残余奥氏体对裂纹扩展速率的影响更为明显,疲劳裂纹主要沿着相界面或穿过奥氏体,因此残余奥氏体的影响较大;当应力强度因子高时,疲劳裂纹可以直接穿过贝氏体铁素体板条,使得残余奥氏体的影响

贝氏体钢中残余奥氏体

降低。

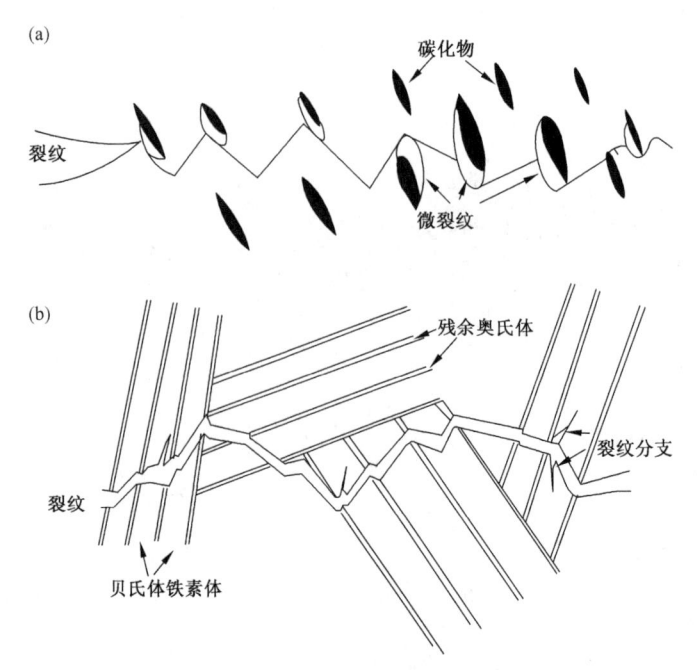

图 5-50　含碳化物贝氏体钢(a)与无碳化物贝氏体钢(b)裂纹扩展途径示意图

图 5-51 对比了两种无碳化物下贝氏体和有碳化物下贝氏体高周疲劳性能。可以看出,S-N 曲线均由高应力段和低应力段组成,随应力水平下降断裂循环周次增加。无碳化物下贝氏体组织疲劳极限为 612.5 MPa(约等于 $0.41\sigma_b$),有碳化物下贝氏体组织的疲劳极限是 412.5 MPa(约等于 $0.30\sigma_b$)。与有碳化物贝氏体钢相比,无碳化物贝氏体钢具有较高的硬度并且组织中含有较多残余奥氏体,其初始态组织中残余奥氏体体积分数为 9.9%,在应力下残余奥氏体发生转变,且随着应力水平提高,残余奥氏体转变量增加(如表 5-8 所示)。残余奥氏体在变形过程中诱发马氏体相变,此过程会吸收一部分能量(这部分能量是裂纹扩展所需要的),进而钝化裂纹尖端,降低裂纹扩展的速率,提高无碳化物贝氏体组织的疲劳强度。

通过对比有碳化物和无碳化物析出下贝氏体组织结构,总结出各相在单向拉伸和循环变形过程中的作用,如图 5-52 所示。稳定性较低的残余奥氏体在单向拉伸和循环变形中会发生马氏体相变,生成马氏体伴随着体积膨胀和能量吸收过程,阻碍裂纹的扩展,提高无碳化物贝氏体组织的塑性和总应变下的疲劳寿命,同时转变生成马氏体提高了循环变形中的加工硬化程度。对于塑性应变幅下的疲劳行为,组织稳定性越高则有利于提高其疲劳寿命,稳定态的碳化物和较粗的贝氏体铁素体板条起到积极的作用,而较细的贝氏体铁素体板条和亚稳态的残余奥氏体则起消极作用。另外,在单向拉伸条件下,无碳化物下贝氏体的抗拉强度比有碳化物下贝氏体高出100 MPa;在循环变形条件下,两者表现出的应力相差很多。在低周疲劳试验中,同一寿命下,前者应力幅比后者高出184~325 MPa。这说明稳定态的有碳化物贝氏体组织中碳化物对单向静态拉伸变形和循环变形性能影响不同,碳化物作为第二相在单向静态拉伸变形中能够起到一定的强化作用,但在动态循环变形过程中,碳化物在裂纹的萌生和扩展中起重要作用。碳化物作为第二相容易造成应力集中,成为裂纹微孔形核点,在应力作用下,碳化物与贝氏体铁素体的界面首先分离,产生微裂纹,进而裂纹扩展。碳化物越多,则碳化物之间的间距越小,裂纹就越容易连通扩展,从而大幅度地降低总应变幅下的疲劳寿命。

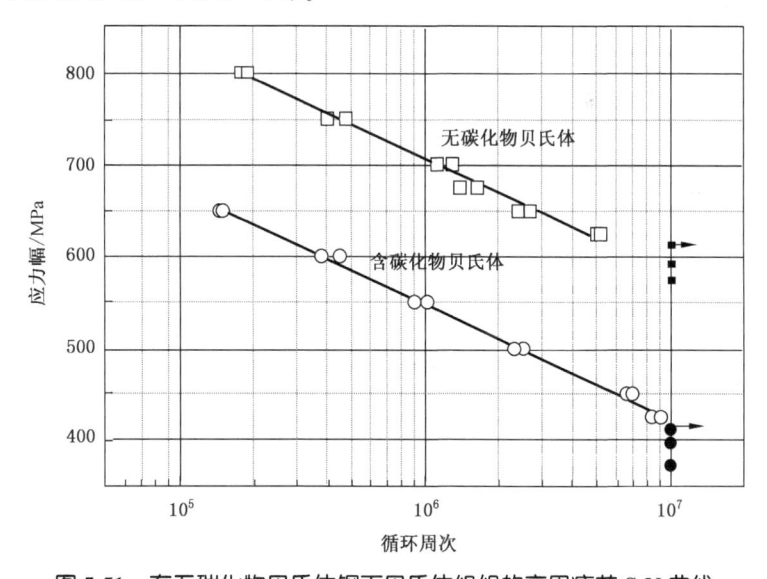

图 5-51 有无碳化物贝氏体钢下贝氏体组织的高周疲劳 S-N 曲线

表 5-8 无碳化物贝氏体组织在不同应力水平下的残余奥氏体体积分数

初始态	625 MPa	700 MPa	800 MPa
9.9%	8.3%	7.1%	5.6%

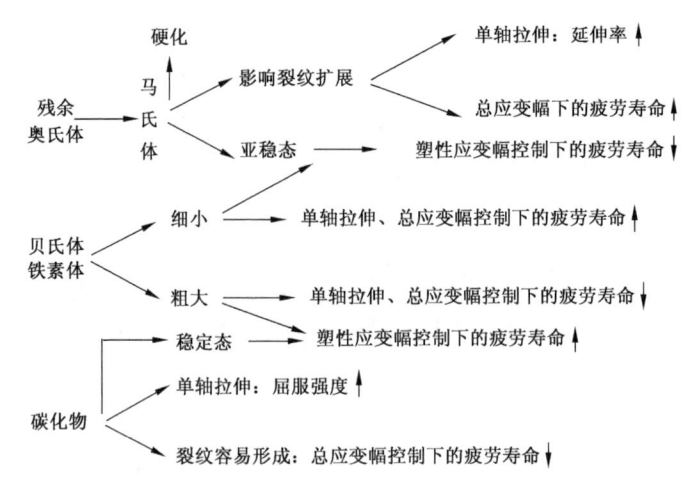

图 5-52 通过有碳化物和无碳化物对比总结的贝氏体组织内各相对性能的影响

目前,针对不同形态残余奥氏体对贝氏体钢拉压疲劳过程中作用的研究尚不深入,有很多科学问题解释还不清晰,还值得进一步地深入研究。

5.3.2 超声疲劳

飞机、汽车等内部的主要零部件,长时间在高频低应力幅循环载荷条件下服役,其实际的疲劳寿命大幅度超过 10^7 周次,甚至达到 10^{10} 周次,传统常规的高周疲劳结果已无法满足要求。因此非常有必要研究 $10^7 \sim 10^{12}$ 周次内材料的疲劳行为和疲劳机理。该循环周次区间的疲劳被称为超高周疲劳。通常采用超声波疲劳测试方法进行超高周疲劳的研究。在超高周疲劳范围下,疲劳失效主要由内部非金属夹杂物引起,特别是高强度钢对夹杂物特别敏感。

贝氏体钢内的残余奥氏体对超高周疲劳性能产生一定影响,目前针对这方面的研究还较少,本节简单介绍一下近期的研究结果。有研究发现,当组织中的残余奥氏体为薄膜状时,疲劳裂纹起源于试样表面,如图 5-53a 所示;当组织中有块状残余奥氏体时,在循环加载过程中,这些块状残余奥氏体很容易转变为马氏体,诱发微裂纹形核,使得绝大部分疲劳裂纹更容易起源于内部微结构引起的缺陷位置,而非夹杂物位置。在超高周疲劳循环加载过程中,试样存在一定的温升,会一定程度提高残余奥氏体的稳定性。这就使得薄膜状残余奥氏体不易转变为马氏体,即使发生转变,形成的马氏体尺寸也非常细小,很难在此位置形成微裂纹。因此,薄膜状残余奥氏体可以充分发挥吸收位错、阻碍裂纹扩展等积极作用,提高超高周疲劳性能。

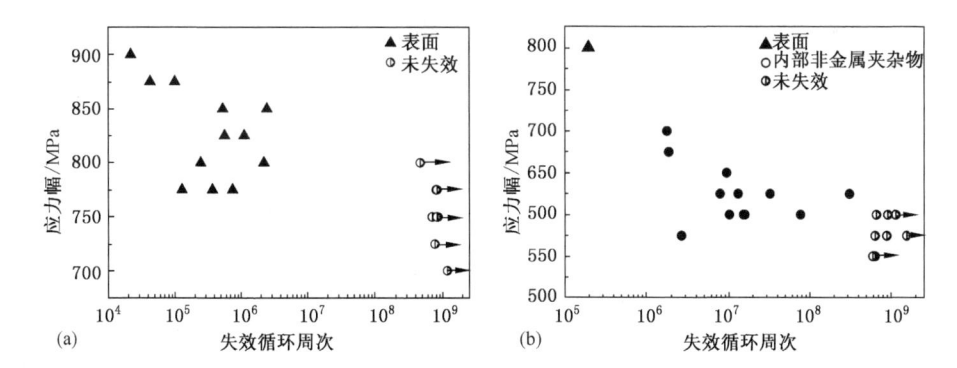

图 5-53 成分为 Fe-0.2C-2.0Mn-1.0Si-0.8Cr-0.2Mo-0.6Ni wt%的贝氏体钢经不同工艺处理后的 S-N 曲线,a 图试样工艺为 880 ℃奥氏体化,然后 200 ℃淬火后在 285 ℃配分 45 min 和 b 图试样工艺为 880 ℃奥氏体化,然后 320 ℃淬火后在 360 ℃配分 45 min,两种工艺处理后,试样均在 250 ℃回火 120 min

5.3.3 接触疲劳

与其他疲劳方式不同,接触疲劳是零部件(如齿轮、滚动轴承等)工作表面在接触压应力的长期反复作用下,发生的一种表面疲劳破坏现象。残余奥氏体对材料的接触疲劳性能具有直接的影响,其利弊长期以来一直存在不同观点。一种观点是残余奥氏体硬度低、塑性大、比容小,在硬化层中残余奥氏体的存在降低了金属塑性变形抗力,减少了有效残余压应力,应力诱发转变的高碳马氏体硬度高、脆性大,增加了显微组织应力,从而降低了接触疲劳寿命。另外一种观点认为:残余奥氏体是一种软相,能够松弛应力,吸收能量,缓冲马氏体相变产生的冲击力,减少显微裂纹的产生,增加接触疲劳过程中的接触面积,从而降低实际接触应力,在外力作用下产生加工硬化及诱发马氏体强化,并且残余奥氏体诱发的马氏体比冷却形成的马氏体塑性和韧性更好,从而提高了疲劳寿命。近年来,针对后一种观点的报道较前一种观点更多。

有研究残余奥氏体对渗碳和碳氮共渗层接触疲劳性能影响的报道指出,滚子表面的持久性能随着残余奥氏体含量的增加而明显增加,而碳氮共渗零件比单纯渗碳零件更高的承载能力是基于组织中更高含量的残余奥氏体。有以下两点原因:1)软相残余奥氏体在接触应力作用下容易变形。诱发马氏体相变和其本身的应变硬化,以及在应力集中区域引起应力松弛,可以阻止剥落裂纹的萌生。2)滚动接触疲劳破坏的剥落裂纹多源于表面或次表面,并逐渐扩展直至表层破坏。因此表面硬化层的韧性对滚子的表面耐久性具有重要的影响。对空心滚动体接触疲劳寿命的研究结果与此结果一致,随着残余奥氏体含量从2.3%增加至24.8%,接触疲劳寿命逐渐提高。通过对疲劳剥落进行分析,发现均为麻点剥落时效。点蚀裂纹多起源于材料表面,残余奥氏体相的塑性变形降低接触应力,同时稳定性较低的残余奥氏体在较低循环周次下即可发生诱发马氏体相变,带来表面的加工硬化并产生较高的压应力,这些因素都会抑制疲劳裂纹的萌生。同时,残余奥氏体相还能够进一步松弛裂纹尖端的应力,降低其扩展速率。

也有一些早期的研究结果表明,残余奥氏体应该控制在一个适当的含量和适当的稳定性。如对于20Cr2Ni4WA渗碳件,存在一个临界载荷2 058 MPa,低于此临界载荷时残余奥氏体对接触疲劳性能是有利的,而高于此临界载荷时则相反。也有研究发现,当赫兹应力低于2 519 MPa时,随着残余奥氏体含量的增加,疲劳寿命增加,当赫兹应力高至2 908 MPa,残余奥氏体含量为23%时,接触疲劳寿命最高,残余奥氏体含量继续增加,试样会发生压陷损伤,疲劳寿命下降。

有观点认为诱发马氏体相变是一个特殊的形变热处理过程,残余奥氏体稳定性较低,则服役过程中转变为马氏体的含量更多,有助于提高切变抗力,从而有利于接触疲劳性能的提高。也有研究认为,应力诱发和应变诱发转变的马氏体均使得渗碳层脆性提高,易于产生疲劳裂纹,从而降低接触疲劳性能,因此认为残余奥氏体稳定性高则更为有利。除此之外,残余奥氏体与周围组织环境,尤其是碳化物或氮化物的相互作用似乎也影响了疲劳寿命,此方面的研究尚需进一步明确。可见,早期研究人员也对残余奥氏体的稳定性及含量对接触疲劳性能的影响已有一定的认识。

图5-54给出了一组中碳无碳化物贝氏体钢在350 ℃等温不同时间处理后的接触疲劳性能,其中350 ℃等温30 min后材料中的残余奥氏体含量高于等温100 min后组织中残余奥氏体含量,且无大块状残余奥氏体。可以发现在接触疲

劳试验初期，残余奥氏体转变速率很快，随着转动周次的增加，残余奥氏体转变速率显著降低，最后几乎不转变。剩余的稳定残余奥氏体在疲劳过程中，可以吸收更多的塑性变形能，缓解应力集中，更为有效地协调高强度相的变形过程，从而有利于提高贝氏体钢的滚动接触疲劳性能。残余奥氏体转变为马氏体，一方面使表层硬度升高，提高接触疲劳磨损性能，另一方面可以有效松弛裂纹尖端的应力集中，延迟裂纹扩展，提升疲劳性能。除此之外，马氏体转变引起的体积膨胀，还能进一步引入压应力，从而减缓裂纹的扩展。因此，高残余奥氏体含量的组织表现出更为优异的滚动疲劳性能。

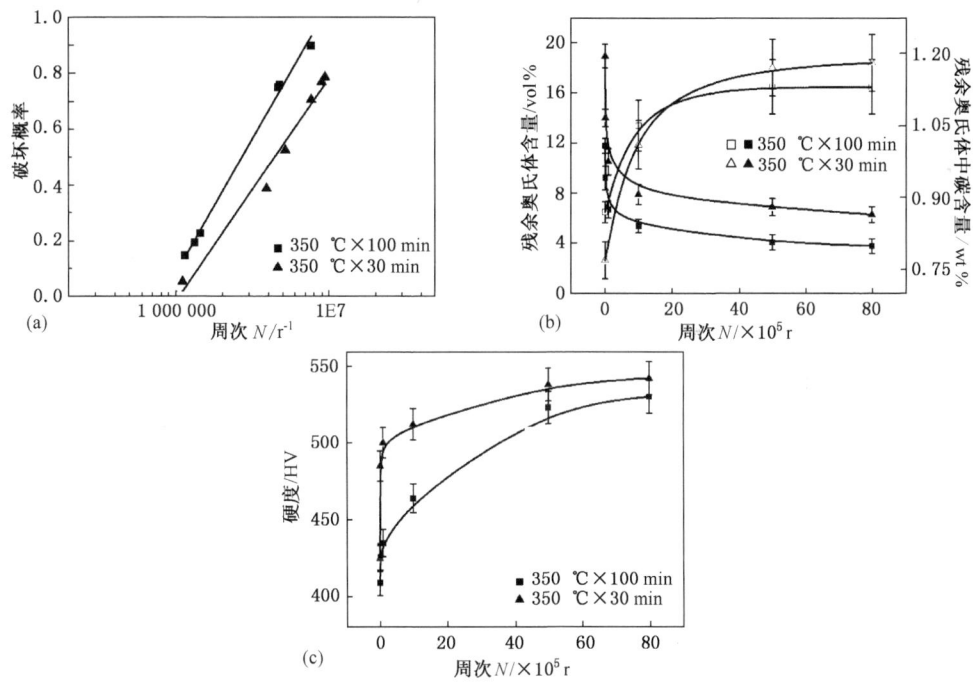

图 5-54 成分为 Fe-0.30C-1.12Si-2.17Mn-0.98Al-1.19Cr-0.23Ni-0.24Mo-0.22W wt% 无碳化物贝氏体钢不同工艺处理后的接触疲劳性能(a)，残余奥氏体含量变化规律(b)及截面硬度变化规律(c)

图 5-55 给出了不同类型轴承钢的点接触—滚动接触疲劳性能对比。可以看出，纳米贝氏体钢的滚动接触疲劳性能明显优于传统轴承钢，同时渗碳纳米贝氏体钢的疲劳性能要优于高碳钢。对实验不同周次后的试样进行 XRD 检测，残余奥氏体含量的计算结果如表 5-9 所示。高碳纳米贝氏体钢初始组织中的残余奥

氏体含量为 8.9 vol%，循环 1.21×10^7 周次后表面残余奥氏体已小于2.0%。而渗碳纳米贝氏体钢经过 1.40×10^7 周次的疲劳试验后，表层残余奥氏体含量降低至 13.0%，在随后的滚动接触疲劳试验过程中，剩余的残余奥氏体几乎不发生转变。

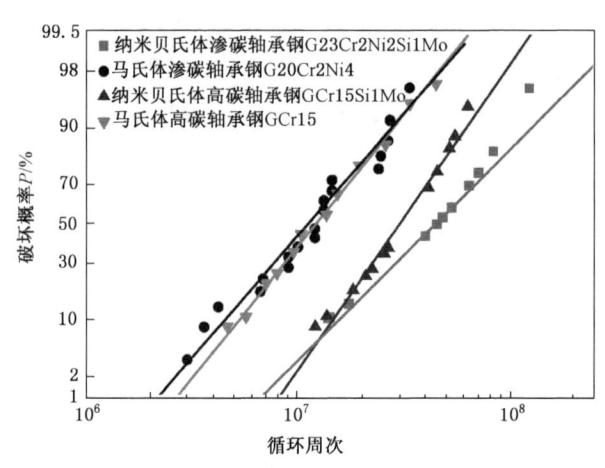

图 5-55 不同类型轴承钢滚动接触疲劳性能对比

表 5-9 试验钢滚动接触循环不同周次后接触表面的残余奥氏体含量/vol%

循环周次	0	1.21×10^7	1.40×10^7	1.23×10^8
渗碳纳米贝氏体钢	33.2 ± 1.5	—	13.0 ± 1.9	12.4 ± 2.2
高碳纳米贝氏体钢	8.9 ± 2.6	<2.0	—	—

渗碳纳米贝氏体钢表面残余奥氏体发生应变诱发马氏体的数量远远大于高碳纳米贝氏体钢。一方面，表面组织中残余奥氏体发生马氏体相变，体积膨胀，产生压应力，残余奥氏体转变量越多，则压应力值越大，越有利于滚动接触疲劳寿命的提高。另一方面，越多的残余奥氏体发生马氏体相变，越多的应变能被吸收，这就使裂纹的萌生与扩展变得迟缓，从而提高了疲劳寿命。此外，渗碳钢表面更多的未转变的稳定的残余奥氏体对滚动接触疲劳寿命的提高也有非常重要的作用：第一，它们可以吸收由接触应力产生的塑性变形能，从而延迟裂纹的萌生；第二，作为钢中的软相，它们可以缓解钢中硬相（如非金属夹杂物、碳化物）上的应力集中，使裂纹萌生变得困难；第三，它们可以释放裂纹尖端的应力，从而使裂纹传播经过残余奥氏体时需要吸收更多的能量。因此，渗碳钢表面更多的未

转变的稳定残余奥氏体能有效地阻止裂纹的萌生和扩展,从而延长贝氏体钢的滚动接触疲劳寿命,该机制与无未溶渗碳体的纳米贝氏体钢的疲劳破坏机制是不同的。

对渗碳纳米贝氏体轴承钢的线接触—滚动接触疲劳性能的研究还发现,残余奥氏体的变化表现出三个阶段:块状残余奥氏体在服役初期迅速转变为马氏体,随后在一个较长的时间内残余奥氏体基本保持稳定不变,当长时间在循环接触应力作用下,薄膜状残余奥氏体内的应变/应力积累到一定程度后,才以较低的速率转变为马氏体,如5-56a所示。对截面不同深度位置残余奥氏体在疲劳前后的变化情况进行详细表征后发现,最表层的转变量最大,达到88.5%,其中有52.3%为最初阶段块状残余奥氏体转变引入,而深度0.05 mm位置的转变量仅有34.4%,这说明表层以下组织中的薄膜状残余奥氏体并未发生转变。

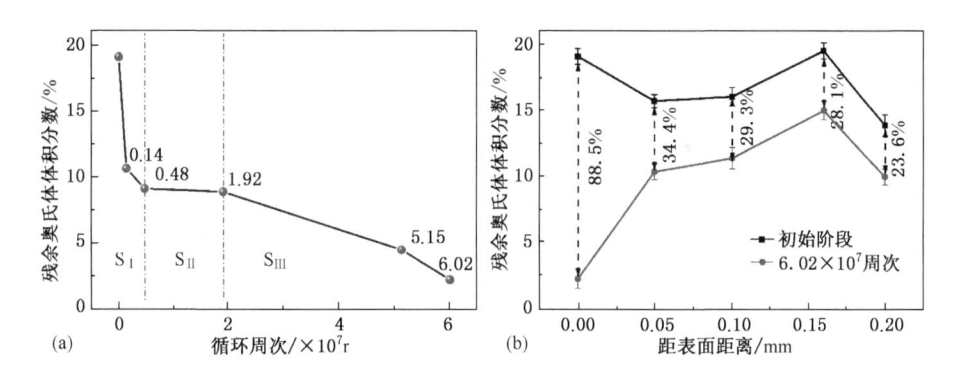

图 5-56 纳米贝氏体轴承钢滚动接触疲劳过程中表层残余奥氏体随疲劳
周次变化趋势(a)及不同深度位置残余奥氏体转变情况(b)

对于轴承用钢,残余奥氏体的稳定性至关重要,其不仅仅影响疲劳性能,也影响轴承的尺寸稳定性。由于抑制了碳化物析出,更多的 C 配分到残余奥氏体中个,使得纳米贝氏体轴承用钢中残余奥氏体的稳定性很高。对轴承钢疲劳失效后的试样进行分析,发现在滚动接触疲劳过程中,传统高碳铬轴承钢中微裂纹主要形成于硬质碳化物与基体的相界面,而纳米贝氏体钢中微裂纹形成于应变诱发相变形成的高碳马氏体与贝氏体铁素体的相界面处,这些高碳马氏体是由稳定性较低的块状残余奥氏体转变而来的。而在微裂纹附近的薄膜状的残余奥氏体则非常稳定,在滚动接触疲劳过程中未发生相变。同时这些微裂纹在扩展过程中不断分叉,有效地延迟了最终疲劳剥落的发生。还有研究发现,无渗碳体的纳米贝氏体轴承钢以及无碳化物贝氏体钢轨钢在滚动接触疲劳过程中形成的白亮层的硬度低于基体硬度。其主要原因是在白亮层形成过程中,残余奥氏体吸收了基体中的碳,使其硬度降低。白亮层硬度降低,导致形成的碟状开裂表现为延性失效:裂纹尖端钝化、裂纹不连续、断裂面有韧窝等。一定量的残余奥氏体也有利于提高污染环境下轴承钢的疲劳寿命。

由此可以看出,在接触疲劳过程中,稳定性较低的块状残余奥氏体在疲劳初期很容易转变为高碳脆性马氏体,在相界面位置极易因变形不协调而导致开裂,成为裂纹源。因此,在热处理时应尽量避免生成稳定性较低的块状残余奥氏体。这也有利于提高轴承的尺寸稳定性。

5.3.4 弯曲疲劳

弯曲疲劳,又称屈挠疲劳,是材料在交变弯曲应力作用下发生损伤乃至断裂的过程。图5-57给出了一组经不同温度等温处理后的高碳纳米贝氏体钢的三点弯曲疲劳结果。从图中可以看出,经220 ℃和240 ℃等温转变试样的疲劳极限比260 ℃等温转变试样的疲劳极限高,主要原因是抗拉强度和硬度是决定疲劳极限的主要因素,而220 ℃和240 ℃等温转变试样的抗拉强度和硬度都比260 ℃等温时试样高,所以具有更高的疲劳极限。计算三组等温转变试样的疲劳极限与抗拉强度的比值,发现220 ℃、240 ℃和260 ℃等温试样的比值分别为0.48、0.54和0.49。其中220 ℃和260 ℃试样的比值都小于0.5,而240 ℃试样的比值大于0.5。这说明材料的疲劳极限不仅由抗拉强度或硬度来决定,还有其他决定因素。因为,如果只由抗拉强度或硬度决定疲劳极限,则应该是220 ℃等温转变试样的疲劳极限最高,而且疲劳极限与抗拉强度的比值应该小于0.5,但是240 ℃等温转变试样的疲劳极限比220 ℃等温转变试样的疲劳极限稍微高一点,判断为组织因素的影响。

在疲劳实验过程中,每循环一次裂纹增长量与循环屈服强度是成反比的,这主要归功于裂纹尖端张开位移量。当屈服强度较高时,裂纹尖端张开位移量较小。所以,这种以薄膜形式存在的残余奥氏体对疲劳性能是有益的,它能使扩展的裂纹尖端钝化,使裂纹扩展速率下降,则试样断裂的速度也就减慢,相应的疲劳强度得到提高。和 240 ℃ 等温转变试样相比,220 ℃ 等温转变试样的硬度稍高,而残余奥氏体含量减少很多;与此同时,260 ℃ 等温转变试样硬度下降很多,而残余奥氏体含量增加得不多,所以两个因素同时作用后,240 ℃ 等温转变试样的疲劳极限最高。当疲劳裂纹尖端在残余奥氏体附近时,其尖端严重的应力集中会诱发残余奥氏体发生马氏体相变,使裂纹尖端钝化,对疲劳性能有利。但是组织中残余奥氏体含量过多会引起硬度和强度下降,反而对疲劳性能不利。因此,控制组织中的残余奥氏体在一个适当含量,对增强贝氏体钢的抗疲劳性能是重要的。

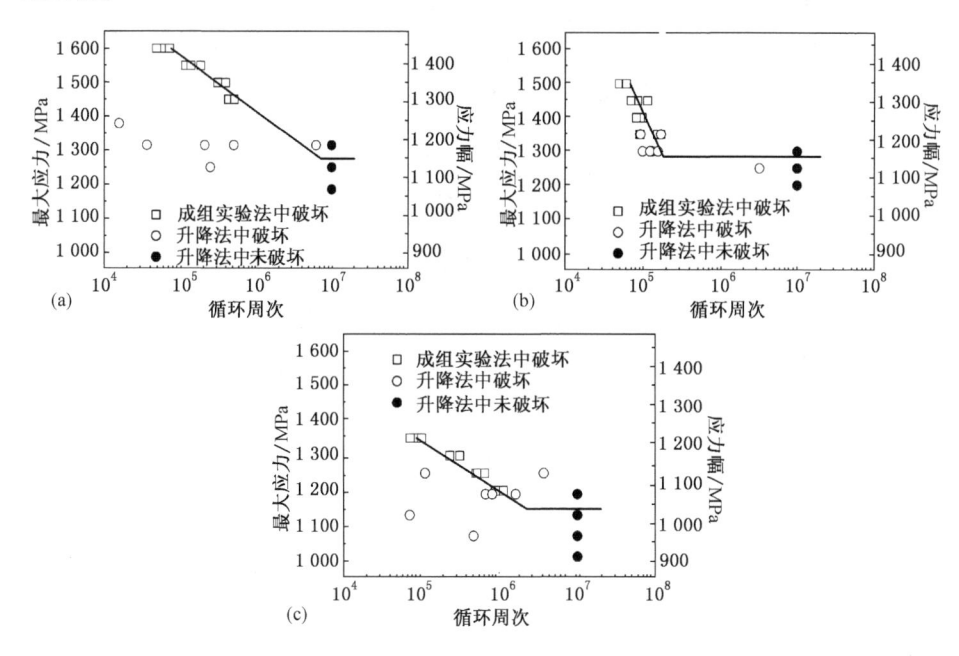

图 5-57 成分为 Fe-0.83C-0.81Cr-1.56Si-1.37Mn-0.87W-1.44Al wt% 的高碳钢经不同贝氏体等温转变工艺后三点弯曲疲劳结果 S-N 曲线:

(a) 220 ℃ ×24 h;(b) 240 ℃ ×12 h;(c) 260 ℃ ×4 h

此外,贝氏体铁素体和奥氏体界面是平行排列的,并且界面与界面之间的距离很小,这导致了微观结构的各向异性。当疲劳裂纹尖端扩展到接近奥氏体相的界面的时候,裂纹尖端严重的应力集中可能引起残余奥氏体的塑性变形,甚至转变为马氏体,这种由富碳残余奥氏体转变得到的含有过饱和碳的马氏体促使了体积的膨胀和切应变,使界面发生弱化,则二次裂纹就会沿着被弱化的界面方向产生,进而主裂纹在这样的界面发生分支,最终产生了二次裂纹,如图 5-58 所示,同样可以延缓疲劳裂纹的扩散速率,提高抗疲劳性能。

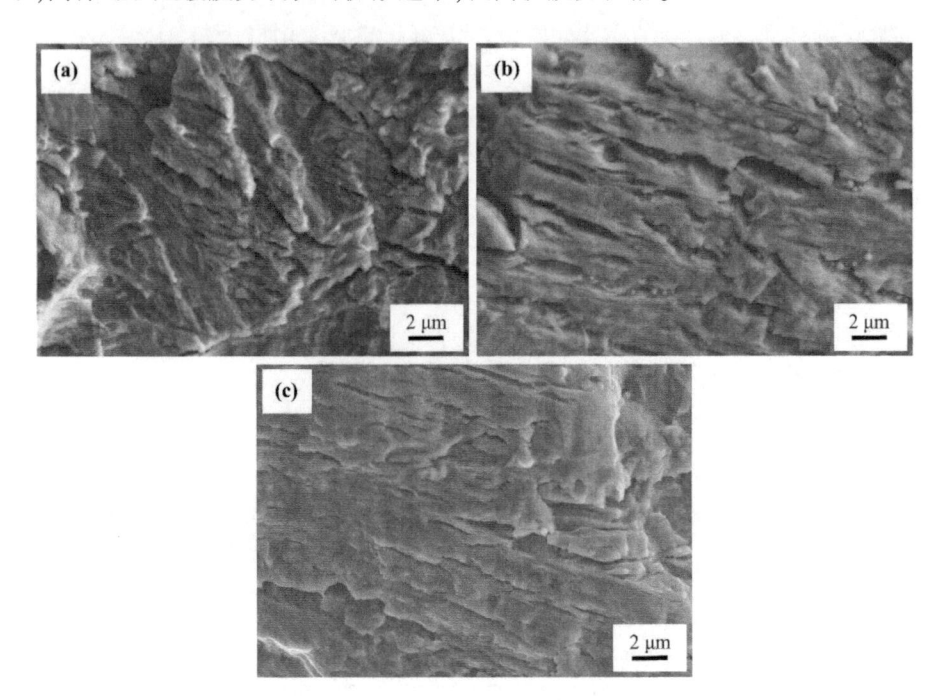

图 5-58 成分为 Fe-0.83C-0.81Cr-1.56Si-1.37Mn-0.87W-1.44Al wt%的高碳钢经不同贝氏体等温转变工艺后,在三点弯曲疲劳试样的疲劳断裂表面观察到的疲劳裂纹扩展区,二次裂纹垂直于扩展方向:(a) 220 ℃×24 h;
(b) 240 ℃×12 h;(c) 260 ℃×4 h

在不同应力比 R 情况下,残余奥氏体对疲劳裂纹扩展的影响也有差异。图 5-59 给出了含 Al 量 1.21wt%的中碳贝氏体钢分别经 320 ℃等温和 350 ℃等温处理后(见图 5-3a,350 ℃等温处理后组织中的残余奥氏体含量更高,但平均碳含量降低,且组织中块状残余奥氏体体积分数增高),不同应力比条件下的疲劳裂纹扩展 da/dN-ΔK 曲线,具体结果如表 5-10 所示。可以看出:对于同一状态试样,应力比为 0.1 时的裂纹扩展门槛值比应力比为 0.6 时高,裂纹扩展速率明显降低。应力比对 350 ℃等温试样的 ΔK_{th} 影响明显更大。

还可以看出,在应力比 $R=0.1$ 时,350 ℃等温试样的 da/dN 增长速率快,当

da/dN 超过 3×10^{-5} mm/cycle 时,350 ℃与 320 ℃等温试样扩展速率基本一致,但由于 350 ℃等温试样 m 值大,所以在更大应力强度因子范围时,350 ℃等温试样的扩展速率将会超过 320 ℃等温试样。对于相同热处理状态的试样,$R=0.6$ 时对应的 m 值小,所以 da/dN 逐渐接近。

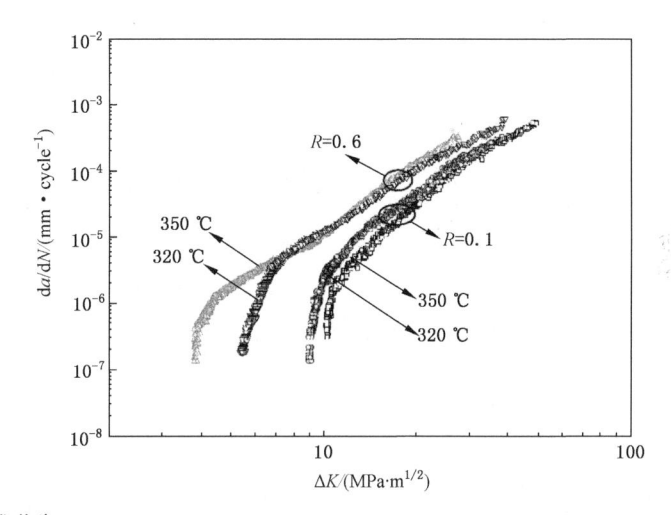

图 5-59 成分为 Fe-0.28C-0.82Si-2.14Mn-1.62Cr-0.33Ni-0.22Mo-1.21Al wt%的贝氏体钢经不同温度等温处理后,不同应力比条件下的疲劳裂纹扩展 da/dN-ΔK 曲线

表 5-10 不同等温温度试样疲劳裂纹扩展的 c、m 值

应力比 R	等温温度/℃	m	c	ΔK_{th}/(MPa·m$^{1/2}$)
0.1	320	3.5	1.2×10^{-9}	9
	350	3.8	3.2×10^{-10}	10.2
0.6	320	2.9	1.3×10^{-8}	5.5
	350	3.2	9.8×10^{-9}	3.8

注:表中 m 和 c 分别为材料试验常数,反映材料在 Pairs 区域的扩展特征。m 代表曲线的陡峭程度。

对同一材料,随应力比的增加,微观组织的反应发生变化,导致对裂纹扩展产生不同的影响,从而带来裂纹扩展门槛值的降低。这也包括裂纹闭合的作用。

微观组织中的残余奥氏体含量影响 ΔK_{th}。有研究发现增加残余奥氏体含量,会提高裂纹扩展门槛值。然而,也有研究表明残余奥氏体对 ΔK_{th} 并不提供有利作用,但薄膜状残余奥氏体在 Paris 区会发挥降低裂纹扩展速率的积极作用。对裂纹尖端塑性区残余奥氏体的测量结果显示,随着距裂纹尖端距离的增加,残余奥氏体含量逐渐提高至基体含量,表明残余奥氏体在塑性区内发生了转变。残余奥氏体在裂纹尖端塑性区内发生马氏体相变,释放了应力集中,同时产生了加工硬化的作用,起到阻碍裂纹扩展、提高 ΔK_{th} 的有利作用。但是生成的高碳硬、脆未回火马氏体,会加速裂纹扩展。稳定的薄膜状残余奥氏体不易发生相变,在塑性变形时消耗能量,且裂纹穿过薄膜状残余奥氏体需要更高的能量,所以起到显著地钝化裂纹的作用,有效地降低了裂纹扩展速率。图 5-59 中的 350 ℃等温试样中残余奥氏体含量高,相变诱发塑性作用明显;同时马氏体生成量多,裂纹形核点多,因此在不同应力水平残余奥氏体的利弊作用发挥程度会出现变化。在低应力比时,相变诱发塑性以及多形核位置造成的裂纹粗糙面促进裂纹闭合,这种因闭合抑制裂纹扩展的作用甚至超过了 320 ℃等温试样中因薄膜状残余奥氏体阻碍裂纹扩展的作用,所以在其屈服强度和韧性都较低时也能获得较高的门槛值。在高应力比实验中,350 ℃等温试样的门槛值远远低于其他试样,可能是由于马氏体促进裂纹扩展作用占主导,大大降低了裂纹扩展抗力,加速了裂纹扩展。

图 5-60 给出了四组试样在某一个循环周期内载荷(F)与裂纹张开位移(COD)关系曲线。从图 5-60(a)可以看出,$R = 0.1$ 时,在近门槛区,随着载荷增加,曲线出现明显拐点,说明此时材料刚度发生变化,让本应呈直线的 F-COD 关系曲线偏折,此拐点处的载荷即为闭合载荷。当载荷大于闭合载荷时,裂纹完全张开,载荷与 COD 呈线性关系。低应力比时,在近门槛区和 Paris 区均存在裂纹闭合现象。而 $R = 0.6$ 时,没有发生裂纹闭合现象,即从最小载荷开始裂纹就处于完全张开状态。从图中也可以看出,在大应力比实验中,无论在近门槛区(图 5-60b)还是在 Paris 区(图 5-60d),载荷始终高于低应力比中出现的闭合载荷(图 5-60a 和 c)。这进一步说明即使在近门槛区较小载荷作用下,高应力比试验中也没有出现裂纹闭合现象。

根据裂纹闭合载荷可以计算出对应的裂纹闭合应力强度因子,K_{op}。进一步,引入有效应力强度因子范围 ΔK_{eff} 来消除裂纹闭合的影响,如公式(5-8):

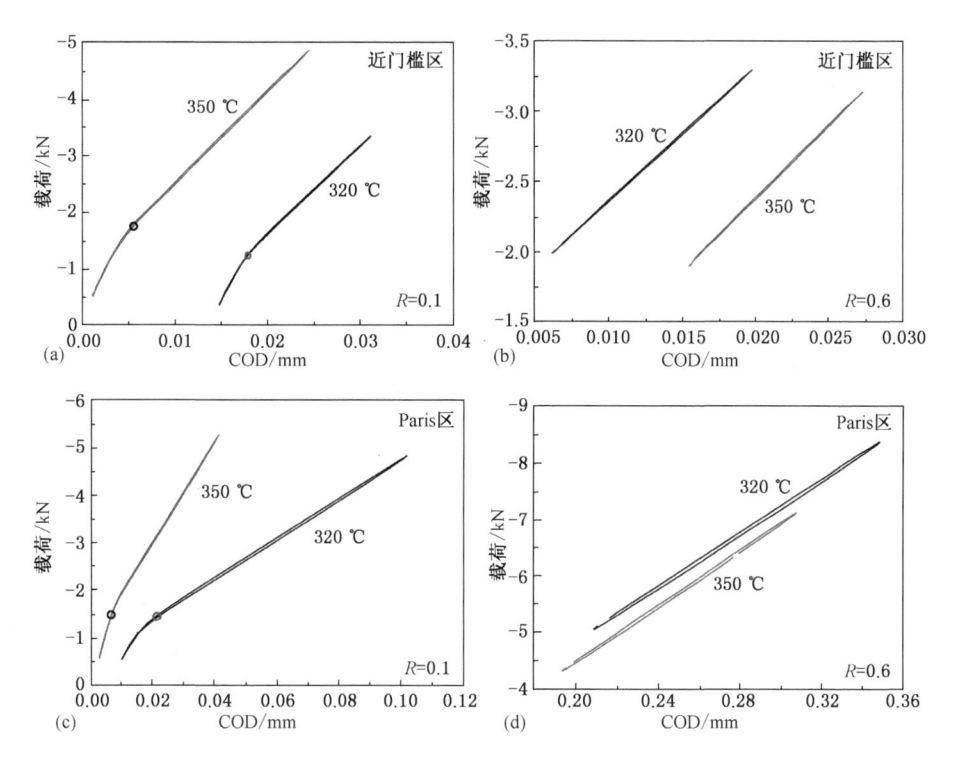

$$\Delta K_{\text{eff}} = K_{\max} - K_{\text{op}} \quad (K_{\text{op}} > K_{\min}) \tag{5-8}$$

图 5-60 成分为 Fe-0.28C-0.82Si-2.14Mn-1.62Cr-0.33Ni-0.22Mo-1.21Al wt%的贝氏体钢经 320 ℃和 350 ℃等温后,在不同应力比下近门槛区和 Paris 区的 F-COD 曲线:(a) $R=0.1$,近门槛区;(b) $R=0.6$,近门槛区;(c) $R=0.1$,Paris 区;(d) $R=0.6$,Paris 区

当 K_{op} 小于 $K_{\min}$ 时,ΔK_{eff} 与 ΔK 相等。由于 $R=0.6$ 时,不存在闭合现象,即 K_{op} 小于 $K_{\min}$,此时的 ΔK 即为 ΔK_{eff}。图 5-61 为根据计算出的 ΔK_{eff} 绘制出的 da/dN-ΔK_{eff} 曲线及其与 da/dN-ΔK 曲线的对比。从图中曲线可以看出,在应力比为 0.1 时,320 ℃和 350 ℃等温试样的有效应力强度因子范围几乎一致,说明除去外界因素的影响,350 ℃等温试样主要通过块状残余奥氏体相变消耗能量和一定程度的裂纹尖端钝化作用降低裂纹扩展速率,提高门槛值;320 ℃等温试样主要通过大量薄膜状残余奥氏体的钝化作用和少量块状残余奥氏体的相变诱发塑性作用提高门槛值。两种因素的综合作用使两种等温温度试样的有效门槛值相近。

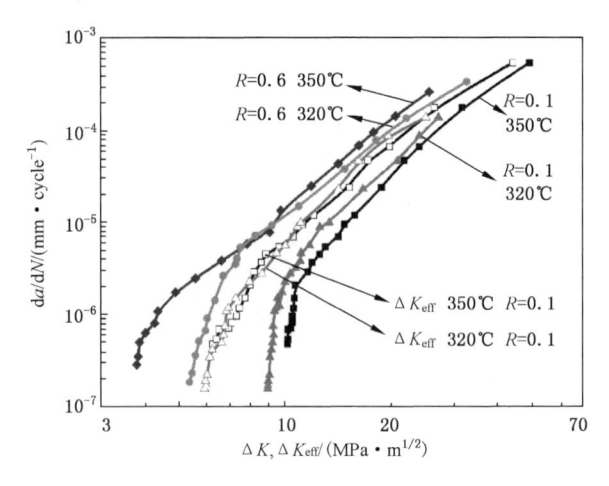

图5-61 成分为Fe-0.28C-0.82Si-2.14Mn-1.62Cr-0.33Ni-0.22Mo-1.21Al wt%的贝氏体钢经320 ℃和350 ℃等温后,疲劳裂纹扩展速率da/dN-ΔK, ΔK_{eff}曲线

当应力比$R=0.1$时,裂纹闭合导致裂纹扩展速率降低,提高了门槛值。裂纹闭合是在循环加载过程中,即使在一定拉伸载荷作用下,裂纹仍保持闭合的现象。塑性闭合、相变诱发塑性闭合、粗糙度闭合等都是可能产生闭合的原因。组织中的残余奥氏体在形变过程中会转变成马氏体,在裂纹周围形成相变包络区,由于体积膨胀,对裂纹产生压应力,进而导致裂纹闭合。350 ℃等温试样由于大量残余奥氏体的相变诱发塑性导致裂纹闭合程度高于320 ℃等温试样。所以,尽管350 ℃等温试样的与320 ℃等温试样的有效门槛值几乎相等,但在裂纹闭合作用下,前者的门槛值高于后者的门槛值。

当应力比$R=0.6$时,320 ℃等温试样组织中薄膜状残余奥氏体含量高,尽管应力强度变大,残余奥氏体的相变诱发塑性作用仅有稍微加强,生成的马氏体量稍有增加。在细小残余奥氏体内生成的马氏体对裂纹扩展的加速作用并不明显,导致320 ℃等温试样在$R=0.6$时的ΔK_{th}仅稍低于应力比为0.1时的ΔK_{eff}。而对于350 ℃等温试样,在应力比为0.6时,大量的残余奥氏体发生转变,虽然在此过程消耗裂纹扩展所需能量,提高门槛值,但是这些在块状残余奥氏体内形成的马氏体会显著促进裂纹的扩展,最终导致门槛值大幅度低于应力比为0.1时的ΔK_{eff}。这也就导致了在不同应力比情况下,不同残余奥氏体含量和形态下贝氏体组织的裂纹扩展速率存在差异。

残余奥氏体对具体零件弯曲疲劳性能的很大影响。关于渗碳层中的残余奥氏体对疲劳性能的影响,也存在两种对立的观点:一种观点认为残余奥氏体降低渗碳零件的弯曲疲劳性能。如对多种材料进行旋转弯曲疲劳试验发现,当表面碳含量降低时,减少残余奥氏体含量,使得硬度最大值移向表面,因而提高了疲劳性能。也有学者归纳出渗碳钢中残余奥氏体含量与强度性能之间的关系:通过降低渗碳层表面的碳浓度的方式降低残余奥氏体的总量,有利于准静弯及弯曲疲劳强度,但是通过深冷处理工艺降低残余奥氏体量,对机械性能是不利的。深冷处理可能会造成表面多相组织中复杂的应力分布,另外可能在剩余的残余奥氏体中形成了较高的拉应力,这两个原因导致深冷处理对机械性能不利。另外一种观点则认为残余奥氏体对弯曲疲劳性能是有益的或者有一个最佳的残余奥氏体含量。早期对残余奥氏体对渗碳钢旋转弯曲疲劳方面的研究结果表明,有效渗碳层深度为 0.8 mm 时,残余奥氏体含量在 16.6% 时疲劳强度最高,高于此值或低于此值,疲劳强度均降低;有效渗碳层深度为 0.4 mm 时,14.8% 则为最佳的残余奥氏体含量。分析认这与残余应力状态有直接关系。随着碳含量增加,残余奥氏体转变引起体积膨胀,进一步提升残余压应力。另外,随着碳含量的提高,残余奥氏体含量进一步提高。由于奥氏体的比容小于马氏体,因此降低了残余压应力。对于 0.8 mm 有效渗碳层深度,当残余奥氏体含量达到 16.6% 时,由于碳含量增加而使体积膨胀增加的影响为主导,残余压应力增加,当体积分数进一步提高时,由于比容小的残余奥氏体量的影响,残余压应力减小。在发生马氏体转变时引入残余压应力,使得残余压应力值最大。有缺口试样的残余奥氏体含量最佳值要低于无缺口试样。也有观点认为残余奥氏体作为软而韧的相,在变形过程中有利于促使硬相组织(马氏体或贝氏体板条)沿外加载荷方向转动和滑动,降低硬脆相间或板条断裂而形成显微裂纹的几率,并且亚结构板条单元被分割得越小,微观塑性会越高,导致裂纹面粗糙度增加,提高旋转弯曲疲劳性能。

由此可见,在不同疲劳方式中残余奥氏体的表现有较大的差异,其对疲劳性能的影响也因此有所不同。因此,对于残余奥氏体对疲劳性能的影响,不能一概而论。对于残余奥氏体的"功"与"过",应该根据具体服役条件,进行具体评述。

5.4 对氢脆性能的影响

当材料中的氢含量达到一定的临界值时,会引起材料的各种损伤,如氢鼓泡、氢致裂纹、氢致塑性损失以及氢致滞后开裂等,贝氏体钢也不例外。有很多研究者将氢致塑性损失以及氢致滞后开裂统称为材料的氢脆性能。与铁素体相相比,氢在奥氏体中具有更高的溶解度以及更低的扩散系数。因此,残余奥氏体会对贝氏体钢氢脆性能产生显著的影响。

5.4.1 对氢致塑性损失的影响

通常采用塑性损失的指标——氢脆敏感性来判定材料的氢脆性能。通过拉伸断裂或是压缩断裂后,试样断面收缩率或者延伸率的变化,如公式(5-9)和(5-10),来计算材料的脆化指数。

$$\eta_{HE} = (\varphi_0 - \varphi_H)/\varphi_0 \times 100\% \tag{5-9}$$

$$\eta_{HE} = (\delta_0 - \delta_H)/\delta_0 \times 100\% \tag{5-10}$$

式中 φ_0 为未充氢试样在惰性气体中的断面收缩率;φ_H 为充氢试样在惰性气体中的断面收缩率,或者是未充氢试样在氢环境中的断面收缩率;δ_0 为未充氢试样在惰性气体中的延伸率;δ_H 为充氢试样在惰性气体中的延伸率,或者是未充氢试样在氢环境中的延伸率;η_{HE} 为脆化指数。

表5-11 给出了四种不同铝含量贝氏体钢的化学成分。将四种材料进行如下工艺处理获得无碳化物贝氏体组织:奥氏体化温度 920 ℃,保温 0.5 h,空冷,最后在 350 ℃回火 1.5 h。组织中各相含量如表5-12 所示。可以看出随着 Al 含量的增加,组织中的残余奥氏体含量增加,马氏体含量减少。同时,残余奥氏体中均固溶了大量的碳原子,显著提高了残余奥氏体的化学稳定性。对 1.31Al 钢,残余奥氏体中的碳含量显著高于另外三种贝氏体钢。

表5-11 不同 Al 含量贝氏体钢的主要化学成分(wt%)

材料	C	Si	Mn	Cr	Ni	Mo	Al
0Al	0.30	1.80	1.76	1.71	0.39	0.35	0
0.19Al	0.30	1.55	1.78	1.73	0.41	0.35	0.19
0.75Al	0.30	1.02	1.83	1.75	0.40	0.34	0.75
1.31Al	0.32	0.48	1.82	1.77	0.40	0.35	1.31

表 5-12　不同 Al 含量贝氏体钢的热处理后各相的体积分数(vol%)及残余奥氏体中的碳含量(wt%)

材料	残余奥氏体含量	贝氏体铁素体含量	马氏体含量	残余奥氏体中碳含量
0Al	6.3	78.6	15.1	1.33
0.19Al	6.8	77.6	15.6	1.27
0.75Al	7.5	78.1	14.4	1.30
1.31Al	9.8	80.1	10.1	1.55

图 5-62 给出了上述材料的断面收缩率及脆化指数随充氢时间的关系的曲线。由图可见,随着充氢时间的增加,贝氏体钢的断面收缩率均降低,脆化指数增加;随着铝含量的增加,贝氏体钢的断面收缩率增加,而脆化指数降低。这表明合金元素铝对贝氏体钢的氢脆有很大的抑制作用,并且随着钢中铝含量的增加及硅含量的减少,贝氏体钢的氢脆敏感性大幅度降低。结合表 5-12,进一步可以得出,残余奥氏体含量的增加和其稳定性的提高,以及马氏体含量的降低,是贝氏体钢抗氢脆特性提高的主要原因。

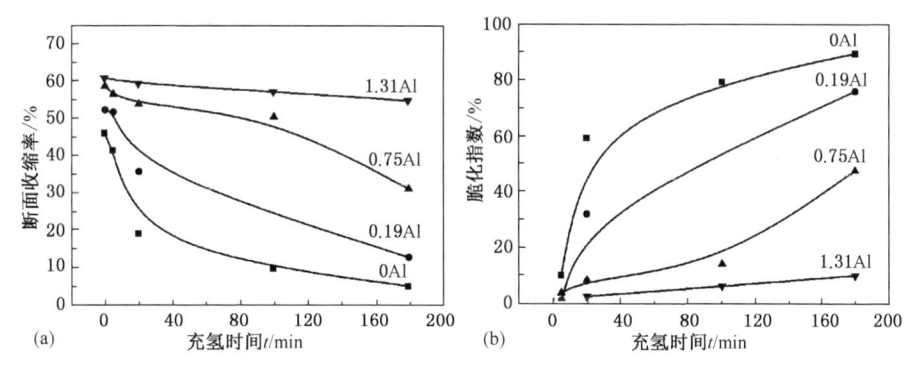

图 5-62　表 5-11 中不同 Al 含量贝氏体钢的断面收缩率 φ 及脆化指数 η 随充氢时间的关系,应变速率为 5.6×10^{-5} s^{-1}

残余奥氏体中能固溶较多的氢,同时氢在其中的扩散系数更低,所以残余奥氏体阻碍氢的扩散,减缓了氢在局部富集的程度,因此能够降低贝氏体钢的氢脆敏感性。另外,无碳化物贝氏体组织板条细小,薄膜状残余奥氏体交替分布,显著增加了均匀弥散分布的相界面面积。氢与相界和晶界的结合能 E_b 分别为 70 和 26~59 kJ·mol^{-1},因而相界面及晶界是氢的深陷阱($E_b \geq 58$ kJ/mol),即不可逆氢陷阱。不可逆氢陷阱的存在使其中的氢难以与其他陷阱中的氢相互交换,进而进一步降低了氢的扩散系数,使氢难以聚集,因而提高了抗氢脆能力。因此,残余奥氏体含量提高有助于降低无碳化物贝氏体钢的氢脆敏感性。

进一步地,利用 Materials Studio 中的 CASTEP 软件从理论计算了氢在体心和面心铁晶胞的结合能及氢的扩散势垒角度。同时,用铝或硅替代立方体顶点处的铁原子,研究合金元素对氢脆的影响。氢原子进入立方结构 Fe 的四面体间隙位置,从四面体间隙位置 1 通过临近的八面体间隙位置,再跃迁到另一四面体间隙位置 2,此过程引起系统能量的变化 ΔG,即为氢的扩散势垒,如图 5-63 所示。

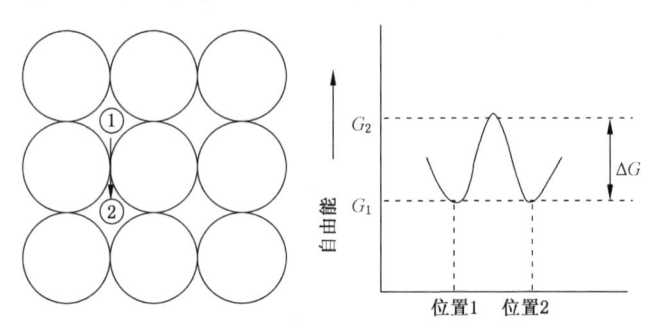

图 5-63　间隙氢原子跃迁过程及能量变化示意图

计算结果如表 5-13 所示。对于纯 Fe 晶胞,氢原子降低晶胞结合能,且对面心结构的 γ-Fe 结合能的降低幅度 $\Delta\%$ 略低于对体心立方结构的 α-Fe 的降低幅度。同时,氢在面心立方结构中的扩散势垒要明显高于体心立方结构中。这从计算结果角度证明氢在奥氏体中的扩散更为困难,同时对晶胞结合能的降低幅度更小。于是证明了贝氏体钢中的残余奥氏体能够有效地阻止氢的扩散以及偏聚,从而降低氢脆敏感性。另外,表 5-13 中还给出了氢原子在铁铝和铁硅晶胞中的扩散势垒计算结果。结果说明,加入 Al 或 Si 元素,均增加了氢的扩散势垒,降低了氢原子的扩散能力。另外,在含铝晶胞中氢原子比在含硅晶胞中的扩散更加困难,也为降低贝氏体钢的氢脆敏感性做出重要贡献。

氢原子进入钢中后,也会对材料的微观塑性变形机制产生影响。对上述 1.31Al 贝氏体钢进行预制微裂纹,并在透射电镜下,与微裂纹扩展方向约成 90°的方向上施加一个很小的拉力,观察充氢前后裂纹尖端的微观组织的变化情况,如图 5-64 所示。可以看出充氢之前,预制裂纹尖端发射了位错 i 和 ii,静止一定时间之后,位错 i 和 ii 并没有发生变化,也没有新位错发射。但是充完氢之后位错 i 和 ii 继续运动,并有新位错 iii 出现。这一观察结果说明氢促进了位错的发射和运动,从而改变了贝氏体钢的微观变形机制。

表 5-13 晶胞的结合能以及氢的扩散势垒计算结果

		Fe_{24}	$Fe_{24}H$	$Fe_{23}Al$	$Fe_{23}AlH$	$Fe_{23}Si$	$Fe_{23}SiH$
α-Fe	E_b 或 $E_b(H)$/eV	8.995 4	8.753 6	8.805 4	8.599 2	8.899 2	8.646 8
	Δ% *	—	2.69%	—	2.34%	—	2.84%
	扩散势垒 ΔG	—	0.75	—	1.19	—	0.93
γ-Fe	E_b 或 $E_b(H)$/eV	8.977 9	8.768 8	8.805 8	8.588 8	8.899 2	8.668 8
	Δ%	—	2.33%	—	2.46%	—	2.59%
	扩散势垒 ΔG	—	1.06	—	1.36	—	1.28

注:结合能降低幅度 $\Delta\% = (E_b - E_b(H))/E_b \times 100\%$;$E_b$ 为不含氢的 Fe 晶胞的结合能,$E_b(H)$ 为含氢的 Fe 晶胞的结合能。

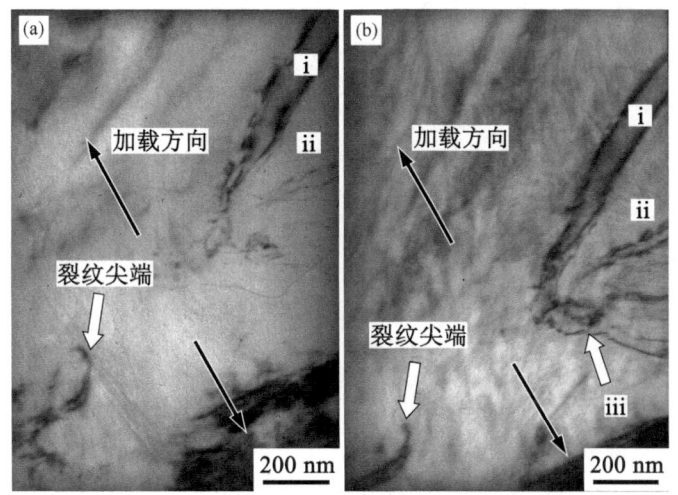

图 5-64 1.31Al 贝氏体钢在充氢前(a)和充氢后(b)位错的变化情况,其中 i、ii 和 iii 表示位错

一方面,残余奥氏体是氢陷阱;另一方面,当残余奥氏体捕获氢原子后,这些氢原子也对残余奥氏体的稳定性产生影响。表 5-14 给出了同一种无碳化物中碳贝氏体钢经过不同充氢时间处理后,经过相同周次滚动接触疲劳实验后残余奥氏体含量变化结果。可以看出,贝氏体钢充入氢后,试样在 1 700 MPa 下经过 1.0×10^6 周次滚动接触疲劳之后,更多的残余奥氏体发生了转变,且充氢的量越多,残余奥氏体转变量越多。这一结果表明氢原子降低了残余奥氏体的稳定性,

促进了残余奥氏体向马氏体的转变。由此可见,在残余奥氏体影响贝氏体钢氢脆特性的同时,贝氏体钢中的氢也作用于贝氏体钢中的残余奥氏体,影响其稳定性,进而影响贝氏体钢的机械性能。

表5-14 成分为Fe-0.30C-1.12Si-2.17Mn-0.98Al-1.19Cr-0.23Ni-0.24Mo-0.22W wt% 的中碳贝氏体钢经过1.0×10^6周次滚动接触疲劳之后的残余奥氏体体积分数

试样编号	充氢状态	疲劳试验前残余奥氏体含量	疲劳试验后残余奥氏体含量
1-0	未充氢	11.8%	5.4%
1-100	充氢100 min	11.8%	4.5%
1-180	充氢180 min	11.8%	2.8%

注:材料热处理工艺为920 ℃奥氏体化保温40 min,空冷至室温,最后在350 ℃回火100 min。

5.4.2 对氢致滞后开裂的影响

钢的氢致滞后开裂(也称氢致滞后断裂,氢致延迟断裂等)是由原子氢引起的,当氢浓度等于临界值后就会引起氢致裂纹的形核、扩展、直至滞后断裂。延迟断裂是材料在静载荷作用下经过一段时间后发生突然脆性破坏的现象。由于滞后开裂应力或应力强度因子低于抗拉强度或是断裂韧性K_{IC},因此引发的是低应力脆断。如果把原子氢消除,则氢致裂纹不再形核,正在扩展的裂纹则将停止。由于氢致滞后开裂是由原子氢引起的,因此,这一过程也是可逆的。氢致滞后开裂在低速率变形或是静载荷下体现比较明显。氢致滞后开裂的表征参数包含:氢致滞后开裂临界应力σ_c、断裂时间、氢致滞后开裂门槛应力强度因子K_{IH}以及裂纹扩展速率da/dt等。对于高强度钢,强度越高,钢的滞后开裂敏感性越高。通常采用门槛应力强度因子K_{IH}和恒载荷法(将光滑拉伸试样置于一定温度的环境介质中并施以恒定拉伸载荷测定试样发生断裂的时间)来表征滞后开裂性能。

通常在慢速率拉伸试验机上进行氢致滞后开裂实验,所选取的试验应力范围为屈服强度$\sigma_{0.2}$的80%~100%。表5-11中所列贝氏体钢的滞后开裂性能如图5-65所示。含铝贝氏体钢的滞后开裂应力百分比大于不含铝的贝氏体钢,滞后开裂应力百分比由96%提高到97.5%以上,可见合金元素铝的加入,改善了贝氏体钢的滞后开裂性能,但是不同铝含量的贝氏体钢的滞后开裂性能区别不大。

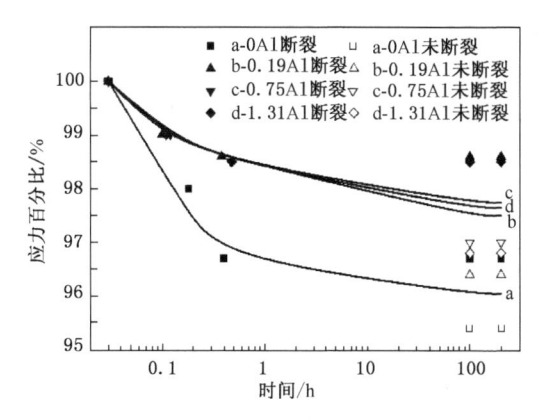

图 5-65　表 5-11 中不同 Al 含量贝氏体钢的滞后开裂性能

分析可知,贝氏体钢中的残余奥氏体薄膜一方面取代了碳化物,另一方面也相当于在精细及超精细结构单元与残余奥氏体薄膜之间存在类似于大角度位向差的界面,细化了基体结构单元。同时残余奥氏体组织具有较好的韧性,可以阻碍裂纹的扩展,而且残余奥氏体也可作为氢陷阱,使氢难以在局部聚集,可以降低氢脆特性。随着贝氏体钢中残余奥氏体和贝氏体含量的增加以及马氏体含量的减少,贝氏体钢的抗氢脆性能提高,抗氢致滞后开裂性能也提高。因此,以无碳化物贝氏体组织为主,含少量的残余奥氏体以及马氏体组织的无碳化物贝氏体钢拥有更好的抗氢致滞后开裂性能。

当贝氏体钢受到外界应力作用时,残余奥氏体有可能发生应力诱导的马氏体相变,新生成的马氏体组织对氢致滞后开裂性能是不利的。因此,稳定的残余奥氏体薄膜的存在更能使高强或超高强贝氏体钢具有优良抗氢致滞后开裂性能。稳定的、呈薄膜状分布的残余奥氏体可提高氢致滞后开裂的门槛应力强度因子 K_{IC},阻碍氢致裂纹的扩展,钝化裂纹尖端,使裂纹扩展方向改变,产生二次裂纹,消耗更多的能量,降低第二阶段的裂纹扩展速率。

残余奥氏体稳定性降低会对贝氏体钢的滞后开裂性能不利。一方面,薄膜状残余奥氏体较块状残余奥氏体稳定,在发生应力诱导相变后,块状残余奥氏体容易发生马氏体相变,从而使马氏体含量增加,增加贝氏体钢的氢致滞后开裂倾向;另一方面,由于由残余奥氏体转变的马氏体不能固溶原有的高浓度的氢,因而氢向外发生扩散,使周围氢浓度增加,加剧了氢致裂纹的形成。而薄膜状残余奥氏体的稳定性较高,当存在外加应力时,氢致滞后开裂性能降低幅度较小。因此适当增加残余奥氏体含量以及增加残余奥氏体的稳定性可以改善贝氏体钢的氢致滞后开裂性能。

因此,在贝氏体钢微观组织设计过程中,可减少块状残余奥氏体含量,适量增加薄膜状残余奥氏体含量,并适当增加残余奥氏体薄膜的化学稳定性和机械稳定性,这样,可以使贝氏体钢的氢脆特性得到明显改善。

参考文献

[1] Xiong X C, Chen B, Huang M X, et al. The effect of morphology on the stability of retained austenite in a quenched and partitioned steel[J]. Scripta Materialia, 2013,68(5):321-324.

[2] Singh S B, Bhadeshia H K D H. Estimation of bainite plate-thickness in low-alloy steels[J]. Materials Science and Engineering A,1998,245(1):72-79.

[3] Garcia-Mateo C, Jimenez J A, Yen H W, et al. Low temperature bainitic ferrite: Evidence of carbon super-saturation and tetragonality[J]. Acta Materialia,2015, 91:162-173.

[4] Sampath S, Rementeria R, Huang X, et al. The role of silicon, vacancies, and strain in carbon distribution in low temperature bainite[J]. Journal of Alloys and Compounds,2016,673:289-294.

[5] Podder A S, Lonardelli I, Molinari A, et al. H. Thermal stability of retained austenite in bainitic steel: an in situ study[J]. Proceedings of the Royal Society A, 2011,467:3141-3156.

[6] 张春雨.70Si3Mn 无碳化物贝氏体钢的变形行为研究[D].秦皇岛:燕山大学,2018.

[7] Furnémont Q. The micromechanics of TRIP-assisted multiphase steels[D]. Louvain, Belgium: Université Catholique de Louvain,2003.

[8] Long X Y, Zhang F C, Kang J, et al. Low-temperature bainite in low-carbon steel

[J]. Materials Science and Engineering A,2014,594(1):344-351.

[9] Yang J,Wang T S,Zhang B,et al. Microstructure and mechanical properties of high-carbon Si-Al-rich steel by low-temperature austempering[J]. Materials and Design,2012,35:170-174.

[10] Qian L H,Zhou Q,Zhang F C,et al. Microstructure and mechanical properties of a low carbon carbide-free bainitic steel co-alloyed with Al and Si[J]. Materials and Design,2012,39:264-268.

[11] 冯莹.无碳化物贝氏体钢的显微组织、力学性能和疲劳裂纹扩展行为[D]. 秦皇岛:燕山大学,2013.

[12] 康杰.铁路辙叉用合金钢的组织和性能研究[D].秦皇岛:燕山大学,2016.

[13] Dan W J,Li S H,Zhang W G,et al. The effect of strain-induced martensitic transformation on mechanical properties of TRIP steel[J]. Materials and Design,2008,29(3):604-612.

[14] Kang J,Zhang F C. Deformation,fracture,and wear behaviours of C + N enhancing alloying austenitic steels[J]. Materials Science and Engineering A,2012,558:623-631.

[15] Zhao J L,Lv B,Zhang F C,et al. Effects of austempering temperature on bainitic microstructure and mechanical properties of a high-C high-Si steel[J]. Materials Science and Engineering A,2019,742:179-189.

[16] Nawaz B,Long X Y,Yang Z N,et al. Efect of magnetic feld on microstructure and mechanical properties of austempered 70Si3MnCr steel[J]. Materials Science and Engineering A,2019,759:11-18.

[17] 赵佳莉,张福成,于宝东,等. 70Si3MnCrMo钢中贝氏体及其回火稳定性[J].钢铁,2017,52(1):71-80.

[18] Kang J,Zhang F C,Yang X W,et al. Effect of tempering on the microstructure and mechanical properties of a medium carbon bainitic steel[J]. Materials Science and Engineering A,2017,686:150-159.

[19] 龙晓燕.中碳无碳化物贝氏体钢组织和性能研究[D].秦皇岛:燕山大

学,2018.

[20] El Fallah G M A M,Bhadeshia H K D H. Tensile behaviour of thermally-stable nanocrystalline bainitic-steels[J]. Materials Science and Engineering A,2019, 746:145-153.

[21] Hecker S S,Stout M G,Staudhammer K P,et al. Effects of strain state and strain rate on deformation-induced transformation in 304 stainless steel:part I. magnetic measurements and mechanical behavior[J]. Metallurgical Transactions A, 1982,13(4):619-626.

[22] Murr L E,Staudhammer K P,Hecker S S. Effects of strain state and strain rate on deformation-induced transformation in 304 stainless steel:part II. microstructural study[J]. Metallurgical Transactions A,1982,13(4):627-635.

[23] Gray G T. High-strain-rate deformation:mechanical behavior and deformation substructures induced[J]. Annual Review of Materials Research,2012,42(1): 285-303.

[24] Enloe C,Savic V,Poling W,et al. Strain rate effect on martensitic transformation in a TRIP steel containing carbide-free bainite[J]. SAE International Journal of Advances and Cunent Practices in Mobility,2019,1(3):1046-1055.

[25] Monideepa M,Omkar Nath M,Shun-ichi H,et al. Strain-induced transformation behaviour of retained austenite and tensile properties of TRIP-aided steels with different matrix microstructure[J]. ISIJ International,2006,46(2):316-324.

[26] Bhadeshia H K D H. TRIP-assisted steels?[J]. ISIJ International,2002,42 (9):1059-1060.

[27] Bhadeshia H K D H. Bainite in steels:theory and practice[M]. 3rd ed. Ledds, UK:Maney Publishing,2015.

[28] Wang T S,Yang J,Shang C J,et al. Microstructures and impact toughness of low-alloy high-carbon steel austempered at low temperature[J]. Scripta Materialia,2009,61(4):434-437.

[29] Webster D. Increasing the toughness of the martensitic stainless steel AFC 77 by

control of retained austenite content, ausforming and strain aging (retained austenite)[J]. ASM Trans Quart,1968,61:816.

[30] Long X Y, Kang J, Lv B, et al. Carbide-free bainite in medium carbon steel[J]. Materials and Design,2014,64(9):237-245.

[31] Wang Y H, Zhang F C, Wang T S. A novel bainitic steel comparable to maraging steel in mechanical properties[J]. Scripta Materialia,2013,68(9):763-766.

[32] Zhao L J, Qian L H, Meng J Y, et al. Below- Ms austempering to obtain refined bainitic structure and enhanced mechanical properties in low-C high-Si/Al steels [J]. Scripta Materialia,2016,112:96-100.

[33] Zhao J, Zhao T, Hou C S, et al. Improving impact toughness of high-C-Cr bearing steel by Si-Mo alloying and low-temperature austempering[J]. Materials and Design,2015,86:215-220.

[34] 林诗慧. 高碳钢低温贝氏体转变行为及回火对组织和性能的影响[D]. 秦皇岛:燕山大学,2016.

[35] 毕建福. 高碳合金钢变形奥氏体等温转变组织和性能及回火的影响[D]. 秦皇岛:燕山大学,2016.

[36] Zhao J, Wang T S, Lv B, et al. Microstructures and mechanical properties of a modified high-C-Cr bearing steel with nano-scaled bainite[J]. Materials Science and Engineering A,2015,628:327-331.

[37] Meng J Y, Feng Y, Zhou Q, et al. Effects of austempering temperature on strength, ductility and toughness of low-C high-Al/Si carbide-free bainitic steel [J]. Journal of Materials Engineering and Performance,2015,24(8):1-9.

[38] Zhou Q, Qian L H, Tan J, et al. Inconsistent effects of mechanical stability of retained austenite on ductility and toughness of transformation-induced plasticity steels[J]. Materials Science and Engineering A,2013,578(33):370-376.

[39] Zhou Q, Qian L H, Zhao L J, et al. Loading-rate dependence of fracture absorption energy of low-carbon carbide-free bainitic steel[J]. Journal of Alloys and Compounds,2015,650:944-948.

[40] Garciamateo C,Caballero F G. Ultra-high-strength bainitic steels[J]. Transactions of the Iron & Steel Institute of Japan,2005,45(11):502-506.

[41] Fielding L C D,Jones N G,Walsh J,et al. Synchrotron analysis of toughness anomalies in nanostructured bainite[J]. Acta Materialia,2016,105(5):52-58.

[42] Miihkinen V T T,Edmonds D V. Influence of retained austenite on the fracture toughness of high strength steels[C]//Proceedings of the 6th International Conference on Fractrue (ICF6),New Delhi,Lindia,1984:1481-1487.

[43] 梁益龙,凌敏,朱茂兰,等. GDL-1 型贝氏体钢的断裂韧性[J]. 贵州工业大学学报(自然科学版),2007,36(2):24-28.

[44] Avanish K,Aparna S. Microstructural effects on the sub-critical fatigue crack growth in nanobainite[J]. Materials Science and Engineering A,2019,743:464-471.

[45] Huo C Y,Gao H L. Strain-induced martensitic transformation in fatigue crack tip zone for a high strength steel[J]. Materials Characterization,2005,55(1):12-18.

[46] 郑春雷,张福成,吕博,等. 辙叉用贝氏体钢的氢脆特性及去氢退火工艺[J]. 材料热处理学报,2008,29(2):71-75.

[47] Ritchie R O,Cedeno M H C,Zackay V F,et al. Effects of silicon additions and retained austenite on stress corrosion cracking in ultrahigh strength steels[J]. Metallurgical Transactions A,1978,9(1):35-40.

[48] Bhadeshia H K D H,Edmonds D V. Bainite in silicon steels:new composition-property approach Part 1[J]. Metal Science,1983,17:411-419.

[49] 赵佳莉,杨志南,张福成. 70Si3Mn 钢中无碳化物贝氏体组织及其性能研究[J]. 燕山大学学报,2015,39(3):199-205.

[50] Wang T S,Yang J,Shang C J,et al. Sliding friction surface microstructure and wear resistance of 9SiCr steel with low-temperature austempering treatment[J]. Surface and Coatings Technology,2008,202(16):4036-4040.

[51] Yang J,Wang T S,Zhang B,et al. Sliding wear resistance and worn surface mi-

crostructure of nanostructured bainitic steel[J]. Wear, 2012, 282-283(1): 81-84.

[52] Wang M M, Lv B, Yang Z N, et al. Wear resistance of bainite steels that contain aluminium[J]. Materials Science and Technology, 2016, 32(4):1-9.

[53] Long X Y, Zhang F C, Kang J, et al. Study on carbide-bearing and carbide-free bainitic steels and their wear resistance[J]. Materials Science and Technology, 2017, 33(5):615-622.

[54] Wang Y H, Yang Z N, Zhang F C, et al. Microstructures and mechanical properties of surface and center of carburizing 23Cr2Ni2Si1Mo steel subjected to low-temperature austempering[J]. Materials Science and Engineering A, 2016, 670: 166-177.

[55] Feng X Y, Zhang F C, Kang J, et al. Sliding wear and low cycle fatigue properties of new carbide free bainitic rail steel[J]. Materials Science and Technology, 2014, 30(12):1410-1418.

[56] Zhang P, Zhang F C, Yan Z G, et al. Wear property of low-temperature bainite in the surface layer of a carburized low carbon steel[J]. Wear, 2011, 271(5):697-704.

[57] 张朋. 渗碳合金钢表面纳米结构贝氏体的制备及其组织和性能特征[D]. 秦皇岛:燕山大学, 2011.

[58] 但锐, 张明, 郑春雷, 等. 氢对贝氏体辙叉钢摩擦磨损行为的影响[J]. 机械工程学报, 2012, 48(20):33-38.

[59] Liu B G, Li W, Lu X W, et al. The effect of retained austenite stability on impact-abrasion wear resistance in carbide-free bainitic steels[J]. Wear, 2019, 428-429:127-136.

[60] Valizadeh Moghaddam P, Hardell J, Vuorinen E, et al. The role of retained austenite in dry rolling/sliding wear of nanostructured carbide-free bainitic steels [J]. Wear, 2019, 428-429:193-204.

[61] Hu F, Wu K M, Hodgson P D. Effect of retained austenite on wear resistance of

nanostructured dual phase steels[J]. Materials Science and Technology,2016, 32(1):40-48.

[62] Bakshi S D,Leiro A,Prakash B,et al. Dry rolling/sliding wear of nanostructured bainite[J]. Wear,2014,316(1/2):70-78.

[63] Zhang F C,Long X Y,Kang J,et al. Cyclic deformation behaviors of a high strength carbide-free bainitic steel[J]. Materials and Design,2016,94:1-8.

[64] Zhou Q,Qian L H,Meng J Y,et al. Low-cycle fatigue behavior and microstructural evolution in a low-carbon carbide-free bainitic steel[J]. Materials and Design,2015,85:487-496.

[65] Kang J,Zhang F C,Long X Y,et al. Low cycle fatigue behavior in a medium-carbon carbide-free bainitic steel[J]. Materials Science and Engineering A, 2016,666:88-93.

[66] Zhao X J,Zhang F C,Yang Z N,et al. Cyclic deformation behavior and microstructure evolution of high-carbon nano-bainitic steel at different tempering temperatures[J]. Materials Science and Engineering A,2019,751:323-331.

[67] Tong M W,Venkatsurya P K C,Zhou W H,et al. Structure-mechanical property relationship in a high strength microalloyed steel with low yield ratio:the effect of tempering temperature[J]. Materials Science and Engineering A,2014,609 (27):209-216.

[68] Long X Y,Zhang F C,Yang Z N,et al. Study on microstructures and properties of carbide-free and carbide-bearing bainitic steel[J]. Materials Science and Engineering A,2018,715:10-18.

[69] Zhao J L,Zhang F C,Lv B,et al. Inconsistent effects of austempering time within transformation stasis on monotonic and cyclic deformation behaviors of an ultra-high silicon carbide free nanobainite steel[J]. Materials Science and Engineering A,2019,751:80-89.

[70] Long X Y,Zhang F C,Zhang C Y. Effect of Mn content on low-cycle fatigue behaviors of low-carbon bainitic steel[J]. Materials Science and Engineering A,

2017,697:111-118.

[71] Liu W Y, Qu J X, Shao H S. Fatigue crack growth behaviour of a Si-Mn steel with carbide-free lathy bainite[J]. Journal of Materials Science,1997,32(2): 427-430.

[72] Gao G,Zhang B,Cheng C,et al. Very high cycle fatigue behaviors of bainite/ martensite multiphase steel treated by quenching-partitioning-tempering process [J]. International Journal of Fatigue,2016,92:203-210.

[73] Gao G H,Xu Q Z,Guo H R,et al. Effect of inclusion and microstructure on the very high cycle fatigue behaviors of high strength bainite/martensite multiphase steels[J]. Materials Science and Engineering A,2019,739:404-414.

[74] 朱法义,陆淑屏.碳氮共渗层中残余奥氏体对疲劳性能的影响[J].佳木斯工学院学报,1994,12(3):135-139.

[75] 朱敦伦,姚枚.残余奥氏体对渗碳和碳氮共渗层接触疲劳性能的影响[J].哈尔滨工业大学学报,1983(1):87-92.

[76] 罗虹,陈玉民.残余奥氏体对空心滚动体接触疲劳的影响[J].兵器材料科学与工程,1992(9):47-51.

[77] 李林,马茂元.残余奥氏体对接触疲劳性能的影响[J].兵器材料科学与工程,1990(11):60-65.

[78] 马茂元,刘肇域,姚永奎,等.磨削量对20CrMnTi钢碳氮共渗滚轮试样接触疲劳性能的影响[J].热加工工艺,1989(4):3-6.

[79] 郑春雷,张福成,吕博,等.无碳化物贝氏体钢的滚动接触疲劳磨损行为[J].机械工程学报,2018,54(4):176-185.

[80] Wang Y H,Zhang F C,Yang Z N,et al. Rolling contact fatigue performances of carburized and high-C nanostructured bainitic steels[J]. Materials,2016,9 (12):960.

[81] Zhang P,Zhang F C,Yan Z G,et al. Rolling contact fatigue property of low-temperature bainite in surface layer of a low carbon Steel[J]. Materials Science Forum,2011,675-677:585-588.

[82] Li Q G, Huang X F, Huang W G. Fatigue property and microstructure deformation behavior of multiphase microstructure in a medium-carbon bainite steel under rolling contact condition[J]. International Journal of Fatigue, 2019, 125: 381-393.

[83] Yang Z N, Long J Y, Zhang F C, et al. Microstructural evolution and performance change of a carburized nanostructured bainitic bearing steel during rolling contact fatigue process[J]. Materials Science and Engineering A, 2018, 725: 98-107.

[84] Solano-Alvarez W, Pickering E J, Bhadeshia H K D H. Degradation of nanostructured bainitic steel under rolling contact fatigue[J]. Materials Science and Engineering A, 2014, 617: 156-164.

[85] Solano-Alvarez W, Pickering E J, Peet M J, et al. Soft novel form of white-etching matter and ductile failure of carbide-free bainitic steels under rolling contact stresses[J]. Acta Materialia, 2016, 121: 215-226.

[86] 钱坤. 残余奥氏体对滚动轴承疲劳寿命的影响[J]. 热加工工艺, 2010, 39(10): 60-61.

[87] 杨静. 高碳合金钢低温等温转变组织特征与力学性能的研究[D]. 秦皇岛: 燕山大学, 2011.

[88] Yang J, Wang T S, Zhang B, et al. High-cycle bending fatigue behaviour of nanostructured bainitic steel[J]. Scripta Materialia, 2012, 66(6): 363-366.

[89] Beumelburg W. Behaviour of carburized specimens having various surface conditions and C contents during rotating bending, static bending and toughness tests[J]. Ibid. 1975, 98: 39

[90] Razim C. Restaustenit-zum kenntnisstand über ursache und auswirkungen bei einsatzgehärteten stählen[J]. HTM, 1985, 40: 150-165.

[91] 山崎嘉启, 迟翠玉. 残余奥氏体对渗碳处理钢疲劳强度的影响[J]. 国外舰船技术(材料类), 1984, 1: 27-35.

[92] Prado J M, Arques J L. Influence of retained austenite on the fatigue endurance

of carbonitrided steels[J]. Journal of Materials Science, 1984, 19(9): 2980-2988.

[93] 梁宇,梁益龙,陈朝轶,等. 新型贝氏体钢的弯曲疲劳性能[J]. 贵州工业大学学报(自然科学版),2004,33(4):52-54.

[94] Zhang Y, Zhang F C, Qian L H, et al. Atomic-scale simulation of α/γ-iron phase boundary affecting crack propagation using molecular dynamics method[J]. Computational Materials Science,2011,50(5):1754-1762.

[95] 陈城. 铁路辙叉用贝氏体钢氢脆特性的研究[D]. 秦皇岛:燕山大学,2013.

[96] 郑春雷. 辙叉用贝氏体钢的氢脆特性及失效机理研究[D]. 秦皇岛:燕山大学,2008.

[97] Li Y G, Chen C, Zhang F C. Al and Si influences on hydrogen embrittlement of carbide-free bainitic steel[J]. Advances in Materials Science and Engineering, 2013(11):1-7.

[98] Li Y G, Zhang F C, Chen C, et al. Effects of deformation on the microstructures and mechanical properties of carbide-free bainitic steel for railway crossing and its hydrogen embrittlement characteristics[J]. Materials Science and Engineering A,2016,651:945-950.

[99] Lv B, Zhang Z M, Yang Z N, et al. A higher corrosion resistance for a bainitic steel with Al instead of Si[J]. Materials letters,2016,173:95-97.

[100] Zheng C L, Lv B, Chen C, et al. Hydrogen embrittlement of a manganese-aluminum high-strength bainitic steel for railway crossings[J]. ISIJ International, 2011,51(10):1749-1753.

[101] Zheng C L, Lv B, Zhang F C, et al. Effect of secondary cracks on hydrogen embrittlement of bainitic steels[J]. Materials Science and Engineering A,2012, 547:99-103.

第6章

残余奥氏体对贝氏体钢使用性能的影响

独特的显微组织结构成就了贝氏体钢良好的强度、塑性和韧性匹配。近年来,具有优异综合力学性能的贝氏体钢在工业上获得了越来越广泛的应用,如以低碳贝氏体钢为主的铁路轨道钢、高强度汽车钢板、铁路车轮钢、螺纹钢等;以中碳贝氏体钢为主的耐磨钢板、弹簧钢等;以高碳贝氏体钢为主的轴承钢、齿轮钢等。贝氏体钢中的残余奥氏体对产品的使用性能有着显著的影响。本章介绍了应用于轴承、耐磨钢板、铁路轨道和车轮、汽车钢板、齿轮等诸多领域的贝氏体钢在服役过程中残余奥氏体对其使用性能的具体影响情况。

6.1 轴承

贝氏体组织能提高钢的强韧性、比例极限、屈服强度和断面收缩率,与相同成分的淬火+回火马氏体组织相比具有更好的耐磨性,而且其尺寸稳定性好。贝氏体等温淬火具有无淬火裂纹以及表面得到残余压应力的优点,使得贝氏体轴承钢具有优异的疲劳性能,所以在风电轴承、轧机轴承、铁路轴承等特殊领域得到了广泛的应用。轴承零件经下贝氏体或纳米贝氏体低温等温淬火后具有与马氏体轴承相近的硬度和耐磨性,但其冲击韧度、断裂韧度和抗弯强度都得到大幅度提高,从而提高了轴承的使用寿命。

贝氏体轴承钢中的残余奥氏体作为韧性相,对轴承钢性能起重要作用,它具有比铁素体相更加优异的加工硬化能力。在贝氏体轴承钢中,强度因素主要是由贝氏体铁素体相控制,而韧性则主要受残余奥氏体相控制。轴承在服役过程中经受接触应力作用而产生塑性变形,因此,贝氏体轴承钢表层的残余奥氏体在应变作用下转变成马氏体,提高了轴承的耐磨性能,同时,对疲劳性能有明显的影响。关于残余奥氏体对疲劳性能的影响,目前学术界主要存在两种不同的观点:一种观点认为这种转变吸收了裂纹扩展的能量,钝化裂纹,阻碍了裂纹的扩展,因而提高了材料的疲劳强度;另一种观点认为这种在循环载荷作用下生成的未回火马氏体脆性大,会降低疲劳强度。

6.1.1 轴承服役过程中残余奥氏体行为

以 G23Cr2Ni2Si1Mo 渗碳纳米贝氏体轴承钢为研究对象,研究了残余奥氏体在轴承钢滚动接触疲劳过程中的转变规律及其对疲劳寿命的影响。图 6-1 为 200℃ 等温淬火不同时间的渗碳纳米贝氏体轴承钢在经历不同循环周次的滚动接触后表面的 XRD 谱。可以看出,随着循环周次的增大,体心立方相的峰值强度均呈上升趋势,而面心立方相的峰值强度都出现下降现象,$(200)\gamma$ 衍射峰甚至消失,说明在滚动接触疲劳过程中表面残余奥氏体含量随着循环周次的增大而逐渐降低。

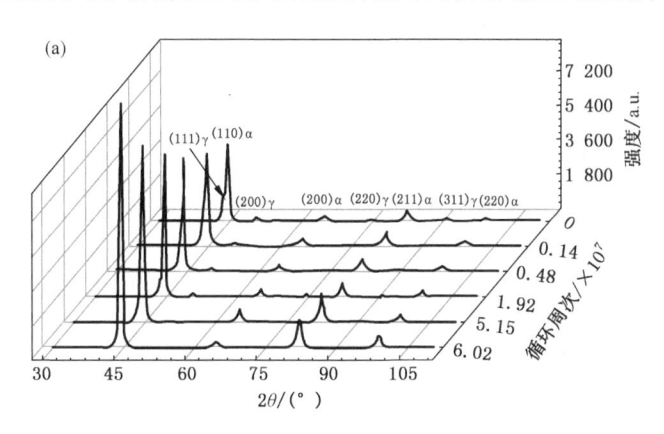

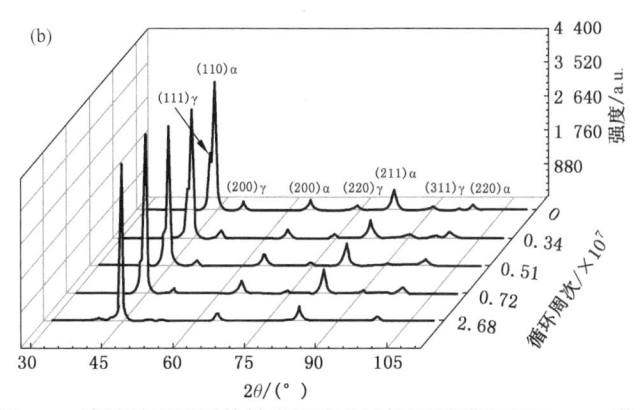

图 6-1 渗碳纳米贝氏体轴承钢滚动接触不同周次表面 XRD 谱:
(a)200 ℃×8 h,(b)200 ℃×24 h

进一步分析 XRD 测试结果获得渗碳纳米贝氏体轴承钢滚动接触不同周次后表面残余奥氏体含量变化,如图 6-2 所示。可以看出,滚动接触疲劳过程中,轴承钢表面的残余奥氏体含量随着循环周次的增加而逐渐降低。其中,等温 8 h 的轴承钢表面在滚动接触疲劳过程中残余奥氏体含量随着循环周次的变化大体可以分为三个阶段。S_I 为第一阶段,循环周次在 0.48×10^7 之前,随着滚动接触循环周次的增加,渗碳纳米贝氏体轴承钢表面的残余奥氏体含量从 19.1 vol % 迅速减少到 9.1 vol %;但是在第二阶段(图 6-2 中 S_{II} 阶段),残余奥氏体含量没有随着循环周次的增加而迅速减小,而是基本保持不变,说明在此阶段残余奥氏体未发生转变;直到循环周次为 1.92×10^7 的第三个阶段 S_{III},残余奥氏体又开始随着循环周次的增大而缓慢降低,且下降速率明显低于 S_I 阶段,最终残余奥氏体转变至 2.2 vol % 后轴承钢疲劳失效。

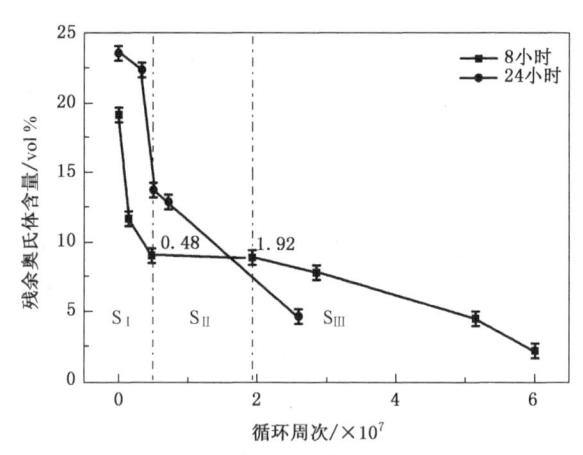

图 6-2 渗碳纳米贝氏体轴承钢表面残余奥氏体含量随滚动接触循环周次的变化规律

渗碳纳米贝氏体轴承钢表层组织中存在两种形态的残余奥氏体,分别是块状和薄膜状,如图 6-3 所示。两种形态的残余奥氏体具有不同的稳定性,薄膜状残余奥氏体不仅具有良好的韧度,而且机械稳定性高。富碳的残余奥氏体具有良好的机械稳定性和一定的热稳定性。热稳定性主要由残余奥氏体中含碳量决定,机械稳定性由残余奥氏体的形貌、晶粒大小、碳含量共同决定,同时也受周围相的影响。纳米贝氏体渗碳轴承钢服役过程中在滚动接触应力作用下,块状残余奥氏体易被诱发转变成马氏体,对于薄膜状的残余奥氏体,由于高的碳含量和细小的尺寸,它比块状的更稳定。所以在 S_I 阶段,块状残余奥氏体在外加载荷作用下,由于稳定性不足而首先转变成马氏体,如图6-4a和b所示。

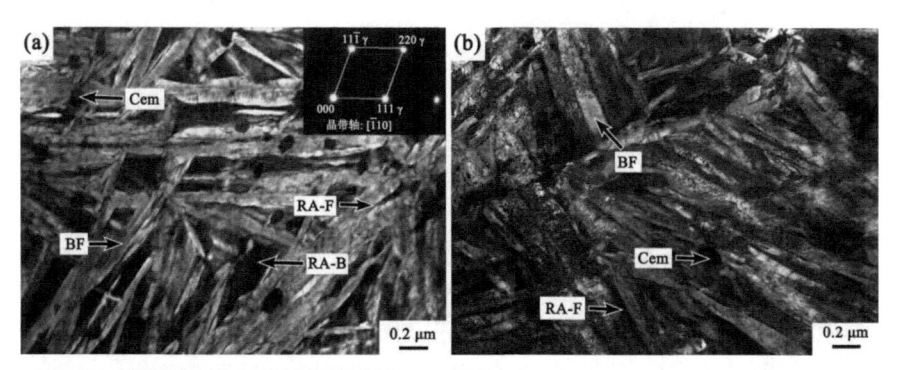

图6-3 渗碳纳米贝氏体轴承钢表层 TEM 照片:(a)200 ℃×8 h,(b)200 ℃×24 h

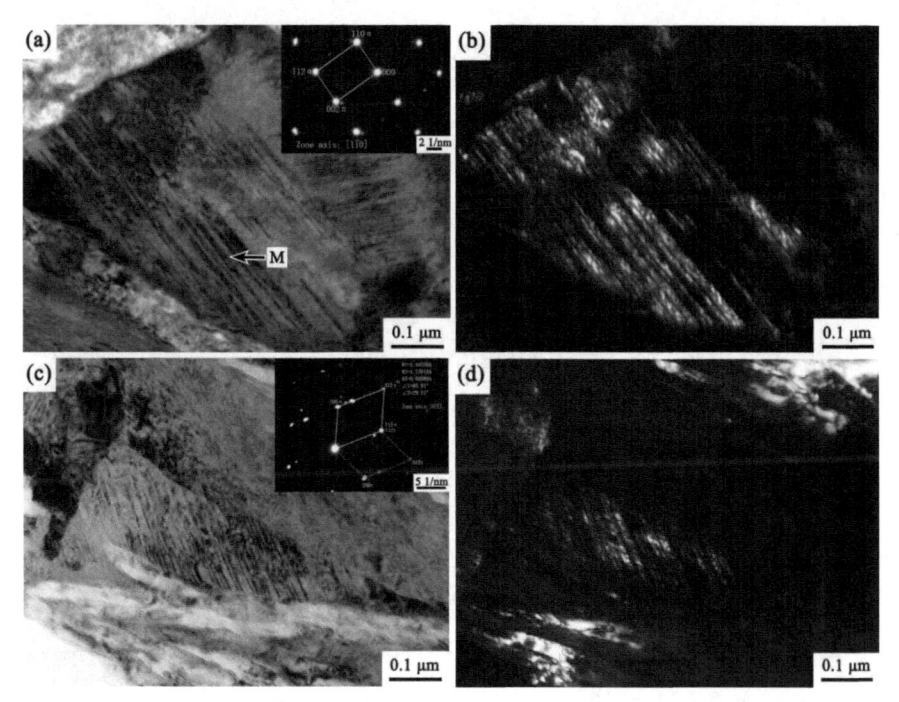

图6-4 滚动接触疲劳过程中在纳米贝氏体渗碳轴承钢表层观察到的诱发马氏体组织:
(a,b)200 ℃×8 h,(c,d)200 ℃×24 h,a,c 为明场相,b,d 为对应暗场相

在渗碳纳米贝氏体轴承钢滚动接触疲劳过程中,当块状残余奥氏体全部转变成马氏体后,薄膜状的残余奥氏体由于稳定性高,此时未达到应力诱发马氏体转变的临界值,因此,残余奥氏体含量基本保持不变,进入 S_{II} 阶段。随着滚动接

触循环周次的不断增加，循环应力不断作用于残余奥氏体，不断产生微应变，微应变逐渐累积形成马氏体相变的驱动力，导致薄膜状残余奥氏体也逐渐发生了马氏体转变，随着循环周次的不断增加，残余奥氏体转变量逐渐升高。而这一过程是在长时间和较大载荷作用下逐渐积累的过程，所以此阶段残余奥氏体转变速率明显比 S_1 阶段缓慢。图 6-4c 和 d 是等温 24 h 的轴承钢在滚动接触疲劳失效后的表面的 TEM 照片，可以看出也有孪晶马氏体。组织中残余奥氏体对提高钢的力学性能具有重要作用，它们可以吸收由接触应力产生的塑性变形能，延迟裂纹的萌生，释放疲劳裂纹尖端的应力集中，阻碍裂纹的扩展，从而提高疲劳寿命。等温 24 h 轴承钢的残余奥氏体在开始滚动接触循环时，残余奥氏体含量没有立即降低，而是有一段缓慢下降的区间，这可能是由于随着等温时间的延长，从贝氏体铁素体中扩散到残余奥氏体相中的碳含量增多，大大增加了残余奥氏体的稳定性，使残余奥氏体在应力加载初期需要更多的能量来发生相变。随着循环周次的增大，残余奥氏体在应力作用下转变成马氏体，使残余奥氏体含量逐渐减少。

残余奥氏体的晶格常数是影响其晶体结构的重要参数之一，不同原子的固溶和置换都会引起晶格常数的微小改变，从而影响材料性能，间隙原子对晶格常数的影响更为明显。测得纳米贝氏体渗碳轴承钢表面残余奥氏体的晶格常数随滚动接触循环周次的变化如图 6-5 所示。

在滚动接触疲劳试验之前，纳米贝氏体渗碳轴承钢 200 ℃ 等温 24 h 轴承钢的表面残余奥氏体的晶格常数为 0.360 267 2 nm，而等温 8 h 轴承钢的晶格常数为 0.360 193 8 nm。这说明等温 24 h 轴承钢表面残余奥氏体中固溶的碳原子比等温 8 h 的多，晶格发生畸变较严重。而在滚动接触疲劳试验后，残余奥氏体的晶格常数随着滚动接触循环周次的增大而增大，这说明在滚动接触疲劳过程中有碳原子扩散到残余奥氏体中，从而引起晶格增大，扩散到残余奥氏体中这部分碳原子大部分来自于滚动接触疲劳过程中未溶碳化物的回溶，如图 6-6 所示。

滚动滑动接触理论计算的最大剪切应力深度 0.786 b（在 2 500 MPa 接触压应力作用下，接触面半宽 b 值约为 0.204 85 mm）约在接触面表层下方 0.161 mm

位置。滚动接触疲劳失效轴承钢接触表面正下方纵截面的 SEM 照片显示在滚动接触应力作用下变形层深度只有 2 μm,如图 6-7 和图 6-8 所示,其深度低于理论计算出的结果。

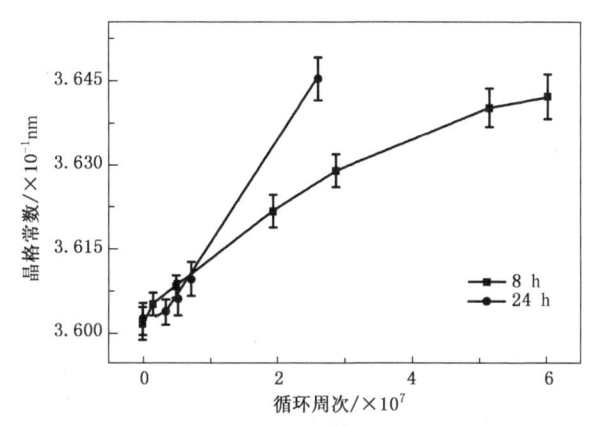

图 6-5 不同滚动接触循环周次后纳米贝氏体渗碳轴承钢表层残余奥氏体的晶格常数变化

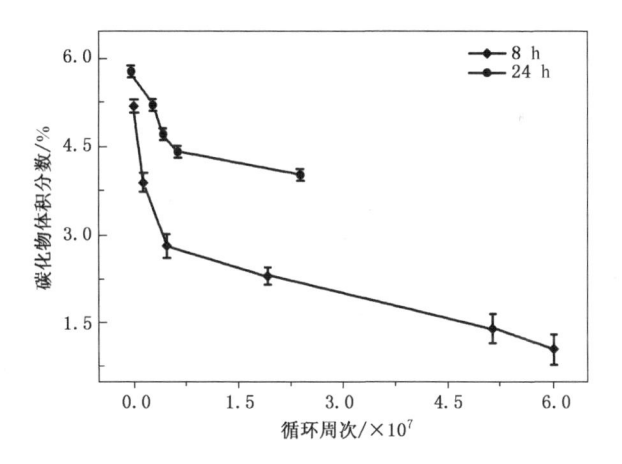

图 6-6 不同滚动接触循环周次后纳米贝氏体渗碳轴承钢表层未溶碳化物体积分数的变化

不同深度残余奥氏体转变情况以及变形层深度说明了实际最大剪切应力深度较浅,仅在表层产生塑性变形区。这是因为理论计算仅涉及弹性变形的理想情况,实际中轴承接触表面粗糙,在应力足够大时可引起一定量的塑性变形,轴承钢与匹配轴承之间存在滑差,最大剪切应力将向表面移动。另外,理论计算没有考虑微观组织结构的影响,理论研究模型是基于接触区域材料的均匀性来估计接触疲劳寿命的。假定接触面是绝对光滑的,曲面组织是均匀连续的,则应力状态与理论计算是相吻合的。而实际轴承钢有渗碳层,并且由微弹性产生的加工硬化增加了表面材料的屈服强度。此外,组织中的残余奥氏体在应力作用下诱导转变成马氏体时,会造成体积膨胀而使应力状态发生变化。

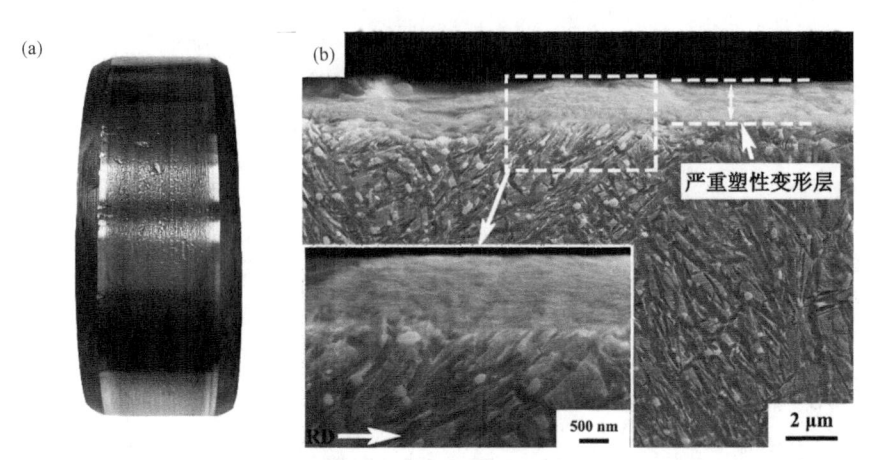

图 6-7 渗碳纳米贝氏体轴承钢 200 ℃等温 8 h 的滚动接触疲劳失效轴承钢照片
(a)宏观照片,(b)纵截面 SEM 组织图

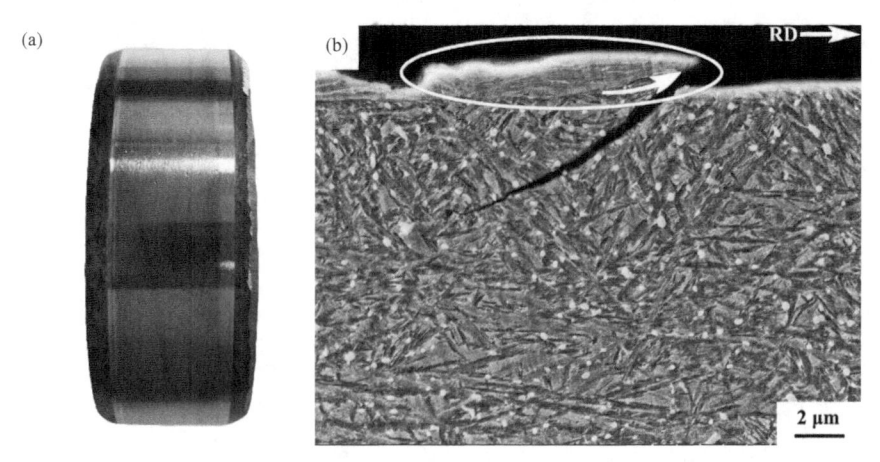

图 6-8 渗碳纳米贝氏体轴承钢 200 ℃等温 24 h 的滚动接触疲劳失效后的轴承钢照片
(a)宏观照片,(b)纵截面 SEM 组织图

随着深度的增加,残余奥氏体的转变量逐渐减小,说明滚动接触疲劳过程中只有接触表面的残余奥氏体在外加载荷作用下大量转变成马氏体。这也进一步

说明对于纳米贝氏体渗碳轴承钢,在服役过程中,只有极薄的最表层组织会发生马氏体转变,因而对轴承整体尺寸的影响极小。

多年实践表明,一定量的残余奥氏体还有利于提高在污染环境下轴承的接触疲劳寿命。在污染环境中轴承的主要失效方式是疲劳剥落。在污染的润滑介质中,不同类型的颗粒和金属碎屑等污染物受到轴承滚动体的挤压,会在轴承滚道上产生一定尺寸的凹坑。凹坑边缘的接触应力非常大,会加速疲劳裂纹的扩展和表面剥落,尤其是锋利边缘的凹坑更为明显。提高残余奥氏体的含量会改变凹坑的形状。残余奥氏体作为韧性相,在凹坑的形成过程中会避免脆性凹坑的形成,凹坑边缘的曲率半径会增加,从而增加曲率半径与凹坑宽度的比值,有效降低在凹坑边缘位置的应力集中,阻止了疲劳裂纹进一步形成和快速扩展,最终达到提高污染环境下轴承的使用寿命的效果。

6.1.2 残余奥氏体对贝氏体轴承尺寸稳定性的影响

轴承钢中不稳定的残余奥氏体在应力/应变下诱发马氏体转变,会导致轴承体积膨胀,而这是影响轴承尺寸稳定性的主要因素。尺寸稳定性是轴承设计中所必须要考虑的问题,尤其是对于精密轴承更为重要。在 GCr15 马氏体轴承钢中,每 1% 的残余奥氏体发生马氏体转变,引起的膨胀应变有 0.001。然而,有研究表明,含有 35% 残余奥氏体的全淬透性轴承钢在轴向加载疲劳过程中,残余奥氏体转变而引起的体积应变随着温度的升高逐渐降低,这主要是由于残余奥氏体的热力学稳定性增加,对应力诱发马氏体转变的敏感程度降低造成的。而对于渗碳纳米贝氏体轴承钢,由于渗碳层比较薄,在服役过程中残余奥氏体应变诱发马氏体转变引起尺寸变化理论上很小,因此对整体尺寸的变化会小于全淬透型轴承钢。

纳米贝氏体轴承钢在服役过程中,稳定的薄膜状残余奥氏体对零件的尺寸稳定性有很大贡献。通过对分别经过马氏体和贝氏体处理后的 GCr15 轴承钢与纳米贝氏体轴承钢的尺寸变化情况对比,发现贝氏体处理后的 GCr15 轴承钢的变形量比马氏体处理减小了一个数量级,而纳米贝氏体轴承钢变形量为常规贝氏体处理的 1/5,这一过程中,未转变的奥氏体相对其向纳米贝氏体转变而引发的应变起了很好的协调作用,减小了变形。因此,控制纳米贝氏体组织中残余奥氏体的形态,消除块状残余奥氏体,进一步提高残余奥氏体的稳定性可以保证轴承在服役过程的尺寸稳定性,这也是纳米贝氏体轴承用钢值得深入研究的重点内容之一。

6.1.3 "第二代贝氏体轴承"的开发和应用

近年来,相继开发了两大类高端纳米贝氏体轴承用钢,其化学成分见表6-1。其中一大类为适合于制造大载荷条件下使用的轴承套圈用渗碳钢,G23Cr2Ni2Si1Mo钢和G23Cr2Ni2SiMoAl钢是其代表性钢种,经渗碳及低温等温处理后得到由纳米级贝氏体铁素体、残余奥氏体和未溶碳化物组成的复相组织,平均贝氏体铁素体板条厚度为68 nm,其组织结构如图6-9a所示。G23Cr2Ni2Si1Mo钢具有比传统G20Cr2Ni4A钢更加优异的滚动接触疲劳性能,其疲劳寿命提高幅度高达2倍以上,如图6-9右图所示,同时,经过低温等温处理后心部低碳马氏体组织的冲击韧性较油淬处理提高30%以上。利用该钢制造出的6 MW风电主轴轴承圈,外径尺寸达3200 mm,为目前国内最大的风电机组主轴轴承,实物见图6-10。

表6-1 燕山大学开发的纳米贝氏体轴承用钢的化学成分(wt%)

钢号	C	Si	Mn	Cr	Mo	Al
G20CrMnMoSiAl	0.21	0.46	1.20	1.35	0.26	0.95
G23Cr2Ni2Si1Mo	0.20~0.25	1.20~1.50	0.20~0.40	1.35~1.75	0.25~0.35	≤0.05
G23Cr2Ni2SiMoAl	0.20~0.25	0.90~1.20	0.20~0.40	1.35~1.75	0.25~0.35	0.30~0.50
GCr15SiAl	1.15	0.58	0.21	1.42	-	0.65
GCr15SiMoAl	0.90~1.10	0.30~0.60	-	1.50~1.80	0.15~0.25	0.80~1.20
GCr15SiMoAl-1	0.95~1.15	0.60~0.90	0.20~0.40	1.45~1.75	0.25~0.35	0.40~1.00
GCr15Si1Mo	0.95~1.05	1.20~1.50	0.20~0.40	1.40~1.70	0.30~0.40	≤0.05

第二大类为适合于制造大载荷条件下使用的GCr15Si1Mo钢,经低温等温处理后得到纳米贝氏体组织,如图6-11左图所示,其滚动接触疲劳性能显著优于下贝氏体GCr15SiMo轴承钢,疲劳寿命提高幅度高达1倍以上,如图6-11右

图所示。目前,这种高碳 GCr15Si1Mo 纳米贝氏体钢已经用于制造 5 MW 风电机组用偏航、变桨轴承和主轴轴承的滚动体,其实物见图 6-12。

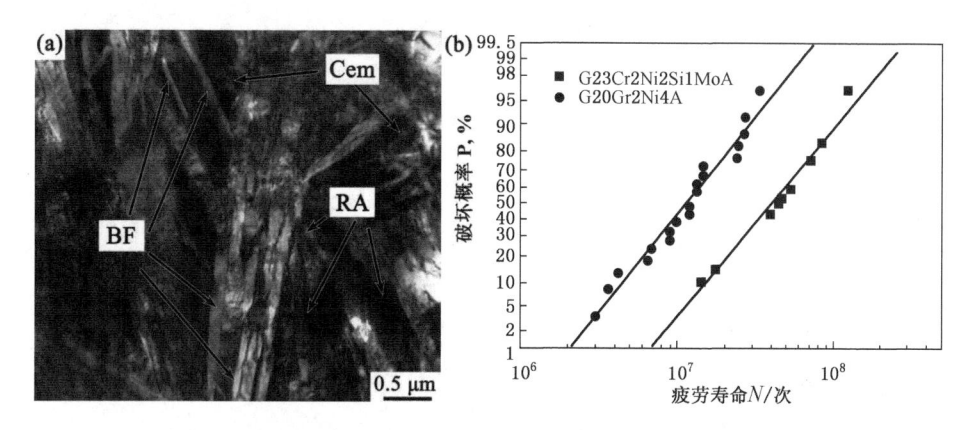

图 6-9 渗碳轴承钢 G23Cr2Ni2Si1Mo 表层纳米贝氏体组织(a)及其疲劳性能(b)

图 6-10 渗碳纳米贝氏体钢 G23Cr2Ni2Si1Mo 制造的 6 MW 风电主轴轴承 FD-LY-3127/NB
(由燕山大学发明的 G23Cr2Ni2Si1Mo 纳米贝氏体钢制造)

目前,纳米贝氏体轴承钢种——渗碳轴承钢 G23Cr2Ni2Si1Mo 钢和高碳轴承钢 GCr15Si1Mo 钢已被分别成功纳入 2016 年我国新版国家标准《渗碳轴承钢》(GB/T 3203—2016)和冶金行业标准《轴承钢 辗轧环件及毛坯》(YB/T 4572—2016)中,受到了国内各大特钢厂和轴承制造企业的关注。有关的纳米贝氏体轴承钢热处理技术已列入 2017 年新版国家标准《滚动轴承 高碳铬轴承钢零件热处理技术条件》(GB/T 34891—2017)和 2018 年制定的机械行业标准《滚动轴承 渗碳热处理技术条件》(JB/T 8881—××××)中。这两种纳米贝氏体轴承钢经洛阳轴承研究所有限公司试验证明：滚动接触疲劳寿命远超现在用量最大的 G20Cr2Ni4A 渗碳轴承钢和 GCr15 高碳铬轴承钢，额定寿命提高幅度分别达到 210%、170%。洛阳 LYC 轴承有限公司、浙江天马轴承股份有限公司等企业已采用该纳米贝氏体轴承钢制造了大型风电主轴轴承、轧机轴承、振动机械设备用轴承等诸多高端轴承，并获得了非常好的使用效果。纳米贝氏体轴承钢已被中国轴承工业协会称为是继下贝氏体轴承之后的"第二代贝氏体轴承"。中国轴承工业协会技术委员会高度重视纳米贝氏体轴承钢的科研成果，决定在"十三五"期间在我国轴承行业范围内推广纳米贝氏体轴承钢的应用，以进一步促进我国轴承行业的振兴和发展。

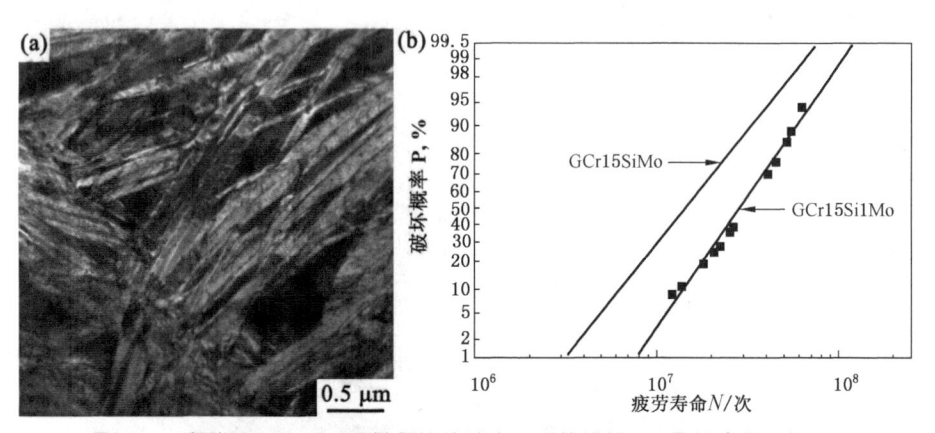

图 6-11 高碳 GCr15Si1Mo 轴承钢的纳米贝氏体组织（a）及其疲劳性能（b）

图 6-12 采用纳米贝氏体钢制造的 5 MW 风电机组用偏航（a）、变桨（b）轴承（轴承内外圈由燕山大学发明的 40CrNiMoV 超淬透性钢制造，滚动体由燕山大学发明的 GCr15Si1Mo 纳米贝氏体钢制造）

6.2 铁路轨道

传统铁路轨道用钢主要包括以珠光体为主的钢轨钢和以奥氏体高锰钢为主的铁路辙叉钢。其中,铁路辙叉是使火车车轮由一股线路转换到另一股线路的轨线平面交叉设备,如图 6-13 所示,它在铁路结构中是损伤最严重的部位。

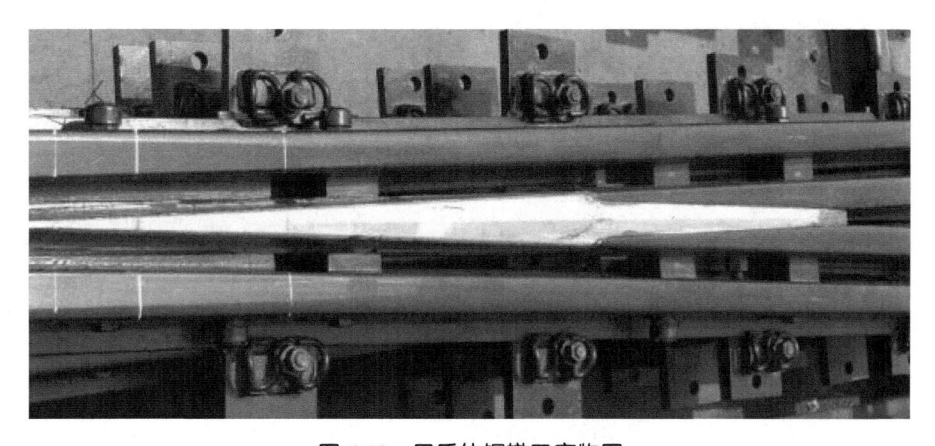

图 6-13　贝氏体钢辙叉实物图

(由燕山大学发明的 35MnSiCrMoNiAl 低温贝氏体钢制造)

随着铁路轨道交通向客货分离、高速、重载的方向发展,对钢轨和辙叉提出了更高的要求,传统铁路轨道用珠光体以及奥氏体高锰钢已难以满足现代铁路高速、重载和跨区间无缝铁路的发展需求。贝氏体钢因其具有高的强度、适当的韧度和硬度而表现出优良的抗接触疲劳和耐磨性能,尤其是它具有优异的焊接工艺性能,成为制作高速、重载铁路用钢的理想材料之一,目前已在铁路轨道领域得到了一定程度的应用。

在贝氏体铁路轨道钢服役过程中,残余奥氏体的稳定性不仅受其自身成分、尺寸以及形态等因素的影响,而且受外界应力、应变的影响。火车车轮经过时,贝氏体铁路轨道钢将承受循环碾压应力,导致贝氏体铁素体板条内部位错的增值和滑移,造成局部区域应力集中。应力集中区域内的残余奥氏体在应力作用下将转变成高硬度的孪晶马氏体,从而有效释放应力,避免应力集中,增强了贝氏体钢的均匀变形能力。当贝氏体铁路轨道钢组织中形成微裂纹后,裂纹附近的残余奥氏体对裂纹扩展起到阻碍作用,钝化裂纹尖端,减缓裂纹扩展速率。

贝氏体钢中残余奥氏体

贝氏体轨道钢中残余奥氏体的含量和形态不同,对其使用性能有着不同的影响。近年来,贝氏体相变与淬火-配分(Q&P)相结合的工艺(简称 BQ&P)被应用到贝氏体轨道钢的生产制造中,其目的主要是控制残余奥氏体的含量、形态和稳定性。该工艺使轨道钢预先发生贝氏体相变,然后进行淬火和配分(Q&P)处理,除继承 Q&P 工艺优势的同时,BQ&P 工艺还具有自身的独特优势:(1)预先形成的贝氏体组织分割原奥氏体晶粒,细化后续形成的马氏体和残余奥氏体,有利于获得具有纳米和亚微米尺寸的残余奥氏体薄膜;(2)在贝氏体铁素体形成时,C 原子向未转变的奥氏体中富集,稳定奥氏体组织;(3)通过两个过程(贝氏体相变和 Q&P 过程)实现奥氏体中的 C 富集,可形成两种类型的残余奥氏体,即分别分布于贝氏体铁素体板条之间和分布于贫碳马氏体板条之间的残余奥氏体,两种类型的残余奥氏体的形态、尺寸、合金成分、周围相不同,具有不同的稳定性,可在塑性变形的不同阶段发挥相变诱导塑性(TRIP)或孪生诱导塑性(TWIP)效应,增强钢的加工硬化能力。

贝氏体钢轨 40Mn2SiCr 钢分别经传统的空冷 + 回火(BQ&T)、贝氏体等温淬火(BAT)和 BQ&P 工艺处理后,BQ&T 钢轨钢中残余奥氏体含量最少(~9%),BAT 和 BQ&P 钢轨钢中残余奥氏体含量基本相同(~22%),但是 BAT 和 BQ&P 钢轨钢中残余奥氏体的形态、分布不尽相同。BAT 钢轨钢中残余奥氏体分为微米级的片条状以及分布在晶界附近的块状,而在 BQ&P 钢轨钢中,残余奥氏体分布在马氏体或贝氏体板条之间,呈现薄膜状,宽度有微米级和纳米级两种。由组织分析可知,BQ&P 工艺可以抑制块状残余奥氏体的形成,促进微米级和纳米级薄膜状残余奥氏体的形成,因此将对力学性能产生影响,见表 6-2。经过 BQ&P 工艺处理后,强塑积可达到 42 GPa·%,而 $-40\ ℃$ 时冲击韧性仍在 48 J·cm^{-1} 左右,实现了强度、塑性和韧性的良好匹配。

表 6-2 不同残余奥氏体状态下 40Mn2SiCr 贝氏体钢轨的常规力学性能

状态	$\sigma_{0.2}$/MPa	σ_b/MPa	δ/%	强塑积/(GPa·%)	a_{ku}/(J·cm^{-2}) 20 ℃	a_{ku}/(J·cm^{-2}) $-40\ ℃$
BQ&T	1501	1908	10.9	20.9	42	18
BAT	1218	1505	21.2	31.9	28	7
BQ&P	1391	1688	25.2	42.6	82	48

注:材料主要成分为 Fe-0.4C-2.0Mn-1.7Si-0.4Cr wt%。

在含有块状残余奥氏体的 BAT 贝氏体钢轨钢中,板条状贝氏体铁素体可以有效阻止裂纹扩展,而块状残余奥氏体在冲击过程中生成高硬度马氏体,使得裂纹沿着块状马氏体边界扩展。此外,块状残余奥氏体主要存在于原奥氏体晶界位置,在其转变成马氏体后难以调控周围的应力,进而使其成为二次裂纹的形核位置,从而恶化冲击韧性。相比而言,BQ&P 贝氏体钢轨钢中裂纹沿着薄膜状残余奥氏体区不断地变更其扩展路径,实现了对裂纹扩展的阻碍作用。统计分析数据表明,裂纹在 BQ&P 贝氏体钢轨钢中的平均扩展长度仅为 $1 \sim 2~\mu m$,明显小于 BAT 贝氏体钢轨钢中裂纹平均扩展路径长度。

在使用过程中,贝氏体轨道钢中部分残余奥氏体在应力作用下转变为高碳马氏体,在一定程度上提升了贝氏体轨道钢的强度、塑性及韧性(TRIP 效应),同时表层及亚表层的硬度也有一定程度增加,进而影响其滚动接触疲劳和磨损性能。

贝氏体轨道钢服役过程中会持续承受循环载荷作用,于是会在界面处形成延性微孔,随后延性微孔不断长大并聚集成较大尺寸的裂纹,最终导致贝氏体轨道钢断裂失效,如图 6-14a 所示。Fe-0.33C-1.52Mn-1.25Si-0.53Cr-0.17Mo wt% 无碳化物贝氏体失效商用钢轨钢的宏观照片如图 6-15 所示,在循环载荷的持续作用下,在疲劳裂纹附近形成了白蚀层区域,如图 6-14b 所示,该白蚀层区域的硬度(214 HV)远低于原始基体的硬度(409 HV)。微观分析表明,该商用无碳化物贝氏体钢轨钢基体中的富碳区域主要是富碳残余奥氏体相,如图 6-14(c-ii)和(d-ii)所示;但白蚀层区域呈现明显的贫碳特征如图 6-14(e-ii)和(f-ii)所示,并且基体中平均碳含量达到了白蚀层平均碳含量的 1.7 倍。靠近裂纹边缘的白蚀层区域内,典型的贝氏体组织形貌消失,贝氏体铁素体与残余奥氏体在循环载荷作用下细化,其选区电子衍射图像呈现典型的衍射环;远离裂纹边缘的白蚀层区域中存在孪晶、孔洞、微裂纹等,但其选区电子衍射花样与靠近裂纹边缘的白蚀层区域的衍射花样相同。结果证明了白蚀层区域存在残余奥氏体,即在应变作用下残余奥氏体并未转变成高碳马氏体,而白蚀层区域碳含量明显降低是造成该区域硬度明显降低的主要因素。白蚀层中碳含量降低的主要原因可能在于裂纹区域可以与外界空气接触,在裂纹表层相互摩擦过程中,裂纹表层温度升高,造成靠近裂纹区域氧化,生成 CO,进而形成贫碳的白蚀层区。

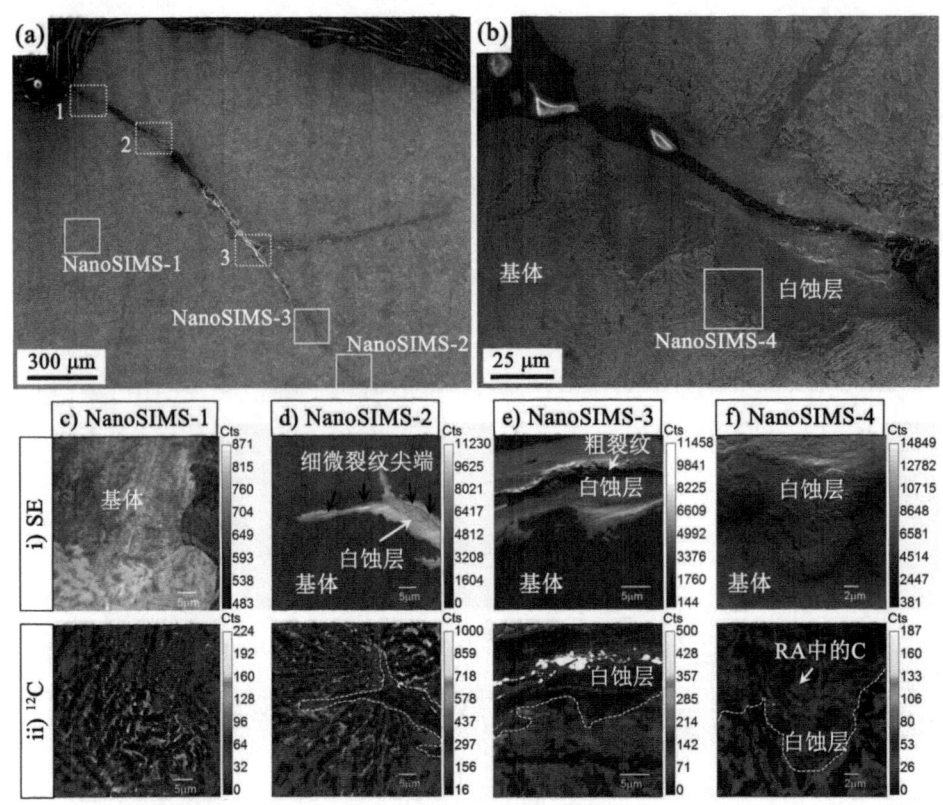

图 6-14 商用无碳化物贝氏体钢轨二次电子扫描照片及纳米二次粒子质谱仪元素分布图:(a)裂纹总体形貌;(b)为(a)中 1 区域裂纹及白蚀层;(c~f)分别为(a)、(b)中对应的 NanoSIMS-1、NanoSIMS-2、NanoSIMS-3、NanoSIMS-4 位置处的扫描照片及 C 元素分布图

在滚动接触疲劳过程中,残余奥氏体向马氏体转变,使得贝氏体轨道钢表层硬度明显提升;但在疲劳裂纹形成过程中,裂纹区域变形、氧化、脱碳,使得局部区域脱碳,形成软化的白蚀层区域。残余奥氏体对贝氏体轨道钢的循环软化起到抑制作用,并且残余奥氏体的 TRIP 效应能够与位错增值、位错滑移等机制协同实现贝氏体轨道钢的循环硬化。

图 6-16 对比了分别经 340 ℃和 380 ℃等温处理后 22Mn2Si1CrMoNi 贝氏体钢轨钢的滚动接触疲劳性能。两个温度等温处理后钢轨残余奥氏体含量相同(分别为 8.4% 和 8.7%),然而 380 ℃等温钢轨组织中块状残余奥氏体含量较

高,其服役过载量显著低于340 ℃等温处理的钢轨。对钢轨截面观察发现,在钢轨表面形成的裂纹以20°的角度向下扩展,对于380 ℃等温处理的钢轨,其疲劳裂纹很快改变扩展方向,并向表面扩展,最后形成较深的剥落。而340 ℃等温处理的钢轨,疲劳裂纹最后以更大角度向下扩展,且其薄膜状残余奥氏体有效钝化了裂纹,延长疲劳寿命。

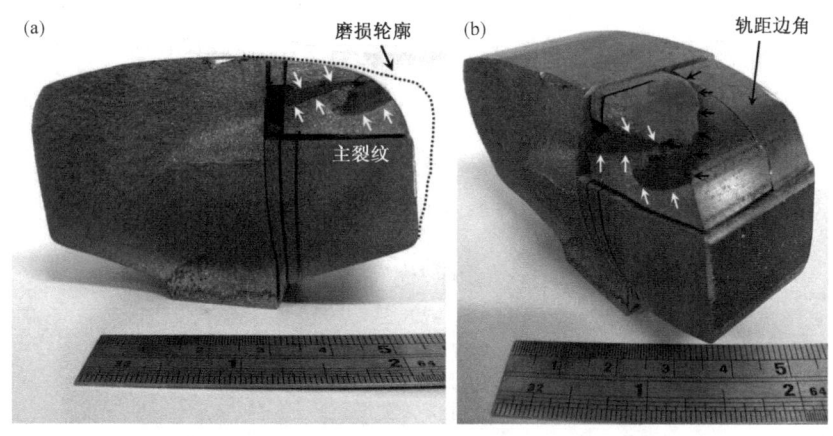

图6-15 商用无碳化物贝氏体失效钢轨宏观照片:(a)图中黑色虚线所示为原始轮廓形状,白色箭头为主裂纹的亚表层边缘;(b)取样部位,其中黑色箭头指滚动接触疲劳裂纹破坏的表面位置,白色箭头指表面下方裂纹的边缘位置

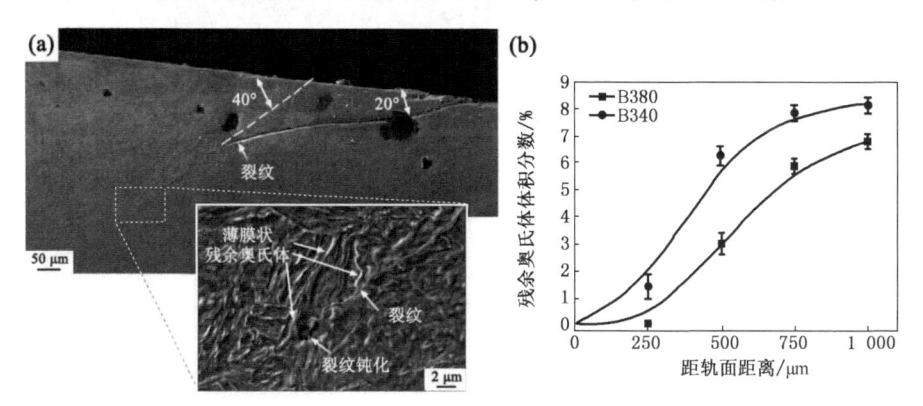

图6-16 经340℃等温处理的贝氏体钢轨疲劳裂纹扩展路径(a)及残余奥氏体转变情况(b),钢轨钢的成分为 Fe-0.22C-2.0Mn-1.0Si-0.8Cr-0.8(Mo+Ni) wt%

中国中铁与燕山大学、中铁山桥集团、中铁宝桥集团等几家单位联合研制的1 300 MPa 和 1 500 MPa 级别的 60 kg/m 新型含铝低温贝氏体钢辙叉,已于

2012年开始在陕西宝鸡站、辽宁辽阳站、洛阳首阳山站上道使用,如图6-17所示。该贝氏体钢辙叉的显微组织为无碳化物贝氏体铁素体和薄膜状残余奥氏体复相组织,通过综合调控残余奥氏体的体积分数、形态、尺寸和分布等微观结构,使得贝氏体辙叉钢的力学性能指标达到:屈服强度1 200～1 450 MPa、抗拉强度1 400～1 550 MPa、延伸率14%～16%、断面收缩率65%～70%、室温冲击韧性83～152 J、硬度46～48 HRC,其综合性能可等同于价格比其高10倍的马氏体时效钢辙叉。实际正线铁路使用表明,1 300 MPa强度级别贝氏体钢辙叉平均过载量达到3.2亿吨、1 500 MPa强度级别贝氏体钢辙叉过载量达到3.6亿吨。

图6-17 实际线路上使用的1 300 MPa级贝氏体辙叉
(由燕山大学发明的30MnSiCrMoNiAl低温贝氏体钢制造)

6.3 耐磨衬板

贝氏体钢不仅具有优异的强度和冲击韧性,而且耐磨性能也明显优于高锰钢、马氏体钢等几种材料,所以适合用作耐磨衬板。一种商业Mn-Si-Cr系中碳空冷贝氏体耐磨衬板的显微组织由下贝氏体、马氏体和高碳残余奥氏体薄膜组成,如图6-18所示,其强度可达2 000～2 200 MPa,硬度550～650 HB,韧度10～30 J。

无碳化物贝氏体受到马氏体强烈挤压从而产生加工硬化,同时贝氏体含量增加会使马氏体板条束变细,产生细晶强化从而提高了衬板的强度。首先残余奥氏体的存在对改善衬板材料的韧性具有非常大的作用。一方面,贝氏体耐磨衬板中的微裂纹遇到残余奥氏体时将形成分枝,使扩展所需消耗的能量增大;另一方面残余奥氏体有利于降低应力集中,从而钝化裂纹扩展。其次,稳定性高的薄膜状残余奥氏体对贝氏体耐磨衬板韧性的提高也非常有益。残余奥氏体中碳含量的不同造成了残余奥氏体的 M_s 不同,碳含量越高其 M_s 越低,这就使残余奥氏体更加稳定。贝氏体耐磨衬板服役过程中,在冲击载荷的作用下不稳定的残余奥氏体更容易转变成马氏体;同时,不稳定的残余奥氏体在磨损应力作用下易于发生组织超细化反应,磨面最表层组织转变成纳米晶组织结构,如图 6-19 所示。这些都进一步提高其磨面硬度,提高贝氏体钢的耐磨性能。因此,商业贝氏体耐磨钢板在实际输煤和矿石磨损条件下,磨损表面往往都比较平整,较少有犁削痕迹,如图 6-20 所示。

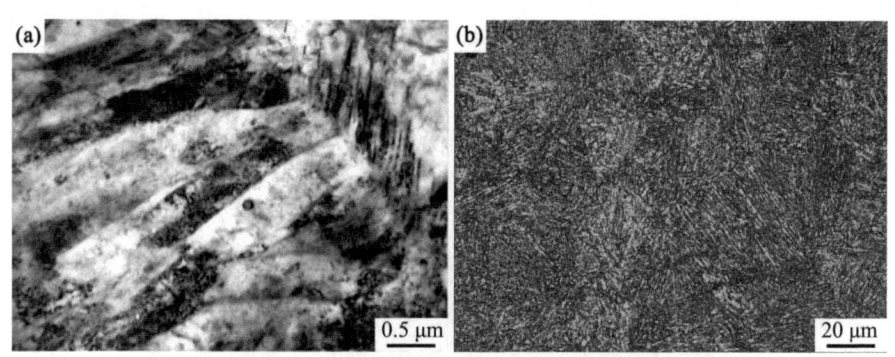

图 6-18　Mn-Si-Cr 系中碳贝氏体耐磨衬板的超细贝氏体显微组织图:TEM(a)和金相(b)

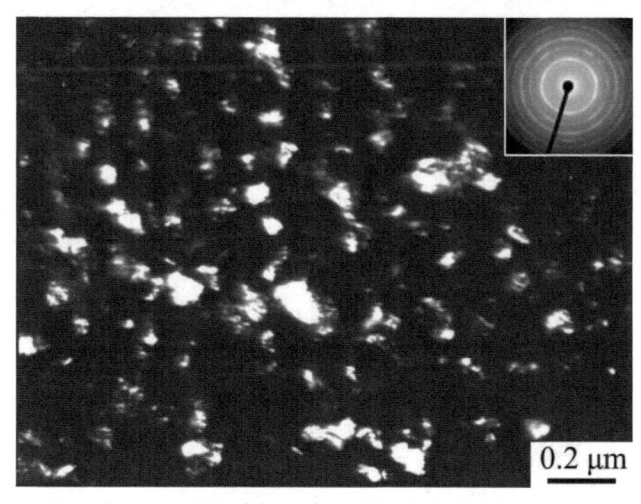

图 6-19　贝氏体耐磨衬板磨损表面纳米晶 TEM 组织图

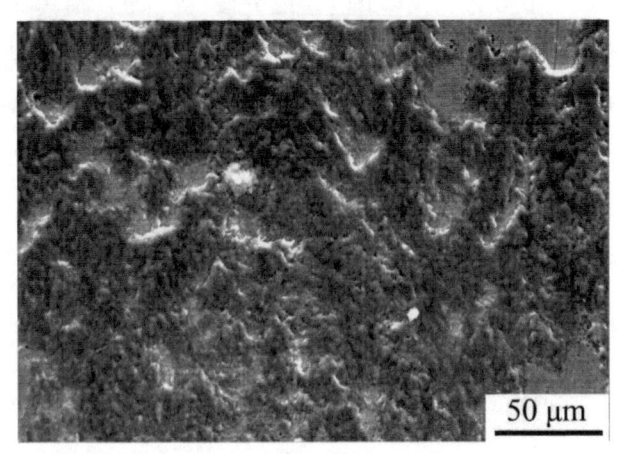

图 6-20 商业贝氏体耐磨钢板磨损表面 SEM 图

商业中碳低合金控冷无碳化物贝氏体耐磨钢板,如图 6-21 所示,其使用性能达到甚至超过国际上最知名的瑞典 HARDOX 和德国 XAR 耐磨钢板的水平。这些贝氏体耐磨衬板已经广泛应用于全国各大港口以及电力和冶金等行业,并且已出口到世界多个国家和地区。

图 6-21 贝氏体耐磨衬板
(由燕山大学发明的 45MnSiCrMoNiAl 控冷贝氏体钢制造)

6.4 齿轮

纳米贝氏体钢优异的性能主要来自于其超细的组织结构:较高含量的 Si 可以抑制碳化物析出,纳米贝氏体中富碳的残余奥氏体薄膜有助于阻止裂纹的萌生和扩展,表面层和亚表层还产生了很高的残余压应力,再加上纳米贝氏体本身超细的铁素体和残余奥氏体相间结构,这些因素使得渗碳纳米贝氏体齿轮钢可以获得较高的滚动接触疲劳寿命和耐磨性。

渗碳 19Mn2CrMoAl 纳米贝氏体齿轮钢经 230 ℃ 盐浴等温 48 h,表面得到纳米贝氏体组织,组织由厚度小于 100 nm 的贝氏体铁素体和分布于其间的薄膜状残余奥氏体组成。而传统的渗碳 20CrMnTi 马氏体齿轮钢经淬火、回火后的表层为回火马氏体组织,马氏体板条厚度达到 400 nm。利用 X 射线衍射分析计算出的两种钢表面的残余奥氏体含量分别为 31.0% 和 6.5%,传统渗碳淬火 20CrMnTi 齿轮钢的残余奥氏体含量远远低于纳米贝氏体齿轮钢表层的残余奥氏体含量。纳米贝氏体齿轮钢渗碳表面硬度为 625 HV,心部硬度为 460 HV;20CrMnTi 齿轮钢渗碳表层硬度达到 725 HV,硬度较高的原因主要是生成了高碳的马氏体,而且残余奥氏体含量比较少,心部硬度为 480 HV,与纳米贝氏体钢心部硬度相当。

在 50 N、200 N、300 N 三种载荷下,渗碳 19Mn2CrMoAl 纳米贝氏体齿轮钢和渗碳 20CrMnTi 马氏体齿轮钢的磨损试验表明,在磨损的前期阶段纳米贝氏体齿轮钢的磨损量要大于马氏体齿轮钢的磨损量,特别是在 200 N 和 300 N 试验条件下,这种现象更明显。当运行一段时间后,纳米贝氏体齿轮钢的磨损速度逐渐变小,其磨损量也逐渐低于马氏体齿轮钢的磨损量。纳米贝氏体的磨损速度低于马氏体的这段时间为"磨合期",磨合期过后的阶段为"稳定期"。三种载荷下,纳米贝氏体齿轮钢和马氏体齿轮钢在"磨合期"和"稳定期"的磨损速度见表 6-3,纳米贝氏体齿轮钢经过磨合期以后磨损速度大幅降低,在 300 N 载荷下,纳米贝氏体齿轮钢在磨合期内磨损速度达到 3.2×10^{-3} g·min^{-1},而到稳定期以后,其磨损速度只有 1.3×10^{-3} g·min^{-1}。然而,马氏体齿轮钢的磨损速度虽然也有降低,但降低幅度却小很多,这也最终导致了马氏体齿轮钢的磨损量超过纳米贝氏体齿轮钢。

两种齿轮钢经不同载荷磨损后表层及亚表层的硬度均有较大提高,硬度提高的幅度随加载载荷的升高而增大。硬化层厚度也随着载荷的升高而增加,在 50 N 载荷下,纳米贝氏体齿轮钢的硬化厚度约为 100 μm,马氏体齿轮钢的硬化厚度约为 90 μm,当载荷提高到 300 N 时,纳米贝氏体齿轮钢的硬化厚度接近 200 μm,马氏体齿轮钢的硬化厚度约为 150 μm。而在同样载荷下,纳米贝氏体齿轮钢硬度提高的幅度也要高于马氏体齿轮钢,例如在 300 N 载荷下,纳米贝氏体齿轮钢磨损面的硬度从 625 HV 提高到 770 HV,而马氏体齿轮钢磨损面的硬度仅从 720 HV 提高到 795 HV。磨损面硬度的大幅提高有助于进一步提高其耐磨性能,特别是抗磨粒磨损性能。贝氏体钢磨面硬度大幅度的提高是影响齿轮钢耐磨性的重要因素。

表6-3 两种齿轮钢在磨合期和稳定期内的磨损速度($\times 10^{-3}$ g/min)

齿轮钢	50 N 磨合期	50 N 稳定期	200 N 磨合期	200 N 稳定期	300 N 磨合期	300 N 稳定期
19Mn2CrMoAl 纳米贝氏体	1.0	0.8	2.4	1.2	3.2	1.3
20CrMnTi 马氏体	0.9	0.9	2.1	1.7	2.6	1.9

注:19Mn2CrMoAl 的化学成分为 Fe-0.19C-0.57Si-1.77Mn-1.37Cr-0.33Mo-0.42Ni-1.35Al wt%。

纳米贝氏体齿轮钢经过磨损后,原始组织中的贝氏体铁素体板条和残余奥氏体薄膜明显细化,板条状组织演变为细颗粒状组织。马氏体齿轮钢的原始组织为片状马氏体,经磨损后磨面组织也得到了细化,但其细化程度远远低于纳米贝氏体钢。摩擦磨损造成的组织细化是磨面硬度升高的原因之一。从 X 射线衍射谱分析可知,两种齿轮钢经磨损后,磨面组织中原有的残余奥氏体相完全消失,这就意味着残余奥氏体在磨损过程中转变成了马氏体组织。因为马氏体相硬度远高于残余奥氏体相,残余奥氏体向马氏体的转变是磨面硬度升高的又一个原因。纳米贝氏体齿轮钢原始表面含有 31.4% 的残余奥氏体,马氏体齿轮钢原始表面含有 6.5% 的残余奥氏体,而且纳米贝氏体齿轮钢经磨损后磨面的细化程度要高于马氏体齿轮钢,因此纳米贝氏体齿轮钢经磨损后硬度升高的幅度更大。纳米贝氏体齿轮钢经过高载荷的磨损后,磨损面没有观察到剧烈的剥落。由于磨损面组织的严重细化以及组织中大量残余奥氏体向马氏体的转变,部分摩擦能量被吸收,从而促进亚表层应变累积和裂纹萌生的能量就大大减少。另外,纳米贝氏体超细的组织结构及组织中较软的残余奥氏体薄膜能够有效阻止裂纹的萌生和扩展。这就是纳米贝氏体齿轮钢磨损层没有发生严重分层剥落的原因,也是纳米贝氏体齿轮钢在高载荷下磨损量最终低于马氏体齿轮钢的重要原因。

渗碳 19Mn2CrMoAl 纳米贝氏体齿轮钢和传统渗碳 20CrMnTi 马氏体齿轮钢在 40 kN 和 60 kN 载荷下的滚动接触疲劳寿命数据表明,在同样载荷下,马氏体齿轮钢的滚动接触疲劳寿命要明显低于纳米贝氏体齿轮钢。在 40 kN 载荷下,马氏体齿轮钢滚动接触疲劳寿命最低值为 1.1×10^7 转,最高值为 2.4×10^7 转,寿命平均值为 1.7×10^7 转;纳米贝氏体钢在 40 kN 载荷下的滚动接触疲劳寿命最低值为 3.1×10^7 转,最高值达到了 4.6×10^7 转,寿命平均值为 3.8×10^7 转;纳米贝氏体齿轮钢在 40 kN 载荷下的滚动接触疲劳寿命达到甚至超过马氏体齿轮钢的两倍。纳米贝氏体超细的组织结构以及均匀分布的残余奥氏体薄膜是其具有优异的滚动接触疲劳性能的重要因素。

另外,对于碳氮共渗齿轮渗层中残余奥氏体的作用问题,通过弯曲疲劳和接触疲劳研究结果可以看出,由于装配误差和本身机身刚性的影响,齿轮整个齿面啮合的可能性很小,因而容易造成局部应力集中的情况,残余奥氏体发生塑性变形或产生塑性流动,使得齿面的接触状态得到改善。由于齿面接触状态得到改善,齿面接触宽度的变大,单位接触面所受的应力就减小;与此同时,塑性变形新产生的加工硬化,也会使齿面的硬度提高,残余奥氏体起到积极的作用。当残余奥氏体含量低于10%,会使得齿面硬度过高,从缓和载荷应力角度出发,有适当的残余奥氏体存在是有好处的,残余奥氏体含量太低从缓和载荷应力、提高抗疲劳强度的能力角度是没有好处的。

6.5 汽车钢板

屈服强度 550~700 MPa 级,并具有良好成型性的低碳贝氏体型 TRIP 热轧钢板目前已在冶金企业批量生产,其组织由贝氏体铁素体、残余奥氏体和铁素体组成。当钢板变形时,其中的残余奥氏体通过变形的应变能诱导转变成高硬度的马氏体,从而提高应变硬化和均匀变形能力,达到提高强度和延展性的目的。这种钢板目前已成功应用于那些既要求高的强度,又必须拉-延成型的汽车部件的生产中,如车门门框、边柱、汽车内外板等。

高强度贝氏体汽车钢板中的残余奥氏体对其变形过程及使用性能有着重要的影响,比如:Fe-0.256C-1.2Si-1.48Mn-1.51Ni-0.053Nb wt% 贝氏体汽车钢板在变形过程中,组织中的残余奥氏体具有吸收贝氏体铁素体板条中位错的效应,其实验数据见图 6-22。贝氏体铁素体板条及残余奥氏体在变形初期均有位错增殖,但贝氏体铁素体板条中的位错向其周围相邻的残余奥氏体中滑移,并被残余奥氏体吸收,导致贝氏体铁素体板条中位错密度降低;当贝氏体铁素体板条中位错增殖速度大于其位错向残余奥氏体中的扩散速度时,贝氏体铁素体板条中的位错密度逐渐增加。残余奥氏体的吸收位错效应,使得贝氏体铁素体中的位错密度在整个变形过程中均低于其变形前的位错密度,即贝氏体呈现软化或者非应变硬化阶段,进而提升了较硬的铁素体相与较软的奥氏体相的协同变形能力。当由于位错密度增加而引起局部应力集中并达到残余奥氏体向马氏体转变的临界应力时,随着应变的继续增加,残余奥氏体转变为马氏体,有效缓解应力集中程度,避免微裂纹的形成并推迟颈缩的发生,进一步提升贝氏体汽车钢板的均匀变形能力。在后续更大的应变条件下,裂纹形成并发生扩展,此时残余奥氏体可以阻碍裂纹的扩展,避免贝氏体汽车钢板迅速断裂。值得注意的是,吸收位错效应发生的前提是有足够的残余奥氏体数量,并且仅在残余奥氏体与贝氏体铁素体的共格及半共格界面发生。

钢的延伸凸缘性能是衡量汽车钢板使用性能的重要指标之一,是表征汽车钢板承受极限变形时,作为延展性破坏源的微小空隙形核及扩展的难易程度,通常以抗拉强度与扩孔率的乘积来表示。图 6-23 给出了 Fe-0.2C-1.5Si-1.5Mn wt% 高强度 TRIP 型贝氏体汽车钢板延伸凸缘性能与残余奥氏体体积分数以及残余奥氏体中碳含量的关系曲线,图中 TS 代表抗拉强度,λ 为扩孔率。随着贝氏体等温温度的提高,高强度 TRIP 型贝氏体钢中残余奥氏体含量逐渐增加,但残余奥氏体中的碳含量呈现逐渐减少的趋势;贝氏体汽车钢板的延伸凸缘性能随着残余奥氏体含量的增加逐渐降低,但随着残余奥氏体中碳含量的增加而提高。前已述及,残余奥氏体的稳定性与残余奥氏体中碳含量成正比,因此,具有较高碳含量的残余奥氏体保证了贝氏体汽车钢板在冲孔过程中持续发生 TRIP 效应,钝化裂纹尖端,减缓了裂纹的形核与扩展过程。

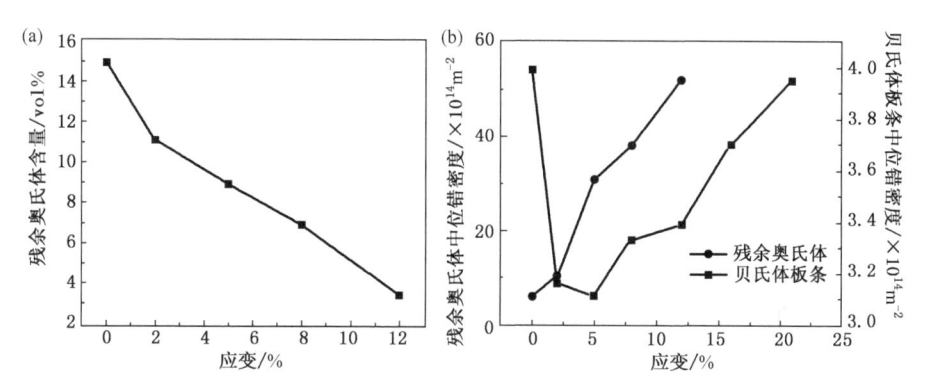

图 6-22 Fe-0.256C-1.2Si-1.48Mn-1.51Ni-0.053Nb wt%贝氏体汽车钢板在不同应变量阶段残余奥氏体含量变化(a)及贝氏体与残余奥氏体中位错密度变化(b)

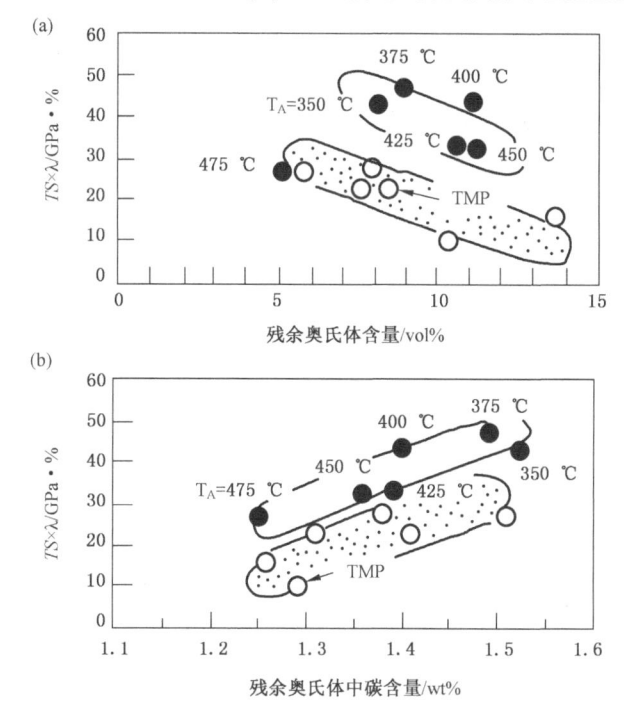

图 6-23 Fe-0.2C-1.5Si-1.5Mn wt%高强度 TRIP 型贝氏体汽车钢板延伸凸缘性能与(a)残余奥氏体体积分数及(b)残余奥氏体中碳含量的关系

6.6 铁路车轮

目前,铁道机车车辆车轮运用中最突出的问题是踏面剥离,产生剥离的主要原因是大部分车轮在制造时采用了含 C 量为 0.45%～0.8% 的中高碳钢,这类钢的热敏感性较高,在实际应用中易发生热损伤剥离等问题。近年来,由片条状贝氏体铁素体和残余奥氏体薄膜复相组织构成的无碳化物贝氏体钢由于优异的综合力学性能而成为制造铁路车轮的理想材料,其含 C 量大幅降低,具有高强度和合理的硬度分布,韧性指标大幅提高,具有良好的断裂韧性,具有高的热裂抗力、疲劳门槛值及裂纹扩展抗力,可以解决目前铁路车轮出现的剥离掉块等损伤问题,无碳化物贝氏体铁路车轮各部位力学性能见表 6-4。

表 6-4 无碳化物贝氏体铁路车轮不同部位力学性能

部位	屈服强度 /MPa	抗拉强度 /MPa	延伸率/%	断面收缩率 /%	断面硬度 /HB	K_{IC} /(MPa·m$^{1/2}$)
轮辋	860	1090	14.5	50	298～366	127
辐板	585	1020	13.0	36.5	274～298	—
轮毂	590	990	12.0	22.5	286～307	—

铁路车轮在重载、高速、复杂恶劣的运行工况下工作,承受着制动热、滚动摩擦、滑动摩擦、钢轨接头冲击、环境腐蚀等各种机械、热、化学损伤,从而出现了轮缘(法兰)磨耗、踏面磨耗、踏面或法兰塑性变形、剥离掉块和产生凹陷等各种缺陷,因此铁路车轮应该具有优异的耐摩擦磨损性能才能保证其服役寿命。摩擦磨损是一种极为复杂的损伤形式,受磨损过程中的应力、相对运动速度、环境因素以及接触条件等因素的影响。无碳化物贝氏体车轮钢的强度、塑性、硬度、断裂韧性以及在特定温度及应力下的稳定性共同决定了其耐磨性的高低。磨损过程中,贝氏体铁素体与残余奥氏体协同变化,共同提升贝氏体钢的耐磨性,其中贝氏体铁素体沿着磨损方向重新排列,增加了硬贝氏体铁素体的接触面积,减缓磨损;残余奥氏体在应变作用下生成马氏体,进一步增加了磨损表层的硬度,并且残余奥氏体能够钝化裂纹尖端,阻碍了裂纹扩展,避免在接触表面形成大块剥落。

两种无碳化物贝氏体铁路车轮钢,成分分别为 Fe-0.32C-1.64Si-0.85Mn-0.20Cr-1.17Ni wt%(简称0.3C)和 Fe-0.39C-1.60Si-0.61Mn-0.72Cr-0.33Mo-1.66Ni wt%(简称0.4C),经相同条件磨粒磨损测试后,亚表层组织中贝氏体铁素体及残余奥氏体均发生变形并沿着磨损方向排列,随着距表面深度的增加,组织变形程度逐渐降低。0.3C 贝氏体钢的硬度为 421 HV,低于 0.4C 贝氏体钢硬度(461 HV)。在相同的应力水平下,硬度越低,材料的变形程度越大,因此 0.3C 贝氏体钢磨损纵截面的变形层深度大于 0.4C 贝氏体钢磨损纵截面的变形层深度。图 6-24 为组织中残余奥氏体含量随距磨损表层深度的变化曲线。两种无碳化物贝氏体钢中残余奥氏体含量均随着距表层深度的增加而增加,表明磨损过程中残余奥氏体向马氏体转变,并且 0.3C 贝氏体钢磨损表层几乎无残余奥氏体,而 0.4C 贝氏体钢磨损表层残余奥氏体也仅为 1.4 vol%。对比变形层深度以及图 6-24 中残余奥氏体含量的变化可知,0.4C 贝氏体钢磨损纵截面变形层的厚度为 14.5 μm,但残余奥氏体在距表层 35 μm 处仍有减少,由此可以推测残余奥氏体向马氏体的转变($\gamma \rightarrow \alpha'$)是应力诱发相变,而非应变作用。0.3C 贝氏体钢表层硬度从初始的 427 HV 增加到 505 HV,增加幅度为 18.3%;而 0.4C 贝氏体钢表层硬度则从 477 HV 增加到 547 HV,增加幅度为 14.7%,与二者表层残余奥氏体的减少幅度不相符。

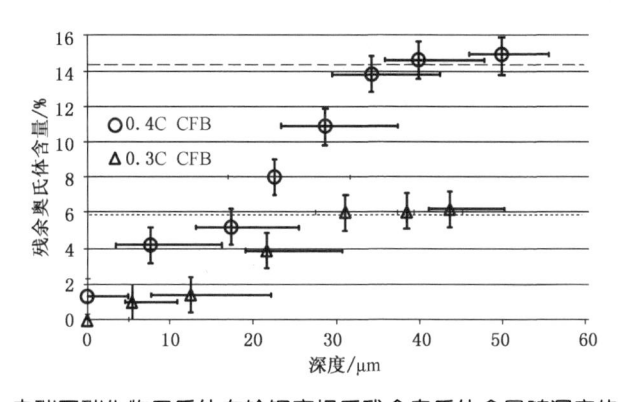

图 6-24 中碳无碳化物贝氏体车轮钢磨损后残余奥氏体含量随深度的变化曲线

一种低碳 Mn-Si-Cr 合金系无碳化物贝氏体车轮钢(成分范围:0.1~0.4 C,1.2~2.2 Mn,1.0~2.0 Si,0.5~1.0 Cr wt%),采用了加入适量的 Si 等合金元素优化合金成分设计与降低相变温度改进热处理工艺等手段,不仅增加了贝氏体铁素体的体积分数,而且提高了残余奥氏体的含碳量及其稳定性,消除块状残余奥氏体与脆性马氏体,使贝氏体车轮钢的强度和韧性得到明显改善。低碳 Mn-Si-Cr 合金系贝氏体车轮钢中残余奥氏体含量约 12%,碳化物含量很低。从铁素体中析出的碳富集在残余奥氏体中,而基本没有形成碳化物,这既能有效地消除铁素体中存在的内应力,也会显著提高残余奥氏体的稳定性,使之在回火处理后直至室温的降温过程中都十分稳定,由残余奥氏体相变诱发的塑性效应可进一步增加钢的韧性。低碳 Mn-Si-Cr 合金系无碳化物贝氏体车轮钢的强度比普通 CL60 车轮钢提高 13%,冲击韧性比普通 CL60 车轮钢提高 2~3 倍,具有更好的抗热疲劳和机械疲劳性能,能显著提高车轮的抗剥离性能,具有更高的运用安全性。

6.7 其他方面

目前,贝氏体钢除了在轴承、钢板、齿轮、辙叉、钢轨等领域广泛应用外,在精轧螺纹钢筋、重型钎杆、弹簧、管材、工程机械等诸多领域都有一定程度的应用。

预应力混凝土用精轧螺纹钢筋具有连接、锚固简便,张拉锚固安全可靠,施工方便等优点,被广泛地应用到公路、铁路大中跨桥梁,大型水利设施、建筑的连续梁,核电站的地锚等工程。目前,超高强度精轧螺纹钢筋(PSB830、PSB930、PSB1080)多为回火马氏体组织,主要是采用 45Si2Cr 与 40Si2Mn 等钢种,经穿水(一次或多次)+ 中、高温回火处理。该处理工艺存在工艺复杂,需要多次穿水处理,而且大规格钢筋存在淬不透现象;碳含量过高,氢脆敏感性提高;屈强比高(约 0.9),安全系数低等一系列缺点。利用 V 微合金化的 Mn-Si-Cr 系贝氏体精轧螺纹钢筋,通过轧后空冷 + 低温回火,得到无碳化物贝氏体、马氏体和残余奥氏体复相组织,其中残余奥氏体含量约 10%,其强度级别可满足超高强度精轧螺纹钢筋的性能要求,其实物见图 6-25。以直径 25 mm 规格的 PSB1080 钢筋为例,其屈服强度高于 1 150 MPa,抗拉强度高于 1 360 MPa,屈强比在 0.75~0.85 之间,断后延伸率高于 14%,综合力学性能明显优于 GB/T 20065—2006 的要求。

钎钢是生产钎具的基本材料,钎具是凿岩爆破的重要工具。在使用中,钎杆要承受 1 000~8 000 次/min、30~50 J 的冲击,通常会因抗疲劳和抗冲击性能较差而断裂失效。伴随凿岩设备机械化程度的提高,对配套的重型钎杆性能的要求越来越高,如果过早失效将会增加凿岩成本且影响凿岩效率。目前,国内外重型钎杆用钢主要包括 Cr-Ni-Mo 系和 Cr-Ni-Mo-V 系(例如 18CrNi4Mo),这两种成分系列钢中均有较高的 Ni 含量(通常是 2.0 wt%~4.0 wt%),导致合金成本过高。由 Mn-Si-Cr 系无碳化物贝氏体钢制造的重型钎杆,其组织由无碳化物贝氏体铁素体、马氏体和残余奥氏体组成,组织中的贝氏体和马氏体保证了钎杆的强度,残余奥氏体保证了钎杆的韧性。该贝氏体钎杆的抗拉强度可达 1 300 MPa 以上,夏比 V 形缺口试样冲击韧性可以达到 80~140 J,不仅具有比 18CrNi4Mo 钢更加优异的强韧性匹配,而且合金成本节约 50% 左右。

图 6-25 贝氏体精轧螺纹钢筋

在残余奥氏体的积极作用下,贝氏体钢发挥出优异的综合性能,使其在工业各领域得到越来越广泛的应用,比如:新型贝氏体弹簧钢 60Si2CrV 钢在铁路车辆弹簧中的应用,对于延长其疲劳寿命、提高弹簧的静挠度、确保运输的高效和安全具有重要的作用;低合金耐热结构钢 12CrMoV,具有高的热强度且无热脆性,常用于制造蒸汽温度为 450℃ 的汽轮机零件,锅炉、石油炼厂的炉管、热交换器管和管道用无缝管,如隔板、耐热螺栓、法兰盘以及各种蛇形管和相应的锻件等。目前,12CrMoV 钢的上贝氏体和下贝氏体组织在这些领域中都得到了一定程度的应用。热作模具钢 S7 钢的下贝氏体组织近年来在要求较高韧性的工具比如冲头、凿子、热镦模中都已经开始应用,含一定数量稳定残余奥氏体的贝氏体组织,使得 S7 钢不仅具有一定的硬度和强度,而且还有良好的韧性,细小的下贝氏体组织更进一步提高了该钢的强韧性并增加了其耐磨性。此外,新型超细组织低碳贝氏体钢已大量用于工程机械、煤矿机械用液压支架、舟桥及载重汽车等领域。贝氏体钢更优异的强度、塑性、韧性、抗延迟断裂、抗磨损、抗疲劳等性能,主要归因于细小的贝氏体铁素体组织以及残余奥氏体薄膜替代碳化物,在变形过程中发挥 TRIP 效应并阻碍裂纹扩展。贝氏体钢在工业领域中的应用范围不断扩大,它必将成为 21 世纪高强度钢材料领域中最热门的研究方向之一。

6.8 贝氏体钢应用中存在的问题

从前面几章中可以看出,残余奥氏体对贝氏体钢的常规性能、耐磨性能、疲劳性能及相关使用性能等都具有显著的影响。在贝氏体钢的应用过程中,还存在一些与残余奥氏体有关的问题需要进一步解决。

第一,残余奥氏体在室温下是亚稳相,在外加应力的作用下,稳定性低的部分会转变为高碳马氏体相,从而引起体积膨胀。尺寸稳定性对高尺寸精度的零部件而言至关重要,如高精密车床轴承等。对于已经在轴承上应用的纳米贝氏体钢,由于在贝氏体相变过程中没有碳化物的析出,一方面使得残余奥氏体更加富碳,从而具有高的化学与机械稳定性;另一方面也使得贝氏体铁素体内固溶更多的碳,提高了自身的强度,从而能够对残余奥氏体起到更好的保护作用。另外,纳米贝氏体钢中残余奥氏体尺寸更为细小,提高了诱发马氏体相变所需的驱动力。这些因素都使得纳米贝氏体钢中的残余奥氏体具有更高的稳定性。但是,仍然会有部分块状残余奥氏体在使用过程中发生转变,对尺寸稳定性有一定的影响。这些稳定性相对较低的残余奥氏体的转变,对材料的性能也会有一定积极的影响,如耐磨性、强度等。不同形态、不同碳含量的残余奥氏体,在不同的应力下诱发转变为马氏体所引起的膨胀量也存在差异。如何在有效发挥残余奥氏体积极作用的前提下,保证贝氏体钢零部件的尺寸稳定性,是在贝氏体钢研究中需要思考的问题。

第二,对于一些贝氏体钢零部件,需要较低的残余奥氏体含量来保证材料的强度或高的尺寸稳定性。由于贝氏体相变后期相变速度缓慢,因此在不引入马氏体的前提下,减少这些残余奥氏体的含量需要长时间的等温过程,这不利于零部件的生产效率。前期的研究中,针对纳米贝氏体轴承钢开发了依据贝氏体铁素体尺寸调控的双阶段等温工艺,大幅度缩短了热处理的周期(见第1章),同时还提升了轴承钢的韧性。因此,有必要依据具体使用条件,有针对性地开发加速贝氏体相变的热处理技术。

第三,虽然贝氏体钢的应用至今已有几十年的历史,针对贝氏体中残余奥氏体对各种性能的影响也有了较为深入的认识,但是贝氏体钢零部件在使用过程中,残余奥氏体的转变历程、其诱发转变对后期使用性能的影响规律及作用机制等方面的研究还较少。尤其是近年来,高端表征设备的快速发展,为阐明贝氏体钢中残余奥氏体的转变/不转变对使用性能的影响机制提供了基础,也为再认识残余奥氏体对贝氏体钢使用性能的机理提供了机会。不同使用工况条件下贝氏体钢中残余奥氏体的合理选择与设计,需要积累更多的数据,建立更为完善的数据库,为优化选择提供数据支持。

第四,在贝氏体钢制零部件的制造过程中,微观结构中各相含量的准确定量表征,尤其是残余奥氏体的定量表征,对零部件使用性能的评估至关重要。残余奥氏体含量难以准确定量一直是贝氏体钢应用中的一个问题,不同方法测出结果偏差较大,严重影响了零件的质量评估。2019年,洛阳轴承研究所有限公司联合国内多家轴承制造骨干企业以及检测单位,制定了高碳铬轴承零件中残余奥氏体的检测标准,其中规定了以X射线衍射法和磁测法测量残余奥氏体含量的相关要求及适用条件,从而为轴承制造企业提供了定量标准。

参考文献

[1] Yang Z N, Ji Y L, Zhang F C, et al. Microstructural evolution and performance change of a carburized nanostructured bainitic bearing steel during rolling contact fatigue process[J]. Materials Science and Engineering A, 2018, 725:98-107.

[2] 纪云龙. G23Cr2Ni2Si1Mo 纳米贝氏体轴承钢的滚动接触疲劳及磨损行为研

究[D]. 秦皇岛:燕山大学, 2018.

[3] Bhadeshia H K D H. Steels for bearings[J]. Progress in Materials Science, 2012, 57(2):268-435.

[4] 张福成, 杨志南, 雷建中, 等. 贝氏体钢在轴承中的应用进展[J]. 轴承, 2017(1):54-64.

[5] 王艳辉. 大功率风电轴承用纳米贝氏体钢化学成分设计与组织性能调控[D]. 秦皇岛:燕山大学, 2017.

[6] Wang Y H, Zhang F C, Yang Z N, et al. Rolling contact fatigue performances of carburized and high-C nanostructured bainitic steels[J]. Materials, 2016, 9(12):960.

[7] Zhang F C, Wang Y H, Yang Z N, et al. Research and application progress of nanostructured bainitic steel in bearings[J]. Material Science and Engineering International Journal, 2017, 1(2):46-50.

[8] Wang Y H, Yang Z N, Zhang F C, et al. Microstructures and mechanical properties of surface and center of carburizing 23Cr2Ni2Si1Mo steel subjected to low-temperature austempering[J]. Materials Science and Engineering A, 2016, 670:166-177.

[9] Gui X L, Wang K K, Gao G H, et al. Rolling contact fatigue of bainitic rail steels:the significance of microstructure[J]. Materials Science and Engineering A, 2016, 657:82-85.

[10] 张福成, 杨志南, 康杰. 铁路辙叉用贝氏体钢研究进展[J]. 燕山大学学报, 2013, 37(1):1-7.

[11] Gao G, Zhang H, Tan Z, et al. A carbide-free bainite/martensite/austenite triplex steel with enhanced mechanical properties treated by a novel quenching-partitioning-tempering process[J]. Materials Science and Engineering A, 2013, 559(1):165-169.

[12] Gao G, Zhang H, Gui X, et al. Enhanced ductility and toughness in an ultra-high-strength Mn-Si-Cr-C steel:the great potential of ultrafine filmy retained

austenite[J]. Acta Materialia, 2014, 76(76):425-433.

[13] Gao G, Han Z, Gui X, et al. Tempering behavior of ductile 1700 MPa Mn-Si-Cr-C steel treated by quenching and partitioning process incorporating bainite formation[J]. Journal of Materials Science and Technology, 2015, 31(2):199-204.

[14] 高古辉, 桂晓露, 谭谆礼, 等. Mn-Si-Cr系无碳化物贝氏体/马氏体复相高强钢的研究进展[J]. 材料导报, 2017, 31(21):74-81.

[15] Solano-Alvarez W, Pickering E J, Bhadeshia H K D H. Degradation of nano-structured bainitic steel under rolling contact fatigue[J]. Materials Science and Engineering A, 2014, 617:156-164.

[16] Solano-Alvarez W, Pickering E J, Peet M J, et al. Soft novel form of white-etching matter and ductile failure of carbide-free bainitic steels under rolling contact stresses[J]. Acta Materialia, 2016, 121:215-226.

[17] Wang Y, Zhang K, Guo Z, et al. A new effect of retained austenite on ductility enhancement in high strength bainitic steel[J]. Materials Science and Engineering A, 2012, 552(34):288-294.

[18] Sugimoto K, Sakaguchi J, Iida T, et al. Stretch-flangeability of a high-strength TRIP type bainitic sheet steel[J]. ISIJ International, 2000, 40:920-926.

[19] 张朋. 合金钢表面纳米贝氏体化的组织和性能研究[D]. 秦皇岛:燕山大学, 2011.

[20] Zhang P, Zhang F C, Yan Z G, et al. Wear property of low-temperature bainite in the surface layer of a carburized low carbon steel[J]. Wear, 2011, 271(5):697-704.

[21] Gotsmann B, Lantz M A. Atomistic wear in a single asperity sliding contact[J]. Physical Review Letters, 2008, 101(12):125501.

[22] Singh K, Singh A. Tribological response and microstructural evolution of nano-structured bainitic steel under repeated frictional sliding[J]. Wear, 2018, 410-411:63-71.

[23] Narayanaswamy B, Hodgson P, Timokhina I, et al. The impact of retained austenite characteristics on the two-body abrasive wear behavior of ultrahigh strength bainitic steels[J]. Metallurgical and Materials Transactions A, 2016, 47(10):1-13.

[24] Gola A M, Ghadamgahi M, Ooi S W. Microstructure evolution of carbide-free bainitic steels under abrasive wear conditions[J]. Wear, 2017, 376-377: 975-982.

[25] Wang M M, Lv B, Yang Z N, et al. Wear resistance of bainite steels that contain aluminium[J]. Materials Science and Technology, 2016, 32(4):1-9.

[26] Zheng C L, Lv B, Zhang F C, et al. A novel microstructure of carbide-free bainitic medium carbon steel observed during rolling contact fatigue[J]. Scripta Materialia, 2016, 114:13-16.

[27] Cornide J, Miyamoto G, Caballero F G, et al. Distribution of dislocations in nanostructured bainite[J]. Solid State Phenomena, 2011, 172-174(8): 117-122.

[28] Podder A S, Bhadeshia H K D H. Thermal stability of austenite retained in bainitic steels[J]. Materials Science and Engineering A, 2010, 527(7): 2121-2128.

[29] Cooman B C D. Structure-properties relationship in TRIP steels containing carbide-free bainite[J]. Current Opinion in Solid State and Materials Science, 2004, 8(3):285-303.

[30] Avishan B, Garcia-Mateo C, Yazdani S, et al. Retained austenite thermal stability in a nanostructured bainitic steel[J]. Materials Characterization, 2013, 81(4):105-110.

[31] 付秀琴, 张斌, 张弘, 等. 贝氏体车轮钢性能分析[J]. 中国铁道科学, 2008, 29(5):83-86.

[32] Caballero F G, Allain S, Cornide J, et al. Design of cold rolled and continuous annealed carbide-free bainitic steels for automotive application[J]. Materials

and Design, 2013, 49:667-680.

[33] Cornide J, Garcia-Mateo C, Capdevila C, et al. An assessment of the contributing factors to the nanoscale structural refinement of advanced bainitic steels[J]. Journal of Alloys and Compounds, 2013, 577(12):S43-S47.

[34] Misra A, Sharma S, Sangal S, et al. Critical isothermal temperature and optimum mechanical behaviour of high Si-containing bainitic steels[J]. Materials Science and Engineering A, 2012, 558:725-729.

[35] Ryu J H, Kim D I, Kim H S, et al. Strain partitioning and mechanical stability of retained austenite[J]. Scripta Materialia, 2010, 63(3):297-299.

[36] Zhang S, Findley K O. Quantitative assessment of the effects of microstructure on the stability of retained austenite in TRIP steels[J]. Acta Materialia, 2013, 61(6):1895-1903.

[37] Wang T S, Li X Y, Zhang F C, et al. Microstructures and mechanical properties of 60Si2CrVA steel by isothermal transformation at low temperature[J]. Materials Science and Engineering A, 2006, 438(1):1124-1127.

[38] 张福成, 王天生, 杨志南, 等. 整体硬贝氏体轴承钢及其制造方法: ZL201210399526.2[P]. 2013-03-06.

[39] 杨志南, 张福成. 一种重载齿轮的制备方法: ZL201410808897.0[P]. 2015-04-29.

[40] 杨志南, 张福成, 王艳辉, 等. 一种渗碳轴承钢及其制备方法: ZL201510675542.3[P]. 2016-01-13.

[41] Zhao J, Wang T S, Lv B, et al. Microstructures and mechanical properties of a modified high-C-Cr bearing steel with nano-scaled bainite[J]. Materials Science and Engineering A, 2015, 628:327-331.

[42] Zhao J, Zhao T, Hou C S, et al. Improving impact toughness of high-C-Cr bearing steel by Si-Mo alloying and low-temperature austempering[J]. Materials and Design, 2015, 86:215-220.

[43] 赵敬. 高碳轴承钢纳米贝氏体组织与性能的研究[D]. 秦皇岛:燕山大

学,2013.

[44] Liu H J, Sun J J, Jiang T, et al. Improved rolling contact fatigue life for an ultrahigh-carbon steel with nanobainitic microstructure[J]. Scripta Materialia, 2014, 90-91(6):17-20.

[45] Li Y G, Zhang F C, Chen C, et al. Effects of deformation on the microstructures and mechanical properties of carbide-free bainitic steel for railway crossing and its hydrogen embrittlement characteristics[J]. Materials Science and Engineering A, 2016, 651:945-950.

[46] 邵成伟. 高强塑积含铝中锰钢组织调控及氢脆敏感性研究[D]. 北京:北京交通大学, 2018.

[47] 武东东. 新型纳米贝氏体轴承用钢研究[D]. 秦皇岛:燕山大学, 2016.

[48] 苏丽婷. 新型贝氏体轴承钢的组织与压缩、接触疲劳及磨损性能[D]. 秦皇岛:燕山大学, 2016.

[49] 陆淑屏, 聂权. 齿轮碳氮共渗层中残余奥氏体对接触疲劳弯曲疲劳寿命的影响[J]. 青岛建筑工程学院学报, 1993, 14(4):48-57.

[50] 张斌, 陈雷. 我国铁路货车车轮技术发展[J]. 中国铁路, 2006(7):53-55.